高等学校科技与人文素质教育系列读本

化学与社会发展

Chemistry & Social Development

◎张胜义 陈祥迎 杨 捷 编著

中国科学技术大学出版社

内容简介

本书结合最新科技成果和社会发展动态，论述了化学与环境、生命、材料、能源、工农业生产以及人文等方面的关系，重点介绍了化学家认识世界和创新物质的手段、绿色化学与环境优化、人体化学与营养保健、合成化学与高新材料、能源化学与太阳能利用、化学中的创新思维与情商教育等。

本书可以作为大专院校文理各科的公选课教材，也可以作为中学化学教师的教学参考书、中学生的课外读物以及社会各界了解化学与社会发展相关性的科普读物。

图书在版编目(CIP)数据

化学与社会发展/张胜义，陈祥迎，杨捷编著. —合肥：中国科学技术大学出版社，2009.7

(高等学校科技与人文素质教育系列读本)

安徽省高等学校"十一五"省级规划教材

ISBN 978-7-312-02480-1

Ⅰ.化… Ⅱ.①张…②陈…③杨… Ⅲ.化学—关系—社会发展 Ⅳ.O6-05

中国版本图书馆 CIP 数据核字(2009)第 096970 号

出版 中国科学技术大学出版社
安徽省合肥市金寨路 96 号，邮编：230026
网址：http://press.ustc.edu.cn

印刷 合肥华星印务有限责任公司

发行 中国科学技术大学出版社

经销 全国新华书店

开本 710 mm×960 mm 1/16

印张 17.75

字数 347 千

版次 2009 年 7 月第 1 版

印次 2009 年 7 月第 1 次印刷

定价 26.00 元

前　言

化学是人们了解世界的基础，是一门中心的、实用的和创造性的学科。“化学是人类进步的关键。”这是诺贝尔奖获得者西博格对化学作用的评价。“化学在老的自然界旁边又建立了一个新的自然界。”这是诺贝尔奖获得者伍德沃德对化学作用的形象阐述。当前，化学学科已融入科技、社会的方方面面。化学使人们丰衣足食、健康长寿，化学使科技突飞猛进、日新月异。鉴于此，联合国将 2011 年定为国际化学年。

尽管化学具有重要的社会作用，但由于化学只注意创造社会，不注意宣传社会，使得一些人只看到化学的负面影响，看不到化学的社会作用。为了提升化学形象，让人们正确认识化学、欣赏化学，本书结合社会发展实际，介绍化学的辉煌业绩，阐述化学的重要作用。

本书讲述了化学是什么，化学能做什么，化学做了些什么，化学将做些什么，化学的领域有多大，化学的社会作用有多大，化学与人文有何关系。全书共分八章。第一章从社会发展谈到科技进步、教育改革、化学发展。第二章利用通俗易懂的语言，将化学各个分支的内容融合在一起，描绘了整个学科概貌。第三章通过“人顺天一人制天一人和天”的关系转变及可持续发展战略的形成，介绍了生态平衡与环境污染、绿色化学与环境保护等，阐明了化学在改善人类生存环境中的作用。第四章从生命的物质属性谈起，讲述了人体组成与化学变化、营养化学、化学与临床诊断、基因与遗传、医药开发、干细胞研究等，结合营养平衡、素食为主的健康饮食理念，介绍了微量元素与健康、饮食与健康等贴近生活的内容。第五章通过能源革命、新能源技术等内容，介绍了化学在能源开发中的作用。第六章重点讨论了新型合金、新型陶瓷、新型复合材料、纳米材料等，最后介绍了碳家族材料（包括碳纳米管、富勒烯以及新发现的石墨烯）。第七章介绍了化学与新型农业、现代化学工业。第八章是化学与人文，介绍了化学与哲学、化学中的创新思维、化学与情商等，结合化学家的事迹，讲述了情商中的责任心、道德心、慈善心、同理心、事业心以及人生三部曲。最后指出，化学用充满人文精神的原子、分子才能构建人类更加美好的明天。

本书注意引入最新科技成果和社会发展动态，注意结合社会现象和社会问题，论述化学学科的内在力量和社会作用。在讨论中还有意识地穿插了一些其他学科的基本知识，介绍一些相关历史事件和历史人物，附录一简单介绍了历年来诺贝尔化学奖获得者及其突出贡献。另外，书中还对某些关键词标注了英文，将人文精神融入各个章节。这里已无法分清什么是化学，什么是非化学。当然，我们关心的不是它们的界限，而是社会的发展。

本书集知识性、现实性、前瞻性于一体，体现了化学学科的开放性、交叉性、综合性，既有科普性质，又有一定的深度和广度，旨在改善学生的知识结构，拓展学生的知识面，提高学生综合素质和创新思维能力，增强学生的社会责任感和使命感。

本书是安徽省高等学校"十一五"省级规划教材，可作为高等院校文理各科的公选课教材，也可作为中学化学教师的教学参考书、中学生的课外读物以及社会各界了解化学与社会发展相关性的科普读物。

在本书的编写过程中参考了许多文献资料(包括网络资料)，在此，向参考资料的所有作者表示衷心的感谢！在本书的出版过程中，得到了中国科学技术大学出版社的大力支持和帮助，作者表示深切的谢意。

由于本书涉及面广，作者水平有限，再加上时间仓促，难免有不当之处，诚望读者批评指正。

作者

2009 年 4 月

目　录

前　言 …………………………………………………………………… (i)

第一章　绪论 ……………………………………………………………… (1)

第一节　社会－科技－教育－化学 ……………………………………… (1)

第二节　化学发展史 ……………………………………………………… (7)

第三节　化学学科特点 …………………………………………………… (13)

第二章　化学基础知识 …………………………………………………… (15)

第一节　物质的结构组成及其存在形式——认识物质世界的基础 ……… (15)

第二节　化学反应——创造新物质的基础 ……………………………… (29)

第三节　分析化学——观察物质世界的“眼睛” ………………………… (32)

第四节　有机化学——生命科学的基础 ………………………………… (41)

第五节　高分子化学——高分子材料科学的基础 ……………………… (48)

第六节　化学工程学——化工生产的基础 ……………………………… (54)

第三章　化学与环境优化 ………………………………………………… (60)

第一节　概述 ……………………………………………………………… (60)

第二节　生态平衡与环境污染 …………………………………………… (67)

第三节　环境监测与评价 ………………………………………………… (75)

第四节　环境优化与和谐发展 …………………………………………… (80)

第四章　化学与生命科学 ………………………………………………… (87)

第一节　概述 ……………………………………………………………… (87)

第二节　人体化学 ………………………………………………………… (88)

第三节　营养化学 ………………………………………………………… (94)

第四节　饮食与健康 ……………………………………………………… (106)

第五节　基因与遗传 ……………………………………………………… (119)

第六节　化学与药物开发 ………………………………………………… (124)

第七节　化学与临床诊断 ………………………………………………… (128)

第八节　生命科学的未来 …… (131)

第五章　化学与新型能源 …… (136)
第一节　概述 …… (136)
第二节　化学使古老的能源焕发青春 …… (141)
第三节　化学是开发新能源的源泉 …… (150)

第六章　化学与新型材料 …… (165)
第一节　概述 …… (165)
第二节　材料科学发展史 …… (167)
第三节　新型合金材料 …… (177)
第四节　新型功能高分子材料 …… (181)
第五节　高技术陶瓷材料 …… (186)
第六节　功能奇异的纳米材料 …… (191)
第七节　碳家族材料 …… (198)

第七章　化学与工农业生产 …… (205)
第一节　化学与新型农业 …… (205)
第二节　现代化学工业 …… (214)

第八章　化学与人文 …… (231)
第一节　概述 …… (231)
第二节　化学与哲学 …… (233)
第三节　化学与创新 …… (236)
第四节　化学与情商 …… (239)

附录一　历年诺贝尔化学奖得主 …… (249)

附录二　历年世界环境日主题 …… (275)

参考文献 …… (277)

第一章　绪　　论

化学，一门古老而又充满活力的学科，是自然科学的重要组成部分，是社会发展的动力。化学，从小科学走进大科学，融入社会，发展自我。化学与社会的结合产生了一门新兴的学科——化学社会学。

第一节　社会—科技—教育—化学

一、社会发展

人类社会经历了数千年的农业经济和数百年的工业经济之后，现在进入了一个新的历史阶段，知识经济已初步形成。当前的经济和社会发展越来越依赖于知识的创新和应用，而知识的创新和应用促进了社会的可持续发展。

农业经济时代的主要资源和生产要素是劳动力和土地，劳动生产率主要取决于劳动者的体力，属劳动密集型经济。生产的分配主要是按劳动力资源和土地资源的占有率进行的，农业、畜牧业和手工业是其支柱产业。农业经济时代经历了原始社会制、奴隶制和封建制三种社会形态。知识的积累和传播主要依靠生产实践和少数僧侣、哲人对自然界的观察，因而生产力落后，社会发展缓慢。

工业经济时代的主要资源和生产要素是资本和稀缺的自然资源，生产的分配主要是按资本和自然资源的占有率进行的，属资本密集型经济。钢铁、汽车、纺织等是其支柱产业，此阶段生产力发展速度加快，但知识和技术只是影响生产力的外部因素。

到了知识经济时代，主要资源和生产要素是知识和智力，知识是社会生产力发展的基本要素，属知识密集型经济。知识经济是智力经济，以芯片、网络、软件为基础的高技术产业是其支柱产业。社会发展和经济繁荣不是直接取决于资源、资本、硬件技术的数量和规模，而是直接取决于知识和信息的生产、积累、传播和应用。创新是经济发展的灵魂，高素质劳动者和创造型人才的培养是社会发展的关键。

创新知识、传播知识、应用知识的能力和效率将成为衡量一个国家综合国力和国际竞争力的重要因素。为了加速发展，提高综合国力和国际竞争力，人们将像农业经济追求土地、工业经济追求资本那样追求知识、争夺人才。有了知识，就有了资本，就可以创造价值。在知识经济中，知识的投入和产出都占很大比例，例如，一块计算机芯片的利润比例是：设备和生产劳动各占 6%，能源和材料各占 1.5%。有人做过计算：从 1 元钱的沙子中提取出的硅，制成芯片后可创造 1000 万元的价值。这就是知识的力量。但是知识经济形成之后仍离不开工业和农业，因为知识最终还是要通过生产劳动转化为物质形态的东西。

当前，我国全面推进和谐社会建设，深入贯彻落实科学发展观。北京奥运会开幕式上一个“和”字震撼了世界。和谐社会是以人为本的社会，其特征就是民主法治、公平正义、诚信友爱、充满活力、安定有序，人与人、人与社会、人与自然和谐相处。坚持以人为本，就是要以实现人的全面发展为目标，从人民群众的根本利益出发谋发展、促发展，不断满足人民群众日益增长的物质文化需要，切实保障人民群众的经济、政治和文化权益，让发展的成果惠及全体人民。中国特色社会主义事业的总体布局，已经由社会主义经济建设、政治建设、文化建设三位一体，发展为社会主义经济建设、政治建设、文化建设、社会建设四位一体。

二、科技进步

科学技术是人类在认识自然、改造自然的过程中进行创新活动的结晶，科技进步是推动社会发展的重要动力。

五十万年前，人类的祖先在与自然界的斗争中发现并利用了火，这是人类支配自然的伟大开端，也可认为是古代朴素科学技术时期开始的标志。公元前 5 世纪以来，人类开始较系统地进行数学、医学、农学等科学技术的研究，取得了一系列成果。

15～19 世纪，可称为近代科学技术革命时期。在这一时期，人类的认识能力和技术水平不断提高，开始比较全面、系统、科学地认识、研究客观世界，一系列的发明和发现，掀起了一个又一个科学技术革命：15 世纪欧洲发生了文艺复兴运动，中国古代的火药、指南针、造纸三大发明又相继传到了欧洲，这就使整个社会发生了巨大变革。在此之后，16 世纪哥白尼(N. Copernicus)提出了日心说，17 世纪牛顿(I. Newton)提出了三定律，18 世纪瓦特(J. Watt)发明了蒸汽机，19 世纪达尔文(C. R. Darwin)提出了进化论，法拉第(M. Faraday)设计了发电机。在近代科学技术革命时期，化学、物理学、生物学、地质学等都得到了快速发展，特别是化学的不断进步，使人们对物质世界有了更深刻的认识，并建立了原子-分子论，发现了元素周期律，发展了分析化学、有机化学。

19 世纪末开始，人类便进入了现代科学技术革命时期。这一时期是从物理学的发展开始的。X 射线、放射现象的发现打开了微观世界的大门，量子力学、相对论的提出使物理学发生了翻天覆地的变化。由于物理学的发展，化学也发生了革命。同时，核化学、量子化学、结构化学、现代分析化学的形成也推动了相关学科的发展，例如，生物学在现代化学的帮助下揭示了 DNA(Deoxyribonucleic Acid，脱氧核糖核酸)的双螺旋结构，地质学借助现代化学测试手段研究了地球内部的组成和结构。

20 世纪中叶以后可称为高技术革命时期。这一时期科技发展的特点是知识高度密集，学科高度交叉，逐渐形成六大新兴技术群：信息、材料、能源、生物、空间、海洋。在这六大技术群中，能源技术是支柱，重点研究核能技术、太阳能技术，开发洁净能源、可再生能源；信息技术是核心，利用其技术特点向着最为广泛的应用领域渗透，不断改变生产方式、社会结构；材料技术是载体，主要研究具有时代特征的智能化、功能化、环境友好、复合再生新材料；生物技术是前三者的综合，将以分子生物学为基础，结合基因工程、细胞工程、蛋白质工程等寻求重大突破，为现代农业、医疗保健等带来新的革命；空间和海洋技术是前四者的扩展和应用，为科技、社会寻求更广阔的发展空间。

20 世纪以来的科技发展还经历了从“小科学”到“大科学”的转变，科学的社会形象发生了很大变化，这是科学发展与社会需求相互作用的结果。在这一时期，科学技术不仅进行自身的革命，而且进行科学技术与社会关系的革命，由此产生了“科学社会学”。这里的小科学主要是指近代科学技术，它的主要目的是为了满足好奇心，很少考虑科学的社会价值；大科学是社会的科学，首先要求科学家担负起社会责任，注重应用性、效益型的研究，把自己的科研与人类的命运联系起来。社会不仅为科学指明研究方向，而且为科学提供精神及物质上的支持，通过组建科研团体，使科学技术高度体制化、社会化，科学与社会的联系越来越密切，科学对社会的影响越来越大，科学技术成为第一生产力。

据统计，目前我国科技人力资源总量超过 3600 万人，居世界第一位，形成了规模庞大的科技人才队伍。近年来，中国取得了载人航天太空漫步、超级杂交稻、基因医学、高性能计算机等一大批科技成果，基础研究和前沿技术研究取得众多突破，原始性创新能力进一步增强，国际论文发表总量和发明专利申请量跃居世界前列，重大技术装备自主研发能力明显提高，高技术产业规模不断扩大，科技在调整经济结构、促进社会发展、改善民生方面的支撑作用显著增强。

三、教育改革

教育是社会进步的基础，是经济发展的动力。教育上的落后必然会阻碍社会前进的步伐，减缓经济发展的速度。所以，教育，特别是高等教育要不断改革，不断提高教育水平和培养人才的质量，才能适应社会发展的需要。

在社会发展的不同历史阶段，教育的内容和作用不同，人们追求知识的目的也不同。

在农业经济时代，人们只有零散的、少量的知识，大学是象牙塔，教育的主要目的是培养精神贵族，主要作用是单纯地保存知识、有限地传播知识。人们追求知识的目的是认识世界，启迪思想。在此阶段，高等教育与社会之间存在着难以逾越的鸿沟。

在工业经济时代，新技术不断产生，知识逐渐系统化、科学化。人们开始利用知识改造世界，开发物质资源，创造社会文明。科技知识不断改进生产工具，提高劳动者技能，知识作为辅助因素间接地影响社会经济发展。高等教育慢慢走出象牙塔，开始与生产劳动相结合。科学技术逐步走进大学殿堂，科学研究成为高等教育的重要功能。在此阶段，高等教育强调专业对口，培养模式单一，与社会的关系是单向地、一次性地为科学研究、经济生产、社会服务、市场流通等领域输送专门化人才。

在知识经济时代，知识的发展将知识本身推向了一个新的高峰，知识由经济发展的辅助因素、非独立因素变为生产力中的主要因素、独立因素。因此，以知识传播、加工、创新为天职的教育必将因知识经济的到来发生质的变化。

知识经济的支柱产业是高技术产业，主要的生产组织形式是高技术园区，而高技术园区的核心则是高等教育。知识经济把高等教育由社会的边缘推向科学研究、经济生产、社会服务、市场流通等领域的中心，而且两者是双向联系，相互促进的。因此，高等教育必须进行自身的变革和创新，要由强调专业对口转向适应社会要求，要用多样化的培养模式取代单一的培养模式。在知识经济时代，知识是基础，创新是灵魂，没有知识，就进不了知识经济的大门，不会创新知识，就跟不上知识经济的步伐。所以，高等教育在传授知识的同时要教会学生创新知识，注重开发学生智力，努力提高学生的综合素质和创新能力。为了拓展知识面，要对学生进行大文化教育(大文化包括科学文化、技术文化、人文文化、社会发展、人类文明等)，使专门文化和通用文化融为一体，形成广阔的文化空间，使各学科间能进行比较和融合。开设课程要具有开放性、灵活性，要突破学科界限，由内向外辐射，使学生在了解知识价值和意义的基础上，能够对知识进行选择、批判、重组、整合，能够沟通不同领域的知识，建构自己的知识新体系。有人提出，现代高等教育要教会学生四类知识：知道是什么、知道为什么、知道怎么做、知道和谁做。传统教育只解决了前两个问题，后两种知识是指人际交往、社会沟通的能力，需要将科学知识与人文知识融为一体进行教育。有人认为，现代高等教育要有三统一：知识教育和能力培养统一、智力开发和人格完善统一、社会功能和育人功能统一。

总之，当前的社会发展和科技进步给高等教育带来了新的机遇和挑战，高等教育只有转变思想观念、深化教学改革，建立新的人才培养模式，才能跟上时代的步伐，才能适应社会的发展。

四、化学与社会发展

化学是研究物质组成、性质及变化规律的学科。化学家的主要任务是探寻物质相互转化的条件和规律，为人类社会创新物质世界。化学学科发展至今，已交叉、渗透到各个学科领域，与材料、生命、环保、能源、信息、航天、国防、海洋以及工农业生产等领域密切相关。现代科学技术的许多最新成果，都包含着化学的最新成就。

材料被称为发明之母。化学既是材料科学的重要组成部分，也是材料科学的基础之一，化学为开发利用天然材料提供科学依据，并不断设计、研制各种新材料。在高科技迅猛发展，竞争日益激烈的今天，各国都想在生物、信息、空间、能源、海洋等技术领域占有一席之地。发展新技术往往与材料有关，可称为新材料技术，其核心技术是材料设计与分子设计，即根据用途来设计具有特定功能的新材料。材料的功能是由其组成和结构所决定的，而研究物质的组成和结构正是化学研究的主要内容。事实表明，具有某种功能特性的材料的发现和应用，往往可以导致新的科技领域的产生和新产业的兴起，可以创造数十亿乃至上百亿元的产值，并由此改善社会物质文化生活的状况。如高纯硅、锗等半导体材料的出现，产生了晶体管、集成电路、大规模集成电路以及超大规模集成电路等，从而带来了计算机从真空管到晶体管的革命。如今，电脑不但广泛应用于各种领域，也进入了家庭。网上通信的实现，带来了信息革命。再如，将超导体用于雷达，使其灵敏度大大提高，有效作用距离增加了 3～4 倍。光导通信使信息通信达到了一个新的水平，而光导通信离不开纤维。

能源为人类从事各种经济活动提供了原动力。目前，人类的能源消耗中大部分能量仍来自化学反应所释放的能量。随着社会的发展，人类对能源的需求量越来越大，能源短缺是人类正在面临的一个大问题。合理利用现有能源，大力开发新能源，必须得到化学的支持。开发聚变能、太阳能和氢能是化学科学研究的前沿课题。

在航天和国防建设中，必须有先进的空间技术和各种先进的武器。火箭、导弹、人造卫星、航天飞机、核潜艇、航空母舰等的开发，需要各种特殊结构的材料和高能燃料。例如，制造人造卫星，不仅要有一般轻质合金材料，还要有特种复合材料、防热材料等。在卫星能源方面，不仅要研究燃料电池，还要研制硅太阳能电池。而这些材料和高能电池的研制，同样需要化学知识。

生物体系以有机物质为基础构成，生命过程本身就是无数化学变化的综合体现。化学家和生物学家通过合作，在探索生命现象的奥秘、人类基因组研究等方面取得了一系列重大成果。随着化学家在原子、分子水平上对蛋白质和其他生物精细结构的认识和对生命过程的研究，人类将有效地攻克生物和医学方面的难题。在控制癌症、传染病和其他死亡原因，以及通过改善营养、改善环境而达到延长寿命和减缓衰老的过程中，化学家将作出更大贡献。

在环境科学中，化学通过分析检测各种环境物质，并对环境质量进行评价，为环境保护、环境治理提供科学依据，在环境优化、污染控制与治理等方面发挥了重要作用。现在发展很快的绿色化学就是要从根本上解决环境污染问题。

在农业生产中，要提高农产品的产量和质量，就必须生产更多的优质化肥，研制出高效低毒、无公害的农药和各种植物生长调节剂。没有化学和化学工业，这些是无法实现的。在工业生产中，化学对开发能源、提供新型材料起着关键作用。在煤、石油和天然气的开发、炼制和综合利用中包含着极为丰富的化学知识，化学与能源基础工业的关系极为密切。工业现代化急需具有各种功能的金属材料、非金属无机材料、高分子材料以及复合材料，而材料的合成离不开化学，甚至新型材料的选用也同样离不开化学知识。

综上所述，化学作为一门中心科学，有力地推动了科技进步和社会发展。化学在为人类提供衣食住行、开发新能源、为日益减少的稀缺材料提供可再生的代用品和研制特殊功能材料、征服疾病和改善健康、增强国防以及保护我们的生存环境等方面，都起着关键性的作用。因此，化学不仅是化学工作者的专业知识，也是广大人民群众普及科学知识的组成部分。对于一个非化学专业的学生，包括从事社会科学的学生，具备一定的化学知识背景对个人和社会的发展都是至关重要的，也就是说，化学教育的普及是现代社会发展的需要，是提高全民族科学文化素质的需要。

为了让社会更多地了解化学、认识化学，逐渐产生了“化学社会学”，许多有关化学与社会的书籍资料已面世，如《化学与社会》、《化学与人类》、《化学与能源》、《化学与环境》、《化学与营养保健》、《生活·社会·化学》等。在教学中，国内外许多学校都很注意面向各学科领域进行化学教育。美国早就在大学中开设“社区中的化学”课程，力求使学生了解化学在社会中的作用，懂得如何保护人类的生存环境。日本也在教学中安排大气污染的有关内容，让学生了解酸雨的形成及对生态环境产生的冲击。近年来，我们国内的许多高校也开设了化学与社会的相关课程，让学生了解化学在社会发展中的地位和作用。

第二节 化学发展史

化学作为自然科学的重要组成部分，是人类认识自然、改造自然的重要武器。化学来源于社会，又反过来推动社会发展，化学学科的发展史是社会发展史的重要组成部分。

人们一般把化学学科的发展分为三个阶段：古代实用化学时期、近代化学时期、现代化学时期。

一、古代实用化学时期

在远古时代，火的利用，使人们逐步学会了利用天然物质的化学变化制备一系列有用的物质材料。尽管当时人们不知道物质变化的化学原理，但实际上是在利用化学技术创造新物质、利用化学能。

在远古实用化学时期，我国最早发展了烧陶技术、冶炼技术、造纸技术、火药技术、酿造技术、染色技术等古老的化学工艺。公元前 8000 年，人们学会了烧制陶器；公元前 3000 年，人们学会了冶炼金属；公元 2 世纪（东汉时期），蔡伦发明了造纸术。为了得到造纸需要的较纯的植物纤维素，人们首先利用化学方法和机械方法除去植物秸秆中的其他杂质，纸的发明是用化学方法制备较纯纤维素高分子的一项重大成就；公元 7 世纪（南北朝时期），人们为了制造黑火药，学会了利用硝酸钾、硫磺和木炭（黑火药的主要成分）；在实践中，人们发现某些微生物通过一些变化（生物化学变化）可使谷物发霉成“曲”，再用曲酿酒，后来利用发酵原理又从谷物中酿造出醋和酱油；由于当时丝、麻纺织业的需要，人们逐渐学会了利用化学加工技术从某些植物中提取染料（最著名的是靛蓝），并掌握了彩色套染、多套复染技术。

另外，在古代实用化学时期，人们还发展了药物化学、炼丹术、炼金术等。秦始皇统一六国后，就派人四处寻找、熔炼“仙人不死之药”，炼丹术由此发展起来。黄金不朽，皇帝误以为服用黄金后可长生不死，就让人想方设法熔炼黄金，竟然有人用汞、硫磺熔炼黄金，其实熔炼出的不是“仙丹”，而是有剧毒的硫化汞。中国古代的炼丹术在公元前 100 年传入阿拉伯，公元 8 世纪传入欧洲。由于制造黄金的巨大诱惑，一段时期在欧洲出现了许多炼金术信徒。尽管当时炼丹术、炼金术的目的荒诞可笑，但却使人们积累了许多化学知识。现在英文的化学（Chemistry）一词就来源于炼金术（Alchemy）。

在古代化学发展的同时，人们渴望了解物质变化的原因，逐步提出了一些有关物质组成及变化的观点，这些观点可归纳为两大类：元素说和原子论。元素说认为世上万物均由少数几种物质本原(元素)组成，具体有中国的"五行说"(金、木、水、火、土)、印度的"五元素说"(地、水、火、风、空)、古希腊的"四元素说"(土、水、气、火)等。原子论则认为世上万物的本原就是不可入、不可分的微小粒子——原子。最具代表性的观点认为宇宙的要素是原子和虚空，原子在虚空中上下运动，通过互相碰撞或互相结合而形成各种物质。古代的这些元素说和原子论，均没有具体的科学内容，只是对自然现象的猜测。

二、近代化学时期

一般认为，这一时期是从17世纪后半期到19世纪末，是化学科学的建立时期。其间建立了化学元素的科学概念和原子分子学说，并且形成了多个化学分支。

17世纪中叶，欧洲发生了巨大变革，爆发了资产阶级革命，生产力得到前所未有的发展。英国科学家波义耳(R. Boyle)对前人积累的化学知识和实践经验做了很好的总结，并进行了许多化学、物理方面的研究，出版了 *The Sceptical Chemist*(《怀疑派化学家》)。他认为，古代的元素说中的所谓元素实际上指的是混合物或化合物，而元素应当是某些不由任何其他物体构成的原始而简单的物质，这就为化学元素下了一个科学的定义，尽管他当时还说不出哪些物质是化学元素。波义耳的这一化学元素定义为研究物质的组成指明了方向，所以恩格斯对此给予了高度评价："波义耳把化学确立为科学。"

近代化学理论的确立应归功于使用天平所进行的定量化学实验。法国科学家拉瓦锡(A. L. Lavoisier)就是根据一系列定量化学实验结果，发现了物质不灭定律，提出了燃烧的氧化学说，推翻了德国贝歇尔(J. J. Becher)发起的、控制了学术界100多年的"燃素说"，这一事件在科学史上被誉为"化学革命"。继拉瓦锡之后，许多化学家对各种化学元素的反应性质进行了深入的研究，根据化学反应中各物质间的定量关系，很快就发现了定比定律、倍比定律、化合量定律等化学定律。19世纪初，英国的中学化学教师道尔顿(J. Dolton)根据一系列实验结果，提出了原子论，他主张用原子的化合与化分来说明各种化学现象和各种化学定律，这就抓住了化学科学的本质。恩格斯说"化学的新时代是随着原子论开始的"，所以道尔顿被称为近代化学之父。此后，阿伏伽德罗(A. Avogadro)根据盖·吕萨克(Gay Lussac)气体反应的实验结果和道尔顿的原子论，引入了分子的概念，它与原子的概念既有区别又有联系，从而建立了原子分子学说。

到了19世纪，由于人们对物质化学运动形式的认识逐步加深，研究内容不断增加,化学逐渐形成了四大分支:无机化学、有机化学、分析化学、物理化学,这些最早的学科分支一直延续至今。其间(1869年)一个重要发现是俄国化学家门捷列夫(Mendeleev)提出的元素周期律,周期律的提出使化学研究更加系统化,但是限于当时对元素的认识能力,最初的元素周期律只能以原子量作为元素的基本性质,按一定规律把各个元素排列起来。随着原子量测定技术日趋精密,在周期表中出现了一些元素的原子量排列顺序与其性质关系颠倒的情况,这就促使人们进一步研究元素周期律的内在根据,从而促进了化学学科自身的发展。

三、现代化学时期

现代化学时期是指20世纪以来的化学发展阶段。20世纪,不论是化学基础研究,还是化学工业,都在高速奋进。

1. 基础研究的重大突破

20世纪化学基础研究中的突破性成果可从历届诺贝尔化学奖获得者的重大贡献中获悉。现从92届诺贝尔化学奖中选出一些在20世纪化学发展中起里程碑作用的重大成果作一概述。

(1) 核裂变和原子能利用

在能源利用方面,20世纪化学和物理界具有里程碑作用的重大突破是核裂变和原子能的利用。化学和物理学在整个自然科学的进步中起着互补协同的推动作用。物理学在原子核层次上动手术创造新元素,化学在分子层次上动手术创造新分子,这是20世纪科学史中的主流。煤在燃烧时,只是碳原子和氧原子的核外电子进行相互作用和反应,生成二氧化碳分子,这是一种化学变化,放出的是化学能。而铀核裂变所放的热是原子核内发生的变化,铀核分裂成两个原子量较小的碎片,同时放出大量的能量,这种核裂变能在20世纪已被用于核电站,然而这一工业应用的前期基础研究经历了半个世纪,仅此领域就产生了6项诺贝尔奖。

(2) 化学键和量子化学理论

美国化学家鲍林(L. Pauling)以研究物质结构和化学键理论闻名,1954年由于他在化学键本质研究和用化学键理论来阐明物质结构方面所作出的重大贡献而荣获诺贝尔化学奖。他不仅是当之无愧的现代结构化学的奠基人,而且他把化学结构理论引入生物大分子结构研究,为沃森(J. Watson)及克里克(F. Crick)发现DNA双螺旋结构奠定了基础,也开拓了20世纪后期在分子层次上研究生物系统的广阔领域,分子病理学、分子免疫学、分子遗传学都是在他早期所做的化学与生物学结合的工作基础上建立的。

化学键理论主要有三种:鲍林的价键理论(Valence Bond Theory),莫利肯

(R. S. Mulliken)的分子轨道理论(Molecular Orbital Theory)和贝特(H. A. Bethe)的配位场理论(Ligand Field Theory)。莫利肯因用量子力学创立了化学结构分子轨道理论，阐明了分子的共价键本质和电子结构，1966 年荣获诺贝尔化学奖。1965 年美国化学家伍德沃德(R. B. Woodward)和霍夫曼(R. Hoffmann)把量子力学由静态发展到动态，从而提出了分子轨道对称守恒原理，这一理论被认为是化学反应发展史上的一个里程碑，霍夫曼和福井谦一分别因提出分子轨道对称守恒原理和前线轨道理论共同获得 1981 年诺贝尔化学奖。20 世纪末该领域又有了新发展，1998 年诺贝尔化学奖授予美国化学家科恩(W. Kohn)和英国化学家波普尔(J. A. Pople)，以表彰他们在量子化学领域做出的开创性贡献。科恩发展了电子密度泛函理论，给分子性质的计算开辟了新途径；波普尔发展了量子化学计算方法，使化学进入实验和理论计算并重的新时代。

(3) 创新物质的合成化学

设计和合成新的分子是合成化学家的首要任务。这 100 年来有机化学家已经设计和合成了数百万个有机化合物，几乎又创造了一个新的自然界，同时还发现了大量的新反应、新试剂、新方法和新理论。20 世纪在有机合成和金属有机化学领域共产生 12 届诺贝尔化学奖，这在化学的三级学科中是首屈一指的。

金属有机催化与有机合成紧密地联系在一起，促进了有机合成的发展。现代有机合成化学经过 100 年的努力研究、探索、积累，已发展到今天可以合成像海葵毒素(palytoxin)这样复杂的有机分子，该分子具有 64 个手性中心和 7 个骨架内双键分子，存在有 2×10^{21} 个异构体。

(4) 化学反应动力学

该领域采用先进的检测技术研究化学反应如何进行，揭示化学反应的历程，研究物质的结构与其反应能力之间的关系，从而达到控制反应过程的目的。在这一领域相继产生 4 次诺贝尔化学奖，获奖者中有美籍华人李远哲，他对化学反应的基本原理作出的重大贡献被称为分子反应动力学发展中的里程碑。

(5) 元素周期表的发展

在元素周期表建立后的一百多年里，人们一直在耕耘它、完善它。1869 年门捷列夫发现的元素周期表中只有 63 种元素，现在世界公认的化学元素已达 118 种。大家知道，天然化学元素只有 92 种，92 号元素铀之后的元素都是人工合成的。在新元素的发现过程中，德国的达姆施塔特重离子研究中心(GSI)由于采用了一种先进的实验技术，对发现 107～112 号元素做出了突出贡献，取得了后三个元素(110，111，112 号)的命名权。由于技术和机会等原因，在新元素的发现过程中，并不是按元素序号一个一个进行的，例如，109 号元素(Mt)就是在 108 号元素(Hs)空缺的情况下发现的。目前人们仍在探索新元素，但发现新元素越来越难。

例如，112号元素是用30号元素Zn撞击82号元素Pb产生的。实验时，需将500亿亿个锌离子以每秒3万千米的速度射向铅，撞击3个周期后才得到一个112号元素的原子，而这个原子只能存在1/3毫秒。周期表的终点在哪里？大多数专家认定是168号元素，它是第八周期的最后一个元素。

2. 化学工业飞速发展

化学工业在20世纪初崛起，在20世纪后半叶得到飞速发展。从煤焦油衍生的染料、炸药、酚醛树脂、药物等一系列化学工业以及合成氨、酸、碱等基本化学工业在经济建设和社会发展中起了重大作用。在此阶段，一方面化学基础研究的一些重大突破推动了化学工业的大发展，使与化学相关的工农业各领域均相应地得到很大的进展，另一方面化学工业又通过不断提出问题和要求，推动了化学基础研究的发展。

(1) 石油化工

这是世界经济发展中占有重要地位的工业领域。世界化工总产值为1万亿美元，其中80%以上的产品与石油化工有关，石油炼制和加工已成为国民经济的支柱产业。20世纪30年代催化剂进入了石油化工产业，大大加速了石油化工的发展。由石油化工得到的基本有机化学品的深加工是化学工业发展的源泉之一。石油化工产品已有三千多种，涉及国计民生的各个部门，全世界仅乙烯年生产能力就达5000万吨。可以说，20世纪是石油化工大发展的一百年。

(2) 三大合成

20世纪人类社会文明的标志之一是合成高分子材料的出现，由此发展形成的三大合成工业——塑料、纤维、橡胶逐渐成为化学工业的三大支柱。当前，一辆汽车所用的塑料达230千克之多，日常用品中更离不开塑料制品；合成纤维（如涤纶、锦纶、腈纶等）已超过羊毛和棉花而成为纺织业的主要原料；合成橡胶的性能和产量也已超过天然橡胶。合成橡胶世界年生产能力已达1200万吨，合成纤维达1500万吨，塑料已超过6000万吨。以塑料为主体的三大合成材料，其世界体积总产量已超过全部金属的产量。所以20世纪被称为聚合物时代。

(3) 合成氨工业

20世纪面临人口大幅度增长、粮食需求迅速增加的局面，在解决这一问题时，化肥起了重要作用。氮肥生产的关键问题是如何利用大气中的氮大规模合成肥料。经过长期的努力，合成氨从实验室走向工业化生产。1909年德国化学家F. Haber用锇作催化剂成功地建立了在300～500大气压、500℃～600℃条件下每小时产生80克氨的实验装置，并取得了专利权。Haber因此而荣获1918年诺贝尔化学奖。之后德国巴登苯胺纯碱制造公司(BASF)购买了Haber法合成氨的专利权，并由化工专家C. Bosch担任领导实施工业化。他们用三千五百多种不同催化剂配方经过六千五百多次试验，终于寻找到了价廉的铁催化剂。1931 年第一个合成氨工厂在 BASF 建成投产，日产量为 30 吨。此后，合成氨工艺不断得到改进，合成氨工业不断发展壮大。我国是个农业大国，肥料是增产的关键，所以先后引进了多套 30 万吨/年的合成氨装置，再加上全国的万吨小氮肥，目前已达年产2000 万吨的规模，居世界第二位。目前大型合成氨厂均联产可直接作肥料用的尿素。

(4) 医药工业

20 世纪初，科学家们就致力于研究治疗细菌感染所引起的各种疾病。1932 年德国科学家内科医生 G. Domagk 发现带有磺酰胺基团的一种染料百浪多息可有效地治愈受细菌感染的实验动物。之后他用此药治好了自己的小女儿因被针刺感染链球菌造成的细菌性血液中毒症，一种磺胺新药从此产生。此药曾治好了当时美国总统的儿子和英国首相丘吉尔的细菌感染。磺胺药成为二次世界大战前唯一有效的抗细菌感染药物，Domagk 因此在 1939 年荣获诺贝尔生理及医药奖。磺胺类药物的问世标志着医学在化学疗法方面的一大突破。二次世界大战后，磺胺药逐渐让位于治疗效果更好的抗生素类药，如青霉素、四环素、红霉素、氯霉素、头孢菌素等，这是科学发展的必然结果。当前，新药研究已从随机筛选发展到以构效关系为基础、化学和生物医学研究相融合的合理药物设计。在分子层次上对生物大分子的结构与功能的研究有了大发展之后，新药研究转向针对明确了的药物靶分子。目前世界药物市场的年销售量约为 3000 亿美元，一些世界著名的制药公司如默克公司、拜尔公司、汽巴-盖基公司等，年销售额均在 300 亿美元以上。我国的中草药被认为是一大宝库，有两层意义：一是丰富的中草药资源，二是丰富的临床经验和从中总结的规律。20 世纪中草药研究的主流是从植物中分离出单一活性成分作为先导化合物，经结构改造以产生新的合成药物。20 世纪后期，国内开始注意到资源优势是可变的，但千年临床经验是外人难以掌握的。因此形成了用现代方法研究中药复方的高潮。

3. 走出纯化学，走进大科学

随着科技发展和社会进步，化学已发展到了一个崭新的阶段。一方面，化学为了适应社会的需要，研究内容逐渐扩大，逐渐向其他学科渗透，另一方面，化学也得益于其他学科的发展，其他学科为化学提供了许多研究思想和手段。这种学科交叉融合、相互促进的结果，使化学打开学科之门，走出纯化学，走进大科学。我国著名化学家徐光宪先生认为与化学交叉的学科群有 10 个：生命科学、材料科学、能源科学、环境科学、数学、物理学、信息科学、地球科学、工程科学、哲学社会学及系统科学。今后科学技术将以大科学(多学科交叉形成)的姿态向前发展，因为没有哪一个学科能单独解决日益复杂的重大问题。

当前，在其他学科的帮助下，化学家掌握着几十种重要的研究手段：在空间探测方面有分辨率达 0.01 nm(10^{-11}米)的扫描隧道显微镜，在时间监测方面有飞秒(10^{-15}秒)级的瞬间观测光谱，在质量检测方面有分辨率达百万分之一质量数的现代质谱，在物质分离方面利用激光诱导荧光毛细管电泳仪几乎可以得到单个分子。这些手段与其他技术结合，使得化学可以在分子水平上研究化学反应的细节，可以采用分子设计、分子裁剪等手段准确合成出各种目标物，可以探索物质变化中最快的电子转移、能量转移过程(如光合作用过程)，可以在电视屏幕上实时观察原子和分子的图像，直接观察 DNA 的双螺旋、三螺旋结构。

第三节 化学学科特点

一、化学学科是实验学科

实践是检验真理的唯一标准，实验是推动自然科学发展的真正动力。化学家傅鹰先生说：只有实验才是化学的“最高法庭”。化学学科研究的是物质变化的客观规律，其基础建立在真实物质之上，因此，化学学科比其他学科更强烈地依赖于利用实验技术手段去揭示物质自身的结构组成、固有性质及变化规律。化学的一切理论都来自于实验，没有实验就没有发现。为了得到并证明比铀放射性更强的物质镭的存在，居里夫妇用了 4 年的时间，夜以继日地进行实验，最终从 8 吨沥青铀矿中提炼出了 0.1 克镭。合成氨催化剂的发明者也曾研究了几千个配方，做了几千次实验。化学学科的发展离不开实验手段的完善，每一次实验技术的革新都会引起化学学科的进步。19 世纪精密天平的出现为化学研究开创了一个新局面，对物质质量的精确研究导致了许多新发现。19 世纪初曾有人提出：“任何原子的质量都是氢原子质量的倍数。”此学说是否可信，有赖于对各种元素的原子量测定。后来由于测到了氯原子的原子量为 35.5，并非氢原子的整倍数，该学说就受到质疑并最终被抛弃。通过精确的称量工作，化学家莱格雷发现，从空气中去除氧和其他杂质后得到的纯氮与从氨分解得到的纯氮，具有不同的密度，前者要大一些。由此想到，从空气中得到的纯氮中会不会还有尚未发现的东西，果然，其后就发现了存在于空气当中原子量比氮大的新元素——氩(Ar)。近代化学实验手段的不断改进，各种现代实验仪器(如红外、紫外、核磁、质谱、色谱、电子能谱等)的不断发展更是将化学研究推向一个新阶段，研究手段的自动化、智能化进一步加速了化学的发展。化学家利用实验手段，不断深化对客观世界的认识，不断检验化学理论的正误，在正确认识物质结构、性质的基础上，以实验结果为指导，不断进行化学合成，创新物质，改造世界，从而推动化学学科发展和人类社会进步。

二、化学学科有自己独特而严谨的科学概念和语言

为了研究、交流的方便,化学学科有自己独特的概念和语言。元素概念是化学学科最基本的概念,化学家为每一个元素设定了一个元素符号,对所认识的物质给出了特定的化学式,用这些元素符号和化学式可简单、方便地表示各种物质组成及物质变化过程。在化学研究过程中形成的一系列化学定律和理论,如定比定律、倍比定律、质量守恒定律、当量定律、物质的摩尔比法则、物质的量反应规则、元素周期律、有机化合物分子结构理论等,这些都是化学学科所特有的。这种理论的严谨和实验的严格曾一度束缚了化学家的手脚,并且使非化学家望而生畏,难于理解,结果就使得人们无法直观地看到化学的内在美和学科力量。幸运的是化学家早就打开了自己学科的大门,将自己的特色研究渗透到各个学科领域,在社会发展的许多方面都显示出了化学的魅力。

三、化学学科是认识世界的"眼睛"、创新物质的工具

"化学"一词的含义就是研究物质变化的科学,化学家是物质变换的魔术师,可变废为宝,可点石成金。

化学学科首先帮助人们认识物质世界,在原子、分子层次上研究物质的运动状态、变化规律。通过定性、定量分析等检测手段,确定物质的组成和结构,探讨物质的存在形式和状态,进而研究物质的性质(包括化学性质、物理性质、生物活性、新技术性质等),研究物质在分子、原子水平上的作用机理和反应规律以及物质在变化过程中的结构变化、性质变化及能量变化,总结出物质组成、结构与性质的关系。

在观察、了解了物质的有关信息之后,化学家便开始对物质进行改造和创新。利用掌握的化学元素,化学家已设计、创造出千万种新物质,从日常用品到高技术材料,无不渗透着化学家的心血和汗水,正如美国化学家 R. B. Woodward 教授所说的:"化学家为人类在老的自然界旁边又建立了一个新的自然界。"

第二章　化学基础知识

作为后几章的理论基础，本章用简明易懂的语言将化学多个学科分支的主要内容总结在一起，描绘了化学的学科概貌，阐述了化学是什么，化学的领域有多大，为什么化学能成为中心的、实用的学科，为什么化学家能成为创新物质的专家。

第一节　物质的结构组成及其存在形式——认识物质世界的基础

各种各样的物质组成了五彩缤纷的世界，千差万别的分子组成了万事万物。这一切都是由原子开始的。本节从物质最基本的组成基元——原子开始，论述原子如何形成分子，分子和原子如何组成物质以及物质的存在形式及性质。

一、原子结构(Atomic Structure)

原子是组成世界上万事万物最基本的单元。原子是由原子核和核外电子组成的，当发生化学反应时，原子核不发生变化，只有核外电子的分布及运动状态发生变化。原子核在核反应中可发生变化，这时一种元素的原子会变成另外一种元素的原子。原子核又是由质子和中子组成的，中子不带电荷，每个质子带一个单位的正电荷。每个核外电子带一个单位的负电荷。每个原子中质子所带的正电荷数和核外电子所带的负电荷数相等，也就是说每个原子中的质子数(又叫核电荷数)和核外电子数相等，所以整个原子是电中性的。同一种元素原子的质子数是相同的，但中子数可能不同，这些质子数相同而中子数不同的原子因位于周期表中同一位置而被互称为同位素(Isotope)。组成原子的各种粒子的质量极小：质子 1.673×10^{-24}克、中子 1.675×10^{-24}克、核外电子 9.109×10^{-28}克，因此整个原子的质量也很小，表达、计算都不方便，所以人们常用相对质量表示原子质量，即以质子数和中子数均为 6 的碳原子质量的 1/12 作为一个质量单位，其他原子的质量都与该质量单位比较，从而得出各原子的相对质量数，即原子量(Atomic Weight)。原子结构如图 2-1 所示。

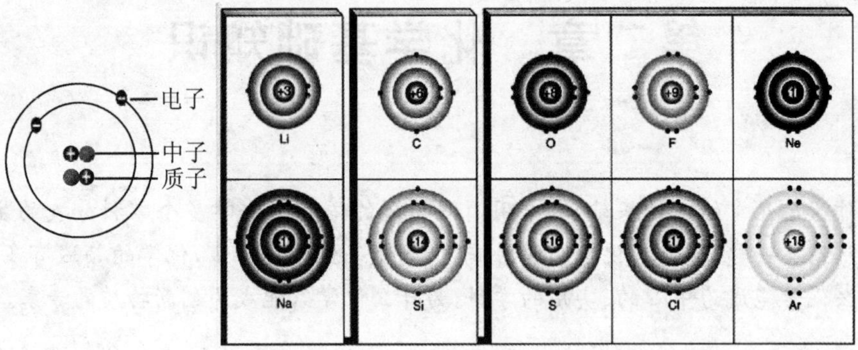

图 2-1　原子结构示意图

原子核只占整个原子体积(直径约 10^{-10} 米)的几千亿分之一，所以原子有很大的空间，核外电子就在这个空间内绕核做高速运动，这与行星绕太阳运动相似。通常情况下，电子绕核运动时既不向外辐射能量，也不吸收能量，电子处于最低能量状态(基态，Ground State)。当受外界电磁场等因素的影响时，电子运动状态会发生变化，由于吸收能量会变为高能态(激发态，Excited State)，这是化学变化的起因。

核外电子并不是绕同一轨道运行的，而是各自沿着某个特定的原子轨道运动。电子运动速度极快，若用高速摄像机拍摄电子运动情况，可得到电子在原子空间出现的概率密度分布图(电子云图)，不同运动状态的电子其电子云图是不同的。

电子的运动状态可用四个参数来描述：①主量子数(n，the Principal Quantum Number)。主量子数决定着电子离核运动的平均距离，电子的能级层数，并且是决定电子能量的主要因素。②角量子数(l，the Angular Momentum Quantum Number)。l 表明了电子在空间的角度分布与电子云的形状，决定着同一能层中不同轨道能量的大小，因而常称为副量子数。③磁量子数(m，the Magnetic Quantum Number)。m 描述了电子云的伸展方向，电子在外磁场中会有不同的取向，它在磁场方向上的分量由 m 决定。④自旋量子数(m_s，the Electron Spin Quantum Number)。电子除了绕核作空间的运动外，还存在着自旋运动。用自旋量子数 m_s 描述电子的自旋运动。这 4 个量子数完全确定了，相应电子的运动状态便确定了。原子结合成物质时所涉及的化学变化的实质就是这些电子运动状态的变化，根据电子运动状态或电子云伸展方向可研究原子间的作用机制。电子云伸展方向可用原子轨道角度分布图表示。

原子处于基态时，其核外电子的排布遵循三条重要原则：①泡利不相容原理

(Pauli Exclusion Principle):一个原子轨道最多只能容纳两个自旋相反的电子,或者说在一个原子中不可能存在 4 个量子数完全相同的两个电子。②能量最低原理(Principle of Lowest Energy):在不违背泡利不相容原理的条件下,电子优先占据能量较低的原子轨道,即电子由低能轨道向高能轨道逐一填充,使整个原子体系能量处于最低状态。③洪特规则(Hund's Rule):在能量相等(等价)的轨道上电子尽可能以相同的自旋方向分占不同的轨道,当等价轨道上电子处于全充满、半充满时,原子能量较低,比较稳定。

化学家掌握了原子结构特点及核外电子排布规则,就可以像建筑师用不同物料构建房屋那样,得心应手地操纵原子,重新构建物质世界了。

二、元素周期律

元素的性质主要由原子的结构特征(核外电子排布,核电荷数和原子半径)所决定。根据原子核外电子排布规律及性质变化规律,将元素按一定规则排列,就形成了元素周期表(Periodic Table of the Elements)。周期表中横向分 7 个周期,纵向分 18 个族,所有元素在周期表各就各位,排列有序。根据元素在周期表中的位置可推知元素的许多重要性质,这为人们认识元素、操作原子带来了极大方便。

1. 原子最外层电子排布 (Electron Configurations)

对元素的化学性质影响最大的是原子的最外层电子排布。凡基态呈稀有气体构型者属稳定结构,其原子具有很大的化学惰性。其他结构的原子有获取或失去电子达到稳定结构的倾向,从而呈现出化学活性。同族元素外层能级有相似的电子排布,因而化学性质也相似。

2. 原子半径 (Atomic Radius)

周期表中同周期的主族元素自左向右核电荷数逐渐增加,原子半径逐渐减小;对于同一个主族的元素,自上而下原子半径显著增大。副族元素自左向右或自上而下递变时,原子半径变化缓慢。

3. 电离能 (Ionization Energy)、电子亲和能(Electron Affinity)与电负性(Electronegativity)

电离能 I 指基态的气态原子或离子失去一个电子所需的最低能量。对于多级电离,由于电离后的离子所带负电荷减少,进一步电离将更加困难,所以第二电离能 I_2 将大于第一电离能 I_1。同一周期中,自左向右元素的 I_1 由小变大。同一主族内自上而下元素的 I_1 递减。电子亲和能 Y 是指基态的气态原子获取一个电子成为气态负离子时释放出的能量。当负离子再结合电子形成带两个负电荷的负离子时,所释放的能量为第二电子亲和能 Y_2。一般情况下,Y_1 为正值,即为放热过程。

由于电子与负离子间的静电斥力，故 Y_2 是负值，即为吸热过程。电负性 X 是指元素的原子在分子中吸引成键电子的能力。鲍林(L. Pauling)把氟元素的电负性定为4.0，依此得出了其他元素的电负性。电负性越大的元素的原子在分子中吸引成键电子的能力就越大。在周期表中总变化趋势是：同一周期元素，从左到右电负性增加，同一族元素，从上到下电负性递减。

4. 金属性与非金属性 (Metal and Non-metal)

元素的金属性与非金属性是指其原子在化学反应中失去或得到电子的能力，一般情况下，元素的电离能 I、电负性 X 越小，金属性越强；元素的电离能 I、电负性 X 越大，非金属性越强。因此，周期表的左下角元素是最活泼的金属，右上角元素是最活泼的非金属(惰性元素除外)，两区域的分界线附近则常是半导体(或叫半金属，电负性在2左右)。

化学家由于熟悉这些元素的性质变化规律，知道哪些物质可以存在，哪些物质不可以存在，所以可以有效地在周期表中选择元素，设计、合成目标物质。

三、分子的形成

原子本身可直接组成物质，例如金刚石是由碳原子构成的，金属铁是由铁原子组成的。但大多数物质是由原子形成的分子组成。分子中的原子通过一定的化学键结合在一起，其结合方式强烈影响着物质的性质。因此，研究分子的形成过程、结合方式具有重要意义。一般情况下，分子间可以以离子键或共价键(还有金属键)结合在一起。离子半径和共价半径如图2-2所示。

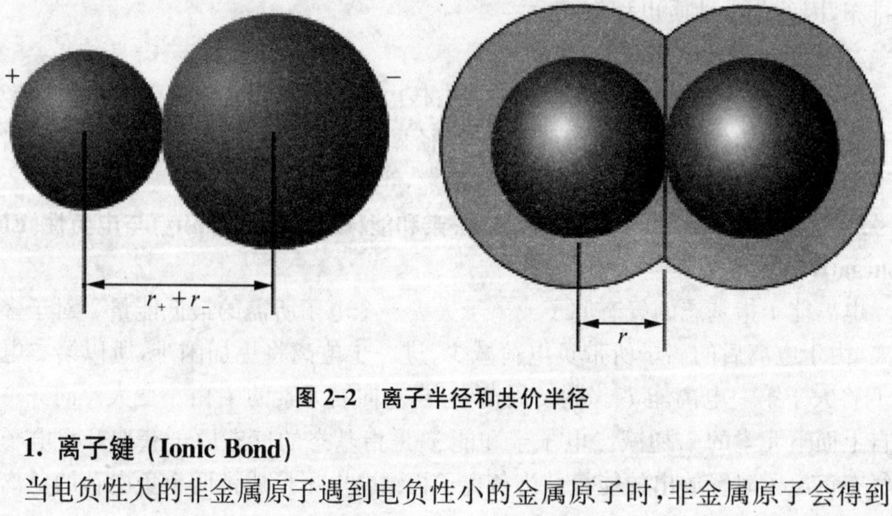

图2-2 离子半径和共价半径

1. 离子键 (Ionic Bond)

当电负性大的非金属原子遇到电负性小的金属原子时，非金属原子会得到电子变为负离子，而金属原子会失去电子变为正离子，然后通过异性离子的静电引力形成分子。原子间的这种结合方式称为离子键，由离子键所形成的化合物叫离子型化合物。因为每个离子都尽可能多地从不同方向吸引异性离子，所以离子键既无方向性又无饱和性，每个离子都不仅受其相邻异性离子的强烈吸引，还受到更多层次离子的远程静电作用。

2. 共价键（Covalent Bond）

当电负性相近或相同的原子相遇时，不会发生电子得失。此时，原子可以分别提供一定的电子数作为共享电子，原子靠共享电子形成的共价键结合成分子。被共享的电子就像一个带负电荷的桥，把两个带正电荷的原子核吸引在一起，形成稳定的分子。共价键具有饱和性，即两原子中自旋相反的电子配对后，不能再与第三个原子配对。共价键还具有方向性，两原子相互靠近成键时，将尽可能采用电子云重叠最大的方向，因为价电子云重叠越多，体系能量降低越多，所形成的共价键越稳定。由于共价键具有方向性，分子中键与键之间存在一定夹角（键角），该键角是决定分子空间结构的重要因素。当同种元素的原子构成共价键时，共享电子对正好位于两原子中间，两原子均不显电性，该共价键叫非极性键。不同元素的原子组成共价键时，共享电子对会偏向电负性大的原子，使电负性大的原子带部分负电荷，电负性小的带部分正电荷，这种共价键叫极性键。当两个原子的电负性相差很大时，共享电子对将完全转移到电负性大的原子上，从而形成离子键。如果共享电子对由单方提供，则形成的共价键叫配位键。

3. 分子轨道理论

分子轨道理论（Molecular Orbital Theory, MOT）认为分子中的电子在整个分子的势场中运动，因此它属于整个分子，用分子轨道来描述。类似于前面讨论的原子轨道（Atomic Orbital, AO），分子轨道也处于一系列分立的能级上。MO 由分子中各原子的原子轨道线性组合而成，MO 的数目等于组成分子的各原子的 AO 数目之和。一般情况下，组成的 MO 中，一半是成键 MO，一半是反键 MO。根据能量最低原则，价电子首先在能量低的 MO 上填充和排布（泡利原理、洪特规则在此也同样适用），从而使体系能量降低，形成稳定的分子。

4. 金属键（Metallic Bond）

（1）能带理论（Energy-band Theory）

金属原子只有很少的价电子（最外层电子），由于该价电子电离能较低，在外界环境的影响下，价电子可脱离原子变为可在金属晶格中自由运动的电子（自由电子）。正是这些自由电子将金属原子和离子联系在一起，形成金属整体。这种作用力就叫金属键。金属键属于离域键，是“少电子多中心”的化学键，既无方向性，又无饱和性，其特性可用能带理论来描述。

能带理论认为，当金属原子参与成键时，也会形成 MO，由于晶格结点上不同距离的原子核对它们的价电子有不同程度的作用力，导致电子能级发生分裂。随着成键原子数的增加，MO 数增加，各电子能级差减小，能级密集在一起，最终形成几乎连成一片的、具有一定上下限的能级组，即能带。由于金属原子各 AO 能量不同，会形成成键或反键 MO，因此能带将分裂为能量不同的两个区。价电子首先占有能量较低的区，一般情况下此区被电子充满，故称满带。能量较高的区一般由半充满和空轨道构成，由于在此区未充满轨道的电子很容易受激进入空轨道，使金属具有很好的导电性，故称此区为导带。在满带和导带之间不再存在任何能级，是电子禁区，故称禁带，电子一般不易从满带逾越禁带而进入导带。金属 Li 的能带分布见图 2-3。

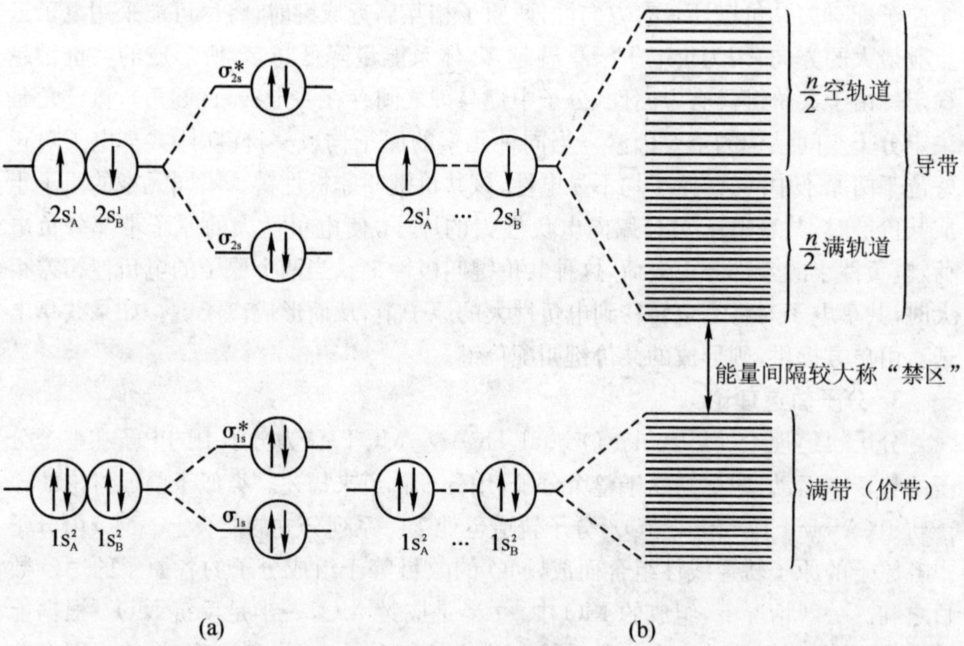

图 2-3 Li_2 的双原子分子轨道(a)和 Li_n 金属能带(b)比较

（2）导体(Conductor)

当金属原子间形成的满带与导带交盖或导带本身由未充满和空轨道组成时，价电子受激易流动，所以金属具有良好的导电性，而且由于电子的离域运动使金属也具有良好的导热性。

（3）半导体(Semiconductor)

当固体材料的导带为空带，且满带和导带间有很窄的禁带时，在外界温度、光电效应等的作用下，价电子受激可从满带进入空带，在满带形成空穴，从而可以导电。而在通常情况下，该固体材料导电性较差。此种材料叫半导体。若在此种材料中掺入极少量不同价态的异核原子时，会将其材料改性，使电导率发生很大变化。

(4) 绝缘体(Insulator)

当固体材料的导带为空带，且满带和导带间有很宽(超过 5 eV)的禁带时，电子难以借助热运动等由满带跃过禁带进入空带，此种材料叫绝缘体。

(5) 超导体(Superconductor)

除了导体、半导体、绝缘体之外，科学家们又发现了一种有异常导电能力的物体，称之为超导体。1908 年荷兰物理学家昂尼斯成功地制备了液态氦，获得了 4 K 的低温。3 年后，他将水银冷却到 −40 ℃(233 K)，水银便凝成一条线，继续冷却到 −269 ℃(4.2 K)附近，在水银线上通上几毫安的电流，并测量它两端的电压，这时他发现，水银的电阻突然消失了。后来，人们把这种零电阻现象叫做超导现象，具有超导性的物质叫超导体。

四、分子间作用力

1. 范德华力(Van der waals Force)

在以上讨论的离子键、共价键和金属键中，原子间都存在较强的作用力。物质在形成过程中，除了这种原子间的强作用力外，在分子之间还存在较弱的作用力。这种力随着分子的类型、结构、分子量的不同而不同，它决定着物质的熔点、沸点、溶解度、黏度等物理性质。由于范德华(Van der Waals，1910 年获诺贝尔物理奖)第一个提出分子间的这种作用力，故该力称为范德华力。

2. 氢键(Hydrogen Bond)

当氢原子(H)与电负性很大的原子 X 形成 HX 分子时，会使 H 原子几乎成为“裸体”质子而带正电荷，因此它还可以吸引另一分子中电负性大的原子 Y，形成分子间的键：X—H—Y。这种分子间因氢原子作用而形成的键叫氢键(如式中的 H—Y 键)。氢键的形成既有静电作用，又有共价作用。氢键的键能远比普通化学键小，但比范德华力稍大，其键长比共价键大得多。氢键具有方向性和饱和性。氢键不仅可发生在分子之间，也可以发生在分子内部，形成分子内氢键。氢键的存在会改变物质的空间结构、化学性质及熔点、沸点等。

五、物质存在形式

自然界中存在的物质一般有三种聚集状态：气态、液态、固态。除此之外，还有外观像气体的等离子态和外观像液体的液晶态。物质处于何种状态，与其自身组成、结构、性质有关，也与外界温度、压力等有关。

1. 气体(Gas)

气体最突出的特性是它的无限膨胀性和无限混合性:不管容器的大小和气体量的多少,气体总能充满整个容器;不同气体能以任意比例混合,从而形成均匀的混合物。理想气体有如下性质:当温度恒定时,一定量气体的体积与压力成反比;当压力恒定时,一定量气体的体积与温度成正比。在恒温恒压下,混合气体的总压力等于各组分气体分压力之和,某组分气体的分压力等于该气体单独占有总体积时所表现出的压力,这就是气体分压定律。气体体积的另一定律由阿伏伽德罗(Avogadro)提出:在相同温度、相同压力下,相同体积的气体所含物质的量(mol)相同。

2. 液体(Liquid)

(1) 气体液化(Gas Liquification)

当压力增加、温度下降时,气体分子间引力增加,有凝聚成液态(液化)的倾向。各种气体分子间的作用力不同,液化的条件也不同。每种气体液化都有一个特定温度,叫临界温度(Critical Temperature)。高于临界温度,无论怎样加压都不能使气体液化。在临界温度时,气体液化所需的最低压力叫临界压力(Critical Pressure)。凡沸点和临界温度均低于室温的气体,不能在室温下加压液化,叫"永久气体",如 N_2、O_2、CH_4 等。凡沸点低于室温而临界温度高于室温的气体,在室温下加压可液化,减压可气化,叫"可凝聚气体",如 CO_2、C_3H_8、Cl_2 等。凡沸点和临界温度均高于室温的气体,在常温常压下就是液体了,如 H_2O、C_6H_6 等。

(2) 液体蒸发 (Liquid Evaporation)

液体中的分子和气体分子一样,都在不停地运动。当液体表层分子能量足够大、运动速度足够快时,就可以克服分子间引力,逸出液面而气化,这种液体表面的气化现象叫蒸发。液体的蒸发是吸热过程,液体会从周围环境吸收热量保持温度不变,使蒸发可继续进行,直到敞口容器中的液体蒸发完全为止。当液体装在密闭容器中时,在恒定温度下,液体蒸发出的一部分分子成为蒸气,由于该蒸气分子不能逸出,一部分蒸气分子会相互碰撞又回到液面,这个过程叫凝结。当蒸发速度和凝结速度相等时,两种物相体系达到动态平衡。与液体处于动态平衡的这种气体叫饱和蒸气,它的压力叫饱和蒸气压,简称蒸气压。

(3) 液体沸腾 (Liquid Boiling)

因为蒸发是吸热过程,所以升高温度有利于蒸发,蒸气压随温度的升高而增大。当液体蒸气压随温度升高而增加到与外界压力相等时,液体就会沸腾,此时的温度就是液体的沸点。液体沸腾时,气化过程在整个液体中进行,这与仅在液体表面进行的蒸发不同。液体的沸点会随外界压力的变化而变化,人们把外界压力为一个标准大气压时液体的沸腾温度叫正常沸点。为了分离、提纯在正常沸点易分解的物质或正常沸点很高的物质,可采用减压或抽真空使液体在低温下沸腾气化的方法。

3. 固体(Solid)

当液体的温度降低到某一数值时，液体会凝结成固体，这个过程叫凝固(Condensation)，此时的温度叫该液体的凝固点(Freezing Point)，在凝固点时，液体和固体共存。当固体受热时会变为液体，这一过程叫熔化(Melting)，此时的温度叫该固体的熔点(Melting Point)。对于同一种物质，熔点和凝固点是相同的，但凝固是放热过程，熔化是吸热过程。

(1) 晶体与非晶体(Crystal and Non-crystal)

晶体具有整齐规则的几何外形。如完整的食盐颗粒是立方体，石英是六角棱柱，方解石是菱形体。玻璃、石蜡、沥青等物质是非晶体，无固定几何外形，常称为无定形态。晶体有固定的熔点，将晶体加热到一定温度(熔点)，晶体开始熔化，继续加热，只是为熔化提供能量，温度不会升高，直到晶体熔化完全。而非晶体则不同，随温度升高非晶体逐渐软化，黏度逐渐变小，最后成为流动性液体，在此过程中温度不断升高，没有固定熔点。晶体的光学性质、电学性质、力学性质等为各向异性，从不同方向上测定时是不同的，而非晶体则是各向同性的。这是因为晶体中各微粒的排列和取向都非常严格有序，而非晶体中的微粒排列是杂乱无章的。

(2) 晶体种类

根据晶体结构中结点的相对位置，可以分为七种晶系(见图 2-4)。

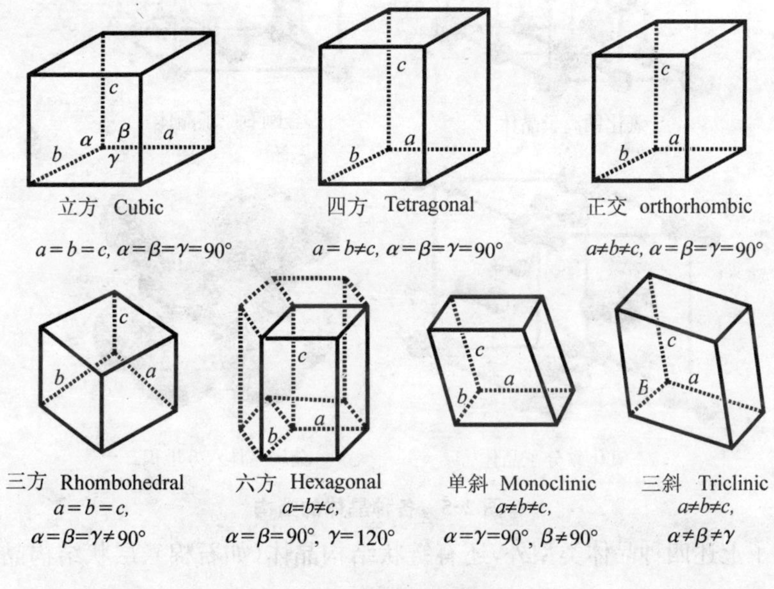

图 2-4　七种晶系的结构

根据晶体中结点的结合方式，又可以分为：①离子晶体(Ionic Crystal)。在离子晶体的晶格结点上交替排列着正、负离子，正、负离子间有静电引力作用。典型的离子晶体有氯化钠、氧化镁等。②原子晶体(Atomic Crystal)。在原子晶体的晶格结点上排列的是原子,原子之间靠共价键联结,没有孤立的原子或分子。典型的原子晶体有金刚石、单晶硅、碳化硅、石英等。要破坏原子间的共价键非常困难,所以原子晶体一般具有很大的硬度和很高的熔点。③分子晶体(Molecular Crystal)。在分子晶体的结点上排列着分子,有独立存在的分子,分子之间靠分子间作用力结合在一起。由于分子间作用力较弱,所以分子晶体的硬度较小,熔点较低。④金属晶体(Metallic Crystal)。在金属晶体的结点上排列着原子或正离子,在这些原子或正离子之间存在着自由电子,自由电子运动所形成的金属键将原子和离子联系在一起,所以金属晶体中没有孤立的原子或离子。自由电子的存在使金属晶体具有良好的导电性和导热性,自由电子流动产生的"胶合"作用使金属晶体的晶格离子在外力作用下可发生滑动而不致断裂,呈现良好的延展性和可塑性。另外,金属晶体中的离域电子容易吸收并发射波长范围很宽的光,使金属晶体不透明且具有光泽。各种晶体的结构如图 2-5 所示。

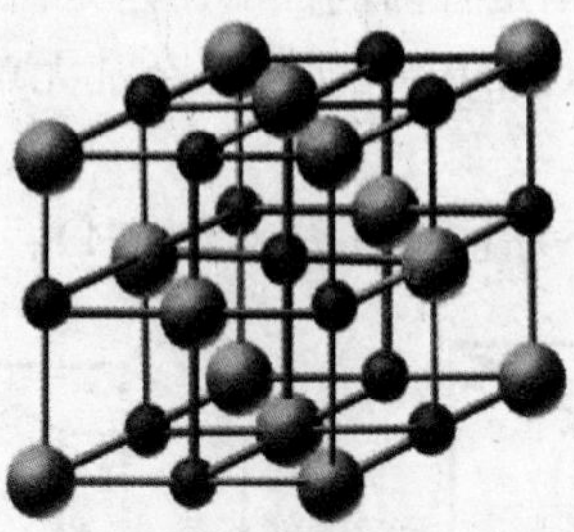

氯化钠离子晶体

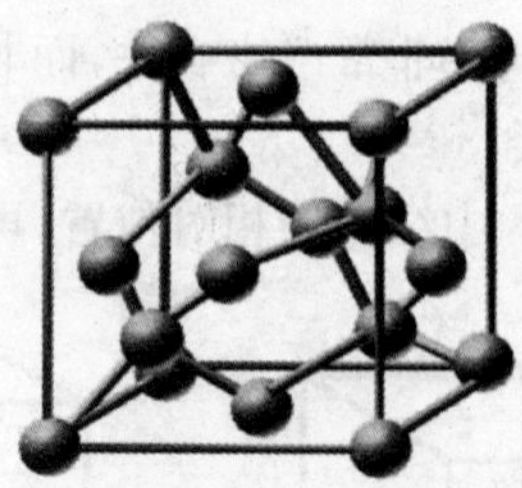

金刚石原子晶体

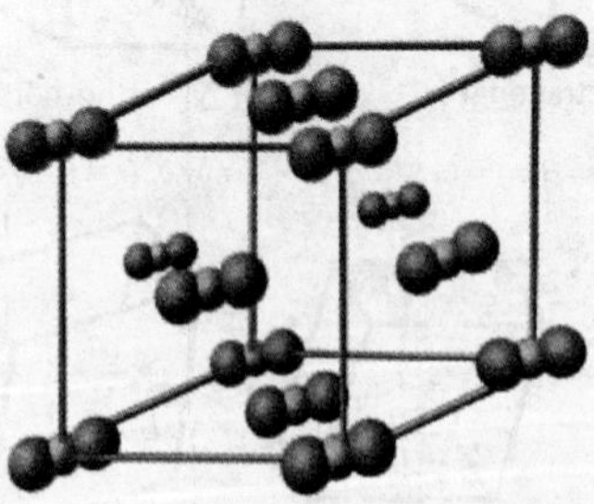

二氧化碳分子晶体

金属晶体六方堆积

图 2-5　各种晶体的结构

除了上述四种晶体类型外,还有链状结构晶体(如石棉)、层状结构晶体(如石墨)等。

(3) 液晶(Liquid Crystal, LC)

某些有机物晶体在熔化时,并不是从各向异性的固态直接转变为各向同性的液态，而是经过一些中介态。处于中介态的物质，既具有晶体的各向异性，又具有液体的流动性和连续性，人们把处于这种状态的物质叫液晶。根据液晶形成的条件，可将液晶分为两大类：①热致液晶（Thermotropic LC）。其形成由温度引起，只能在一定温度范围内存在。根据分子排列特点，热致液晶又可分为向列相（Nematic）液晶、近晶相（Smectic）液晶、胆甾相（Cholesteric）液晶。②溶致液晶（Lyotropic LC）。它是由一定结构的化合物与一定溶剂组成的液晶体系，这种液晶广泛存在于自然界，特别是生物体内。典型的溶致液晶是“双亲”分子的水溶液，浓度不同时，液晶分子可呈现层状堆积、球状堆积等。

4. 等离子体（Plasma）

通过加热或光照等手段可使气体电离。发生部分或全部电离的气体叫等离子体，它由带正、负电荷的粒子组成，且体系所带正、负电荷总数相等，净电荷为零。等离子体的性质与普通气体有显著区别：普通气体不导电，等离子体导电，分子间存在静电引力，其运动行为受电磁场的影响，具有“集体运动”的特点。人们通常把电离度小于 0.1% 的气体叫低温等离子体，把电离度大于 0.1% 的气体叫高温等离子体。低温等离子体可用于切割、焊接及制造电光源（霓虹灯、日光灯）和显示器等，高温等离子体主要用于受控核聚变。

5. 溶液（Solution）

溶液是由两种或两种以上组分构成的均匀体系。根据各自的作用和性质，可将溶液的组分分为溶质和溶剂，通常将溶解时状态不变的组分叫溶剂（Solvent），状态改变的组分叫溶质（Solute）。根据溶液组分的状态，溶液可分为气体溶液、固体溶液和液体溶液，研究最多的是液体溶液。

（1）溶液浓度及物质溶解度

溶液的性质主要决定于溶质和溶剂的相对含量，该相对含量可用溶液浓度表示。当前常用“物质的量浓度（C，单位为 mol/L）”表示溶液浓度，物质的量浓度是指一升溶液中所含某溶质的物质的量（n，单位为 mol）

物质的溶解度（Solubility）是指在一定温度和压力下，100 克溶剂所能溶解溶质的最大克数。物质的溶解过程是一个复杂的物理化学过程，溶解度的规律性尚无完整的理论解释，人们只是总结出了一条经验规律，即相似相溶原理：溶质易溶于与其结构相似的溶剂中。

（2）稀溶液的依数性（Colligative Properties）

溶液的蒸气压、凝固点等性质仅与溶质（非电解质）的浓度有关，而与溶质自身的性质无关，溶液的这些性质被称为依数性。

① 溶液的蒸气压降低（Lowering of the Vapor Pressure）

难挥发的非电解质溶质溶于溶剂，会使溶剂的蒸气压小于无非电解质时纯溶剂的蒸气压。拉乌尔定律(Raoult's Law)对此给予了详细描述:在一定温度下,难挥发的非电解质稀溶液的蒸气压降低值与溶解在溶剂中溶质的物质的量分数成正比。

② 溶液的沸点升高(Elevation of Boiling Point)

由于难挥发的非电解质溶质溶于溶剂后降低了溶剂的蒸气压,因此,要使该溶液的蒸气压等于外界压力,所需温度(沸点)必然高于纯溶剂所需温度。该溶液的沸点升高值与溶质的质量摩尔浓度成正比。

③ 溶液的凝固点降低(Depression of the Freezing Point)

溶液的凝固点降低也是由于难挥发溶质溶于溶剂后降低了溶剂蒸气压。例如,水中溶入溶质后,0 ℃时该水溶液的蒸气压低于冰的蒸气压,此时冰将融化成水,因为水溶液的凝固点在 0 ℃以下。溶液的凝固点降低值与溶质的质量摩尔浓度成正比。应用凝固点下降原理可制备多种低熔点合金,可制备汽车水箱用的防冻液等。

④ 渗透压(Osmotic Pressure)

用一种半透膜 (Semipermeable Membrane,只能让溶剂分子通过)将溶液和它的纯溶剂隔开时,纯溶剂将通过半透膜扩散到溶液中使其稀释,这种现象叫渗透(Osmosis)。实际情况是溶剂沿两个方向通过半透膜,但由于纯溶剂的蒸气压比溶液大,所以纯溶剂向溶液的渗透速率比反方向的渗透速率大,故表现出渗透现象。阻止渗透过程所需外加的最小压力称为溶液的渗透压。对于渗透过程的机理人们还没有完全了解,但它的存在和应用非常广泛。例如,人们在游泳池或河水的水下游泳时,睁开眼睛很快会感到胀痛,这是由于水渗透使眼睛组织细胞产生扩张而引起的,若在海水中游泳就没有不适感,因为海水中溶质的浓度与眼睛组织细胞液的浓度相当。同理,鱼类体内溶质浓度大于河水中溶质浓度,河水会向鱼体内渗透,所以河鱼不需要"喝"水,而海水中溶质浓度很大,鱼类体内水会向外渗透,所以海鱼需要"喝"水。医院给病人静脉注射时,所用溶液浓度必须仔细调节,以使它与血液渗透压相等。树根靠渗透作用把水分输送到树体各部位,其渗透压可高达 10^6 Pa,正因为如此,自然界才有高达百余米的参天大树。根据渗透原理,若在溶液一侧外加一大于渗透压的压力,溶液中的溶剂反而会向纯溶剂一侧扩散,这叫反渗透(Reverse Osmosis),利用反渗透技术可用海水制备纯水,所需能量仅为蒸馏法的 30%。

(3) 溶液的导电性

由于溶剂的作用,电解质在溶液中会自动解离成带电质点——正、负离子。在电场作用下,正、负离子可做定向移动,形成电流,所以电解质溶液可以导电。电解质溶液的导电性可用摩尔电导(Molar Conductivity)表示,摩尔电导就是 1 cm^3 溶液中含有 1 mol 电解质时的电导率。

6. 胶体(Colloid)

把一种或多种物质(分散相)分散在另一种物质(分散介质)中所构成的体系叫分散体系。分散体系可分为单相(均匀)体系和多相(非均匀)体系，如表 2-1 所示。

表 2-1　分散系统的分类及特征

系统	分散相粒子直径 (nm)	系统相态	热力学稳定性	实例
真溶液	$d \leqslant 1$	均相	稳定	各种分子、原子、离子溶液，如乙醇水溶液、NaCl 水溶液、空气等。
胶体系统	$1 < d < 1000$	多相/均相/均相	不稳定/稳定/稳定	各种溶液，如 AgI、$Al(OH)_3$ 水胶体等。
粗分散系统	$d \geqslant 1000$	多相	不稳定	乳状液、悬浮液、泡沫，如牛奶、豆浆、泥浆等。

胶体的特殊性质有：

(1) 丁达尔效应(Tyndall Effect)

当一束光透过胶体时，在光束的垂直方向可看到一个发光的圆锥体，这种现象是英国物理学家丁达尔(J. Tyndall)在 1869 年首先发现的，故称为丁达尔效应。利用该效应可方便地区分胶体和真溶液。产生丁达尔效应的原因是分散相粒子小于入射光波长时发生光散射，这时观察到的是光波环绕微粒向其四周放射的光。在其他条件固定的情况下，散射光强度与分散相粒子的大小和浓度成正比。在能形成光束的水下或空气中，有时也可以观察到一道道光柱，这也是丁达尔现象。例如，丛林中的光柱，是因为空气中分散的尘埃或液滴产生的光散射。如图 2-6 所示。

(2) 布朗运动(Brown Motion)

在超级显微镜下可以观察到胶体中的胶粒在不断地作“Z”字形运动，即布朗运动。这是苏格兰植物学家布朗(R. Brown)在 1927 年用显微镜观察悬浮在液面上花粉时发现的。布朗运动是不断热运动的液体分子对胶粒冲击的结果。胶粒越小，布朗运动越激烈，且随温度的升高而加剧。布朗运动促使胶粒不易沉降，是维持胶体稳定而不沉降的原因之一。如图 2-7 所示。

(3) 电泳现象(Electrophoresis)

将胶体置于电场中时，有的胶体的胶粒向正极移动，有的则向负极移动，表明胶粒是带电的微粒，且有正负之分。一般同一种胶体的胶粒带相同的电荷，由于同性相斥，使胶粒不易聚沉。在电场作用下胶粒定向迁移的现象叫电泳。利用电泳可分离蛋白质，可在金属上电镀橡胶等。在电泳发生的同时，与胶粒电性相反的离子夹带一部分水分子向另一极移动，这叫电渗。电泳和电渗统称为电动现象。

图 2-6 自然界中的丁达尔现象

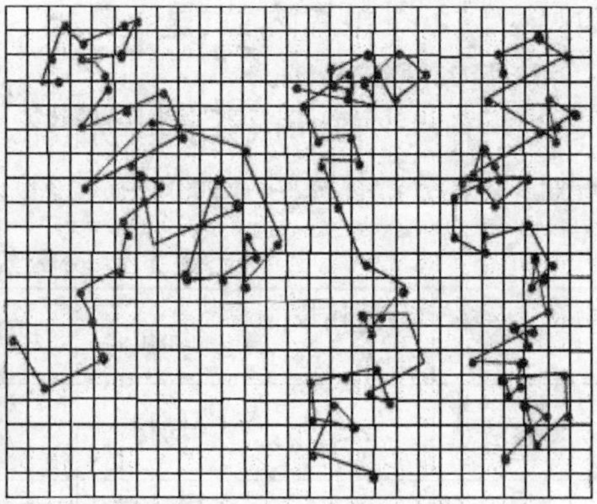

图 2-7 布朗运动微粒路线图

(4) 凝结作用(Coagulation)

胶体是热力学上不稳定的体系,胶粒之间有相互聚结而降低表面自由能的趋势。电解质对胶体有聚沉作用,该聚沉作用与电解质的种类、浓度及胶体的性质有关,正离子对带负电荷的胶体有聚沉作用,负离子对带正电荷的胶体有聚沉作用,带相反电荷的胶体间有相互聚沉作用。江河入海处形成的三角洲就是江河水中的固体胶粒被海水中电解质聚沉的结果。

(5) 吸附作用(Adsorption)

胶体处于高度分散状态,胶粒具有很大的比表面积,所以表现出很强的吸附能力,可把周围介质中的离子或分子吸附在胶粒的表面。可利用胶体的这种性质处理污水。

分散相和分散介质都是液体时叫乳状液(Microemulsion)。乳状液分为两种:油粒分散在水中形成的水包油型(Oil-in-water, O/W) 乳状液和水粒分散在油中形成的油包水型(Water-in-oil, W/O) 乳状液。无论何种乳状液,在形成时都必须对体系做功,以增加两相间的界面积。界面张力越低,所需功越小,所以可加入乳化剂,使之吸附在界面上,降低界面张力,从而制得稳定的乳状液。最常用的乳化剂是表面活性剂 (Surfactant),因为它具有亲水和亲油基团,可有效地吸附在油水界面上,这就是洗涤剂的去污作用机理。如图 2-8 所示。

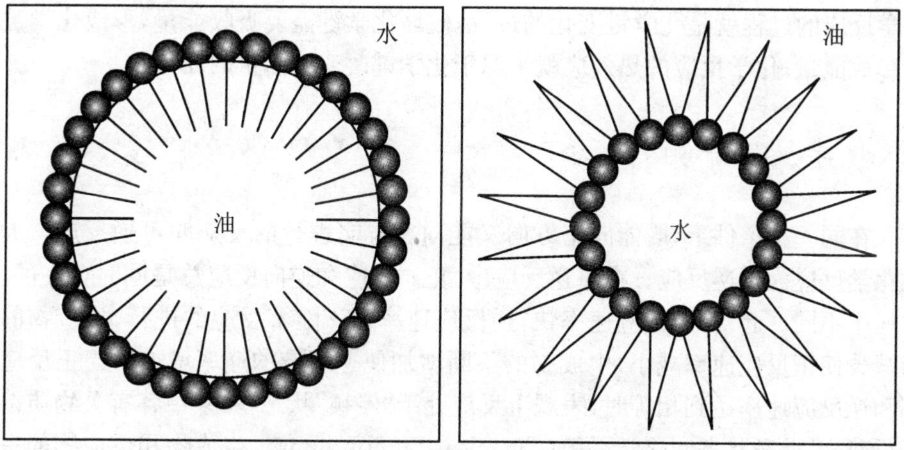

图 2-8　表面活性剂在油水界面上的吸附形式

第二节　化学反应——创造新物质的基础

世界上万事万物都在不停地变化，在这些变化中，最重要的是化学变化，因为它不断产生新物质。化学变化的实质是化学反应。本节简要介绍了化学反应的类型、化学反应中的能量变化及影响因素等。化学家就是因为掌握了化学反应的奥秘，所以可以操纵化学反应，合成物质。

一、化学反应方程式

用元素符号和化学式表示的化学反应的式子叫化学反应方程式。如：

$$C(碳) + O_2(氧气) === CO_2(二氧化碳)$$

化学方程式是客观事实的反映，它不仅表明了参与反应的物质和生成的物质，还表明了各物质间量的关系，可由化学方程式计算参与反应的物质的量和生成物的量。

二、化学反应与能量变化

化学反应总伴随着能量的变化，有吸热或放热现象，这叫热效应。化学反应的热效应可用量热计测量。对于气态化学反应，可根据反应物和生成物中化学键的键能之差估算反应的热效应，这叫键能法。此法的依据是：化学键都有一定键能，化学反应的过程就是化学键变化的过程，破坏化学键需要吸收能量，形成化学键则要释放能量，化学反应的热效应就来源于化学键改变时能量的变化。

三、化学反应平衡

在同一种条件下，既能向正方向又能向反方向进行的反应叫可逆反应。大多数化学反应为可逆反应。在可逆反应中，正向反应和逆向反应总是同时存在的，只是速率不同。起初，正反应速率快，逆反应速率慢。随着反应的进行，反应物的不断减少使正反应速率减小，生成物的不断增加使逆反应的速率增加。当正反应速率和逆反应速率达到相等时，表观上反应处于"停顿"状态，体系中各有关物质浓度不再改变，此种状态叫化学平衡(Chemical Equilibrium)。生成物和反应物的平衡浓度之间的关系可用平衡常数($K^\ominus$)来表示。平衡常数表明了达到平衡时反应进行的完全程度。

改变条件可改变正、逆反应的速度，原来的平衡将被打破，体系中各浓度发生变化，直到建立新的平衡。这种平衡被破坏而引起的浓度变化的过程叫平衡的移动(Shift of Equilibrium)。浓度、压力、温度等条件的改变都可以使平衡移动，并且遵循平衡移动原理：增加反应物浓度，平衡向产生生成物方向移动；增加压力，平衡向减小气体分子总数的方向移动；升高温度，平衡向吸热反应方向移动。利用改变反应条件使平衡移动的方法可以得到更多的产物。

四、化学反应速率

化学反应速率可用单位时间内反应物量的减少或生成物量的增加来表示，单位通常为 $mol \cdot dm^{-3} \cdot s^{-1}$。影响化学反应速率的主要因素如下：

1. 浓度对反应速率的影响

在其他条件不变的情况下，化学反应速率与各反应物浓度的乘积成正比。这就是著名的质量作用定律。

2. 压力对反应速率的影响

在一定温度下，对一定量气态反应物，增加压力反应速率增大。由于压力对液态和固态物质的体积影响很小，所以压力对其反应速率影响很小。

3. 温度对反应速率的影响

大多数反应都随温度升高速度加快。范特霍夫(Van't Hoff)根据大量的实验结果，提出了一个近似的经验规律：在常温下，每升高 10 ℃一般反应的速度会增加 2～4 倍。

反应随温度升高而加快的原因是：升高温度，分子碰撞次数增加；另一方面，升高温度又使具有高能量的活化分子的含量增加，故单位时间内有效碰撞次数增加，因此反应速率加快。

4. 催化剂对反应速率的影响

催化剂（Catalyst）是一种能改变反应速率而自身在反应前后保持不变的物质（在反应过程中可以变化）。大多数催化剂可加速反应，其作用机理是由于改变了反应历程，降低了反应的活化能，相应地增加了活化分子的百分数。

五、化学反应类型

1. 酸碱反应(Acid-Base Reaction)

根据酸碱质子理论，凡是能给出质子的物质叫酸(Acid)，凡是能结合质子的物质叫碱(Base)。某酸失去质子后可变为它的共轭碱(Conjugate Base)，某碱失去质子后也可变为它的共轭酸(Conjugate Acid)。物质的酸碱性是相对的，只有通过实际反应才能确定是酸还是碱。有些物质在与酸反应时表现出碱性，在与碱反应时表现出酸性，此类物质称为两性物质。根据得失质子能力的大小，酸碱有强弱之分。

若体系中有共轭酸碱对或两性物质存在，则既具有得质子的能力，又具有失去质子的能力，故能缓解外来酸碱对体系的影响，此体系叫缓冲溶液(Buffered Solution)。缓冲溶液在自然界中广泛存在，人体内就是靠多种缓冲溶液维持体液酸碱度在中性附近。

2. 配位反应（Coordination Reaction）

配位反应又称络合反应，是一类金属离子(中心离子)与配体生成配合物的反应。配体中直接同中心离子结合的原子叫配位原子，中心离子所接受的配位原子数叫配位数，络合物中配体与金属离子的个数之比叫配位比。络合物的稳定性可用稳定常数 $K^{\ominus}_{稳}$ 表示。人体内的微量元素大多以配位物形式存在，利用配位反应可制备无机-有机复合材料。

3. 氧化还原反应(Oxidation-Reduction Reaction/Redox Reaction)

氧化还原反应是指一类具有电子得失的反应。失电子的反应叫氧化反应，得电子的反应叫还原反应。在反应中，失电子的物质叫还原剂，得电子的物质叫氧化剂。氧化剂和还原剂的强弱，可用其电对的电极电位(简称电位)来衡量。电对的电位越高，其氧化态的氧化能力就越强；电对的电位越低，其还原态的还原能力就越强。自然界中存在大量的氧化还原反应，例如人体内的新陈代谢，物质的腐烂分解。人们利用氧化还原反应制备了各种实用电池。

4. 沉淀反应(Precipitation Reaction)

沉淀反应是指有难溶性沉淀形成的反应。例如：

$$AgNO_3 + NaCl \longrightarrow NaNO_3 + AgCl\downarrow$$

绝对不溶的物质是没有的，物质的溶解度只有大小之分。一般将溶解度在0.01 g/100 g水以下的物质叫难溶物。

物质溶解度的大小可用溶度积常数$K_{sp}^{\ominus}$表示，溶度积是一种难溶电解质固体和它的饱和溶液处于平衡时的平衡常数。影响沉淀溶解度的因素主要有同离子效应、酸效应、络合效应、盐效应、溶剂效应、温度及沉淀的形态等。

另外，对于有机化合物和高分子化合物，根据反应物在反应中的结构变化还可以分为取代反应、加成反应、聚合反应等。

第三节 分析化学——观察物质世界的"眼睛"

要想改造世界、完善世界，必须首先认识世界。分析化学就是帮助人们认识世界的"眼睛"。本节介绍了分析化学的研究内容及作用，简要介绍了常用的分析检测手段及观察物质的方法。

一、分析化学在社会发展中的作用

化学是随分析化学的诞生而诞生的，所以有人曾称分析化学为"现代化学之母"。自20世纪开始，分析化学快速发展：20世纪50年代仪器化，60年代电子化，70年代计算机化，80年代智能化，90年代信息化、仿生化，21世纪将更加智能化、信息化、仿生化。

分析化学是研究物质化学组成、含量、结构和性质的一门科学，是人们认识事物、了解自然不可缺少的工具。美国产品质量优良，科技、经济发展迅速，这与美国重视分析测试工作有关。为了控制产品质量，美国每天约进行2.5万亿次分析，占GNP(国民生产总值)的3.5%，但对GNP的影响高达66%。

二、分析化学的研究内容

分析化学是化学领域中的一个重要分支，主要研究各种分析方法的理论和应用。分析化学按分析目的可分为定性分析和定量分析。定性分析的任务是鉴定物质化学成分，确定物质的官能团和分子结构；定量分析的任务是测定物质各成分的含量。

分析化学的经典方法是化学分析，包括重量分析和滴定分析等。随着科学技术的飞速发展，建立在众多学科基础上的各种仪器分析方法相继出现，形成了近代仪器分析。近代仪器分析虽具有快速、简便、灵敏的特点，但因它所给出的是许多非化学性质的信息，常需要用化学分析给予标定。

另外，分析化学的研究内容还包括试样的采集与处理、干扰组分的分离、测定误差及数据处理、结果评价、各种分析方法的联用、计算机在分析化学中的应用等。

三、一般分析步骤

1. 试样的采集与处理

采集试样最重要的一点是要使试样具有代表性，不同的分析对象有不同的采集方法。采集到的试样在测定前要根据试样的组成、性质及所选用的分析方法进行处理。

2. 样品的分离与测定

所要分析的实际样品组成往往非常复杂，当测定某一组分时，其他成分经常有干扰。为了消除干扰，在测定之前，常需要将干扰物分离出去或将待测组分分离出来。常用的分离方法主要有以下几种：沉淀分离法、溶剂萃取分离法、离子交换分离法等。

最后，将处理后的样品进行测定。首先根据待测组分的性质、含量及对准确度的要求选择合适的化学分析方法或仪器分析方法，然后根据方法需要配制样品溶液、配制标准溶液或校准仪器，按照方法要求进行实际测定，根据测定数据报出分析结果。

四、滴定分析法和重量分析法

滴定分析法(Titrimetric Analysis)需要一种标准溶液，即已知准确浓度的溶液。实验中常将标准溶液作为滴定剂，装在滴定管中滴定被测物质。当滴定剂与被测物质反应完全时即达到了化学计量点，根据此时消耗的滴定剂的量就可以计算出被测物质的量。根据滴定反应的类型，滴定分析法可分为酸碱滴定法、络合滴定法、氧化还原滴定法、沉淀滴定法。根据确定终点的方法，滴定分析法可分为指示剂法、电位滴定法、电流滴定法、电导滴定法、光度滴定法。

重量分析法(Gravimetric Analysis)是根据物质的重量来确定被测组分含量的方法。实验中，采用适当方法将被测组分转化成一定形式进行称量，然后根据重量进行分析计算。获得称量物的方法有气化法、电沉积法、化学沉淀法等。

五、光谱学分析法

光谱学分析法是依据物质的光学性质建立起来的一类方法。该法根据物质对特定波长光谱的吸收或发射进行分子结构表征、官能团鉴定、晶体结构分析及物质含量测定。

这类方法主要有以下几种：

1. 可见分光光度法(Visible Spectrophotometry)

该法是利用物质对可见光(波长范围 400～750 nm)的吸收进行分析的一种方法。最早发展起来的是目视比色法，它根据物质溶液的颜色深浅与物质浓度间的定量关系进行分析。测定中，直接观察，比较待测溶液和标准溶液颜色的深浅，然后确定待测溶液浓度。后来，在目视比色法的基础上又逐步发展了光电比色法和分光光度法，它们都是建立在物质对光选择性吸收基础上的定量分析方法。根据朗伯-比尔定律，在一定浓度范围内，物质在一定波长下的吸光度与物质的浓度呈正比。在测定中，通常先测定标准系列溶液的吸光度，作标准曲线，再测定待测溶液的吸光度，由标准曲线求出待测溶液浓度。

2. 紫外吸收光谱法(Ultraviolet Absorption Spectrometry)

紫外吸收光谱法是基于物质对紫外光选择性吸收的分析方法。该法主要应用于共轭有机化合物的定性分析、定量分析及结构分析，其原理与可见吸收光谱法相同，也是基于朗伯-比尔定律，所用仪器结构也与可见吸收光谱法相似，只是需要紫外光源(氘灯)，石英比色皿。紫外光谱的波长范围为 100～400 nm，常用的为 200～400 nm，因 200 nm 以下为真空紫外区，空气中的 O_2、N_2 有干扰，需在真空中测定。

3. 红外吸收光谱法(Infrared Absorption Spectrometry)

物质分子除了吸收能量高的紫外光引起价电子跃迁外，还可以吸收能量低的红外辐射，从而引起分子振动能级和转动能级的跃迁，产生红外吸收光谱(又称振动-转动光谱)。红外光谱的波长范围为 0.75～1000 μm，常用波数(每厘米通过的波的个数，单位 cm^{-1})表示，其范围为 10～13300 cm^{-1}，最常用的是 400～4000 cm^{-1}(中红外区)。

物质分子中的各化学键所连接的原子在平衡位置附近不断振动产生瞬间偶极，其振动方式有化学键的伸缩振动、弯曲振动等，当这种振动频率与外界辐射频率相同时，就会产生能量吸收，使振动加剧。若用频率连续变化的红外光照射样品，由于上述原因某些频率的红外光被吸收而强度减弱，而另一些频率的红外光不被吸收，强度无变化。由此可知，若把吸收后的谱图记录下来，就可得到强弱不等的红外吸收光谱，利用该光谱各吸收峰的位置、形状和吸收强度就可推断物质的分子结构。红外光谱具有很高的特征性，对每种化合物都可测出与自身结构特征相应的吸收光谱，因此应用非常广泛。

4. 原子吸收光谱法(Atomic Absorption Spectrometry)

原子外层电子跃迁所产生的光谱为原子光谱，利用原子的电子跃迁产生的吸收光谱进行分析的方法叫原子吸收光谱法。空心阴极灯是原子吸收光谱法常用的光源，其阴极由待测元素的材料制成，能发射待测元素基态原子所能吸收的特征谱线光。当该特征谱线光通过样品蒸气时，可被蒸气中基的态原子所吸收。蒸气中的基态原子数目越多，对光的吸收就越强，根据对光的吸收强度可以测定样品中待测元素含量。

5. 原子发射光谱法(Atomic Emission Spectrometry)

原子发射光谱法是利用试样中原子受外能激发后发射的特征光谱来检测元素的存在及含量的方法。该法的实验过程如下：①将待测物质转变为气态并使其原子化，再利用激发光源使其激发并发射谱线；②利用分光系统将原子发射的各种波长的辐射分散成光谱；③对分光后的不同波长的光进行检测。

由于各种元素的原子结构不同，原子受激后电子跃迁所发射的特征谱线也不同，这就像人的指纹一样，利用这一特点可进行定性分析，利用谱线的强弱可进行定量分析。

6. 核磁共振光谱法(Nuclear Magnetic Resonance Spectrometry)

当用波长为10～100 m的电磁波照射暴露在强磁场中的物质分子时，分子中的某些磁性原子核(自旋量子数不为零)会吸收该电磁波，从低能态跃迁至高能态，同时产生核磁共振吸收信号，得到核磁共振光谱。核外电子云会产生对抗外磁场的作用(叫屏蔽作用)，从而使共振时的磁场强度发生移动(叫化学位移)。原子核在分子中所处的化学环境不同，核外电子云分布不同，产生的化学位移也不同。因此根据化学位移可判断原子核所处的化学环境，进而推断其分子结构。

有机化合物中，C、H为主要元素，因此人们研究较多的是^{1}H共振吸收光谱(氢谱)和^{13}C共振吸收光谱(碳谱)。利用氢谱可确定分子中氢原子所处的位置、各官能团氢原子个数、各碳骨架上氢原子相对数目，最终推断出分子结构。利用碳谱可方便地推断分子中碳骨架的结构、分子构型等。

7. 质谱法(Mass Spectrometry)

有机物在真空中受热可成为气态分子，该气态分子在50～100 eV高速电子流轰击下某些化学键有规则地断裂，并失去电子，产生不同质量的带正电荷的离子。这些离子在电场和磁场的综合作用下，按照质荷比(质量与所带电荷之比，m/e)的大小顺序被分离开，将不同质量、不同强度的离子流收集并记录下来，便得到质谱图。根据质谱峰的位置(质荷比)及峰的相对强度(丰度),结合分子断裂规律,可将各分子碎片拼接起来,推断出分子结构。质谱灵敏度很高,检测极限可达 10^{-14} g。质谱要求被测物呈气态,故可方便地与气相色谱连用,现在已有很先进的色-质联用仪。

8. X射线荧光光谱法(X-ray Fluorescence Spectrometry)

X射线是一种能量较高的电磁辐射,波长在0.01~50 nm,化学分析常用的X射线波长范围为0.01~24 nm。X射线荧光光谱来自原子内层电子的跃迁。当能量高于原子内层电子结合能的X射线光子与原子发生碰撞时,会驱逐一个电子而出现一个空位,使整个原子体系处于不稳定的激发态。激发态原子将自发地由高能态跃迁至低能态,这个过程称为弛豫过程。弛豫过程可以是辐射跃迁,也可以是非辐射跃迁。当较外层电子跃入内层空位而使原子由高能态变为低能态时,若释放出的能量不被原子吸收,便会以辐射形式放出,产生X射线荧光,其荧光能量等于两能级之差。采用适当方法将原子产生的X射线荧光按能量色散或波长色散后,记录能谱图或波谱图,可确定被测元素的种类、含量等。

六、电化学分析法

将物质的化学性质与电现象结合起来研究就形成了电化学,利用物质的电化学性质进行分析的方法称为电化学分析法。电化学分析法一般将试样溶液与适当的电极构成一个化学电池,测量化学电池的某些物理量(电位、电流、电导、电荷量等),再根据这些物理量对物质进行定性、定量分析。电化学分析法的灵敏度和准确度都很高,应用范围广,且易于实现自动化和连续分析。

现将几种主要的电化学分析法介绍如下:

1. 电位分析法 (Potentiometry)

电位分析法是利用化学电池内电极电位与溶液中某种组分浓度的对应关系建立起来的一种电化学分析法,通过测量在零电流下的电极电位进行定量分析。电位分析法又分为两大类:直接电位法和电位滴定法。

2. 极谱分析法(Polarography)

以电解过程中的电压-电流曲线(I-V 曲线)为基础建立起来的电化学分析法叫伏安分析法,以表面周期性更新的滴汞电极为工作电极的伏安分析法叫极谱分析法,所测得的电压-电流曲线称为极谱曲线,这是定性、定量分析的依据。

根据电极电位改变的方式,控制电位极谱法可分为直流极谱法(经典恒电位极谱法)、单扫描极谱法(变电位极谱法)、导数极谱法、三角波极谱法、交流极谱法、方波极谱法、脉冲极谱法、半积分和半微分极谱法等。根据电流改变的方式,控制电流极谱法又可以分为线性电流扫描极谱法、计时电位法、示波极谱法等。另外，利用极谱曲线的变化，还可以进行极谱滴定分析。

3. 库仑分析法(Coulometry)

库仑分析法是以测量电解过程中被测物质在电极上发生电化学反应所消耗的电量为基础的分析方法。该法的依据是法拉第电解定律，即电流通过电解池时参加电极反应的物质的量与通过电解池的电量成正比。法拉第电解定律是自然科学中最严格的定律之一，它不受任何外在因素(温度、压力、浓度、溶剂、电极材料等)的影响，因此，建立在法拉第电解定律基础上的库仑分析法是一种准确度很高的绝对定量分析法。该方法的先决条件是在工作电极上只有待测物质反应，无任何其他反应，即电流效率要求100%。

4. 电导分析法(Conductometry)

通过测量电解质溶液的电导率进行分析的方法叫电导分析法。此法可分为直接电导法和电导滴定法。直接电导法直接根据溶液电导确定待测物含量；电导滴定法根据滴定过程中被滴溶液电导的突变确定滴定终点，再根据消耗的滴定剂的量求得待测物含量。由于电场力对离子无选择性，所以溶液中所有离子对电导率都有贡献，测得的电导率变化是各种离子浓度的变化之和。测定中，若用直流电源，电极表面会发生电解反应而改变溶液组成，导致溶液导电性发生变化，所以电导测量中都是使用交流电源(电极可以不与溶液接触)，测定溶液的交流阻抗。

七、色谱分析法

色谱分析法集分离、分析于一体，是一种测定多组分混合物非常有效的方法。该法的原理是利用混合物中各组分在互不相溶的两相(流动相和固定相)间的吸附、分配等差异，将各组分分离并加以测定。

1. 气相色谱法(Gas Chromatography, GC)

气相色谱法所用仪器组成为气路系统、进样系统\分离系统、温控系统、检测系统。气相色谱法的流动相为气态，该流动相又叫载气，常用的载气有氢气、氮气、氦气、氩气。气相色谱法常用的分离系统是置于控温箱中的色谱柱，根据色谱柱中固定相的状态，气相色谱法又分为气固色谱法和气液色谱法。前者的固定相是多孔固体(如分子筛、硅胶、活性炭、氧化铝等)，分离过程主要是气相中的各组分在多孔固体上的反复吸附、脱附过程；后者的固定相是涂布着蒸气压低、在实验温度下为液态的有机物或无机物的固态载体或毛细管内壁，分离过程主要是气相中的各组分在液体中的反复溶解、挥发过程。混合物被载气带入色谱柱后，由于各组分的性质不同，在固定相上的滞留时间或随流动相前进的速度不同，所以各组分被分离开，逐个流出色谱柱。分离后的组分可用适当检测器检测其含量。

气相色谱法的优点是分析速度快、应用范围广、分离效率高，适宜分离、检测易挥发、热稳定性好的物质。其缺点是不适用于沸点高、热稳定性差的化合物。

2. 液相色谱法（Liquid Chromatography，LC）

液相色谱法所用仪器的组成与气相色谱法相似，只是多了个高压泵。液相色谱法由于采用高压泵、高效固定相、高灵敏度检测器，所以又常称为高效液相色谱法（High Performance Liquid Chromatography，HPLC）。液相色谱法的流动相为液态，该流动相又称为载液，由适当溶剂组成。根据固定相的状态，液相色谱法可分为液固色谱法和液液色谱法。前者的固定相是固体，后者的固定相是涂布在载体上的液体。根据分离机理不同，液相色谱法可分为液固吸附色谱法、液液分配色谱法、化学键合相色谱法、离子交换色谱法等。

液相色谱法适用性更广，不受试样挥发性、热稳定性的限制，可用于分离、分析低沸点物质外的各种无机物、有机物、高分子化合物、离子型化合物等。

3. 离子色谱法（Ionic Chromatography，IC）

离子色谱分析是利用离子交换原理进行分离，并采取通用的电导检测器检定溶液中的离子浓度的方法。它具有高效、高速、高灵敏和选择性好等特点，因此广泛应用于环境监测、化工、生化、食品、能源等各领域中的无机阴、阳离子和有机化合物的分析中。

八、流动注射分析法

流动注射分析（Flow Injection Analysis，FIA）是将含有试剂的载流液由蠕动泵输送进管道，再由进样阀将一定体积的试样注入载流中，使试样以“试样塞”形式随之恒速移动，试样在载流中受分散过程控制，逐渐被分散成一个具有浓度梯度的试样带，并与载流中的试剂发生化学反应生成某种可以检测的物质，再由载流带入检测器，给出检测信号（如吸光度、峰面积或峰高、电极电位等），由此求得试样中的被分析组分的含量。FIA 可与多种检测器联用，如 FIA-ISE（离子选择电极），FIA-ICP-AEP（电感耦合等离子辐射光谱检测器），FIA-AAS（原子吸收光谱检测器）。

九、分析中的误差及数据处理

分析化学的任务是尽可能准确地确定物质的组成、结构及组分的含量，因为错误的分析结果将对研究工作和生产造成极大损失和严重危害。但是，同其他测量方法一样，测量误差是客观存在的，绝对准确的结果是无法获得的。因此，在测定过程中要研究产生误差的原因和误差出现的规律，对分析数据进行评价，以便采取有效措施减少误差，提高分析结果的准确度。

1. 误差(Error)

误差是指测定结果与真实值之间的差值，误差的大小可用绝对误差和相对误差来表示。误差越小，分析结果的准确度就越高。所以，准确度表示的就是分析结果与真实值接近的程度。实际测定中，客观存在的真实值不可能精确地知道，因此，准确度和误差也就无法求得。但是，人们可以通过准确度高的测量，获得最接近真值的近似值，即“相对真值”。标准参考物质(标样)给出的标准值就是“相对真值”。在同一条件下，对同一样品平行测定几次，各次测定结果相互接近的程度可用精密度来表示。对于分析结果，首先要求精密度高，然后再要求准确度高。换句话说，在精密度高的前提下，才能得到准确可靠的分析结果。

2. 系统误差(System Error)

系统误差是指在一定条件下由于某些固定原因所引起的误差。它使测定结果系统地偏高或偏低，其大小也有一定规律，它对分析结果的影响比较固定，当重复测定时系统误差会重复出现，增加测定次数并不能减小系统误差。一般来说，产生系统误差的原因可以找到，能设法测定和校正，从而消除其对测定结果的影响，所以系统误差又称为可测误差。系统误差产生的原因，可分为以下几类：方法误差、仪器误差、试剂误差、操作误差。以上系统误差可采用对照试验、空白试验、仪器校正、结果校正等措施加以消除。

3. 随机误差(Random Error)

随机误差是指各种因素的随机变动引起的误差，它出现的概率通常遵循正态分布规律。随机误差难以控制，是客观存在的，也是不可避免的。正态分布就是高斯分布，其规律是：绝对值相等的正误差和负误差出现的概率相同，绝对值小的误差出现的概率大，绝对值大的误差出现的概率小。数据分布越集中，测量的精密度越好。

4. 过失误差(Gross Error)

除了系统误差和随机误差外，在分析中还会遇到过失或差错造成的过失误差。例如加错试剂、试液溅失、读错刻度、记录错误等，这都属于不应有的过失，应尽量避免。一旦出现很大的误差，经分析确定是由于过失引起的，则此测定数据应舍弃。

对于分析结果的数据处理，一般是先校正系统误差，然后对数据进行统计处理，去除可疑值，计算数据的平均值，求出平均偏差与标准偏差，最后按照要求的置信度求出平均值的置信区间。

5. 标准偏差(Standard Deviation)

标准偏差又称均方根偏差。当测定次数趋于无穷大时，总体标准偏差 σ 表达

式为

$$\sigma=\sqrt{\sum(x-\mu)^2/n}$$

式中 x 为单次测定值，μ 为总体平均值，在校正了系统误差的情况下即为真值。在一般的分析工作中，测定次数有限，这时标准偏差 S 的表达式为

$$S=\sqrt{\sum(x-\bar{x})^2/(n-1)}$$

相对标准偏差 $S/\bar{x}$ 又称变异系数(CV)，变异系数是表示精密度最好的量。

6. 置信区间(Confidence Interval)

在一定置信概率的保证下，以测定的平均值为中心包括总体平均值(或真值)的范围叫置信区间，可用它来表示测定结果的可靠性。

7. 显著性检验(Significance Test)

在解决实际问题时，经常需要评价测定结果的可靠性及测定方法的可行性，这可以利用显著性检验进行验证。显著性检验就是运用统计的方法来判断数据间的差异是否属于显著性差异，也就是检验测量中是否存在系统误差。若要评价测定结果，可将测定结果与标准值(真值)进行比较，看是否存在显著性差异；若要评价测定方法，可将测定方法与标准方法进行比较，看是否存在显著性差异。若无显著性差异，说明不存在系统误差，其差异由随机误差引起，可认为结果可靠或方法可行。

8. 工作曲线 (Calibration Curve/Working Curve)

在仪器分析测试中，常用工作曲线法进行定量分析。分析化学中常用的工作曲线都是直线，横坐标(X)表示可以精确测量的变量(如标准溶液的浓度)，纵坐标(Y)表示仪器的响应值等。将与各个 X 值相应的 Y 值测定出来并在坐标系中作图，即得工作曲线。由于误差不能完全避免，各实验点不可能全部通过工作曲线，常需要对数据进行回归分析。回归分析是研究随机现象中变量之间关系的一种数理统计方法。

9. 计算机在分析化学中的应用

随着分析工作的仪器化、自动化、计算机化，分析工作者根据分析化学这一测量科学的特点，建立了一系列化学计量学方法。从采样、样品处理、方法选择、样品测试、仪器信号的分辨与解析到数据处理、结果评价，都可借助计算机，以最严谨、最有效的方法处理分析的全过程。计算机的应用范围很广，它包括模式识别、因子分析、信号处理、条件最优化、结果校正、数据解析、人工智能、情报检索和实验室自动化等。计算机的引入使分析化学可以处理更复杂的体系，可以获得更多精密、可靠的信息，从而得到正确的结论。

第四节　有机化学——生命科学的基础

有机物是组成生物体的主要成分，是构建物质的重要基元。本节介绍了各种有机物的组成、结构、性质及反应特点。

一、有机化学在社会发展中的作用

自然界的物质一般被粗略地分为无机化合物和有机化合物两大类。有机化合物在历史上曾被看作只能来源于生物体，且只有在“生命力”支配下才能产生的一类与无机化合物截然不同的物质。从结构上讲，可以把碳氢化合物看作是有机化合物的母体，叫做烃(Hydrocarbon)，而把其他有机化合物看作碳氢化合物(烃)的衍生物(Derivative)。对一些具有典型的无机化合物性质的含碳化合物，如 CO_2、CO 和碳酸盐等，一般不列入有机化合物范畴。

有机化学不仅是生命科学的基础，而且与国民经济、人民生活、国防建设密切相关，能源工业、化学工业、材料工业和国防工业的发展都离不开有机化学。人们利用石油、煤和天然气中的多种有机化合物，可提炼出许多重要的有机化工基本原料，不仅能制得各种燃料，而且能进一步制取工农业及日常生活所需要的农药、化肥、合成洗涤剂、塑料、合成橡胶、合成纤维等化工产品。

二、有机化合物的特性及结构

1. 有机化合物的特性

有机化合物在性质上存在着许多特点：有机化合物一般可以燃烧，熔点较低，大多难溶于水，易溶于非极性或极性小的有机溶剂，有机化合物的反应速度慢，通常要加热或加催化剂，而且副反应较多。

2. 有机化合物的结构

有机化合物各原子间主要是以共价键形式结合，具有特殊的化学结构。物质的性质不仅决定于组成元素的性质和数量，而且也决定于分子的化学结构。例如，乙醇和二甲醚的分子式都是 C_2H_5O，元素组成相同，但化学结构不同。

$$CH_3—CH_2—OH \qquad\qquad CH_3—O—CH_3$$

乙醇　　　　　　　　二甲醚

这种分子式相同、结构不同的物质称为同分异构体(Isomer)。由于同分异构体的结构不同，因此性质也有差别。

三、有机化合物的分类

有机化合物种类繁多，为了能系统地研究，常将有机化合物进行分类处理。一般有两种分类方法：

1. 按碳骨架分类

(1) 开链化合物 (Open-chain Compound)

碳骨架由碳原子连接成的链构成，两端张开不成环。因为脂肪类物质具有这样的链状碳骨架，所以开链化合物又叫脂肪族化合物。开链化合物又可分为饱和化合物和不饱和化合物。

(2) 脂环化合物(Alicyclic Compound)

碳原子连接成环状的碳骨架，性质和脂肪族化合物相似，又称为脂环族化合物。脂环族化合物也有饱和与不饱和之分。

(3) 芳香族化合物(Aromatic Compound)

碳原子也是连接成环状的碳骨架，但是含有特殊的苯环结构，具有特殊的性质。

(4) 杂环化合物(Heterocyclic Compound)

也是环状结构，但成环原子不仅有碳原子，还含有其他杂原子(如O、N、S等)。

2. 按官能团分类

官能团(Functional Group)是指分子中比较活泼而容易发生反应的原子或原子团(基团)，它常常决定着化合物的主要性质。具有相同官能团的化合物具有相类似的性质，把它们归于一类进行研究是比较方便的。

常见的重要官能团如下：

双键	三键	羟基	卤素	醚键	醛基
酮基	羧基	氨基	硝基	氰基	磺基

四、烃

“烃”字来源于碳字中的“火”和氢字中的“圣”。烃是有机化合物的基本类型，烃分子中的氢原子被其他原子或基团直接或间接取代后，可以生成一系列衍生物。根据结构和性质的不同，烃类又可分为烷烃、烯烃、炔烃、芳香烃等。

1. 烷烃(Alkane)

烷烃又分为开链烷烃和环烷烃，开链烷烃又叫脂肪烃，因脂肪分子中有类似开链烷烃的碳骨架。本节主要讨论开链烷烃(简称烷烃)。在烷烃分子中,碳都以单键(C—C)相连,其余价键都为氢原子所饱和,故称为饱和烃。烷烃的元素组成通式为 C_nH_{2n+2}。

(1) 烷烃物理性质

直链烷烃的沸点随碳原子个数的增加而升高,当碳原子个数相同时,含支链越多,沸点越低。在常温常压下,四个碳以下的正烷烃为气体,从戊烷开始为液体,从十七烷开始为固体。烷烃的熔点变化规律与沸点相似,随碳原子个数的增加而升高。由于烷烃是非极性分子,因此烷烃几乎不溶于水,但易溶于有机溶剂。烷烃的密度均小于 1,且随碳原子个数的增加而增加。

(2) 烷烃化学性质

① 取代反应 (Substitution Reaction):即烷烃分子中的氢原子被其他原子或原子团取代的反应。取代反应是烷烃最基本的反应。②氧化反应 (Oxidation Reaction):烷烃在室温下不与氧反应,但可以在空气中燃烧,氧气充足时生成二氧化碳和水,同时放出大量的热,因此烷烃是重要的燃料。在一定催化剂作用下,烷烃可被氧化为醛或羧酸。③异构化反应(Isomerization Reaction):在适当催化剂作用下,直链烷烃可异构化为支链烷烃,可利用此法提高汽油的质量。④裂解反应(Cleavage Reaction):是指烷烃在没有氧气的条件下加热分解的反应。在一定温度下(若同时加入催化剂,则叫催化裂解反应),长链烃可裂解为短链烃,除了生成烷烃外,还常生成烯烃、氢气分子等。可利用此法使石油中高沸点烷烃变为低沸点物质,提高汽油、柴油的产量和质量。

2. 烯烃(Alkene)

分子内含有一个或多个碳碳双键($>C=C<$)的开链碳氢化合物称为烯烃。碳碳双键是烯烃的特征结构,也是烯烃的官能团。最简单的烯烃是乙烯,由两个碳原子组成。含有一个双键的烯烃叫单烯烃,含有两个及两个以上双键的烯烃叫多烯烃。烯烃主要来自于石油裂解产物,也可由烷烃脱氢、醇类脱水制得。烯烃相对于相应的烷烃而言含氢较少,属于不饱和烃。单烯烃的元素组成通式为 C_nH_{2n}。

(1) 烯烃的物理性质

烯烃的物理性质与烷烃相似,其沸点也随着碳原子数的增加而升高。在常温常压下,乙烯、丙烯和丁烯是气体,从戊烯开始是液体,更高级的烯烃为固体。密度都小于 1,一般难溶于水而易溶于有机溶剂。

(2) 烯烃的化学性质

烯烃的双键由 σ 键和一个 π 键组成,烯烃的化学性质主要表现在双键上。①加成反应 (Addition Reaction):这是烯烃双键的主要反应。在反应中,双键中的 π 键打开,两个一价的原子或原子团分别加到双键两端的碳原子上,形成两个新的

σ键。加成反应是具有不饱和键化合物的典型反应,也是烯烃的主要反应。通过双键的加成可以合成很多重要的有机化合物。②氧化反应:烯烃双键由于其活泼性很容易被氧化,可使 $KMnO_4$ 溶液的紫色消失。氧化条件不同,产物也不同。③聚合反应(Polymerization Reaction):聚合反应也可以看作是烯烃的自加成反应。反应中,烯烃双键打开,相互结合成大分子量的化合物,最典型的聚合反应是乙烯聚合为聚乙烯的反应:

$$\underset{\text{乙烯}}{nCH_2{=}CH_2} \longrightarrow \underset{\text{聚乙烯}}{[CH_2{-}CH_2]_n}$$

3. 炔烃(Alkyne)

炔烃是含有碳碳三键的一类开链不饱和烃,其元素组成通式为 C_nH_{2n-2}。碳碳三键是炔烃的特征结构,也是炔烃的官能团。由于碳链的不同或三键位置的不同,炔烃也有许多同分异构体。

(1) 炔烃的物理性质

炔烃的物理性质与烯烃和烷烃相似,其沸点也随着碳原子数的增加而升高。在常温常压下,乙炔、丙炔和丁炔是气体,从戊炔开始是液体,高级的炔烃为固体。

(2) 炔烃的化学性质

炔烃的化学性质主要表现在三键上。炔烃的三键由一个σ键和两个π键构成,性质更加活泼。①加成反应。与烯烃相似,炔烃可以与一系列试剂进行加成反应。②氧化反应。炔烃的三键与烯烃的双键相似,也容易被氧化,也可使高锰酸钾溶液的紫色消失。乙炔可被高锰酸钾氧化为二氧化碳,其他炔通常被氧化为羧酸。③聚合反应。在一定条件下,乙炔可发生自加成反应,即聚合反应,生成链状化合物。若发生双分子聚合,则生成乙烯基乙炔:

$$CH{\equiv}CH + CH{\equiv}CH \longrightarrow CH_2{=}CH{-}C{\equiv}CH$$

乙烯基乙炔是合成橡胶的重要原料。④炔烃活泼氢的反应。直接连接在三键碳上的氢与其他碳上的氢性质不同,很活泼,具有一定酸性(因三键具有较大的电负性)。该活泼氢可与碱金属或重金属反应,生成炔烃金属化合物。

4. 芳香烃(Aromatic Hydrocarbon)

该类烃最初主要由天然香树脂、香精油中分离出,具有芳香气味,故称为芳香类化合物,简称芳烃。芳烃是重要的化工原料,现在主要从煤焦油、石油裂解产物中获得。

芳烃类化合物具有特殊的稳定性,不易发生加成和聚合反应,这是它们特殊的苯环结构决定的。芳烃还可分为单环芳烃、多环芳烃、稠环芳烃。苯环(芳环)的化学性质如下:①取代反应。在一定条件下,苯环上的氢可被其他原子或原子团取代,生成一系列苯的衍生物。例如:与卤素反应可得卤苯,与硝酸反应可得硝基苯,与硫酸反应可得苯磺酸，与氯代烃反应可得烷基苯。②加成反应。苯环的加成比较困难，在特定条件下，苯环与氢加成可得环己烷，与氯加成可得六氯环己烷（农药六六六）。

五、含氧化合物

1. 醇和醚

（1）醇（Alcohol）

醇可以看成链烃分子中的氢原子被羟基取代后的产物（ROH）。分子中含有一个羟基的叫一元醇，含有多个羟基的叫多元醇。最简单的一元醇是甲醇，可从木材干馏成分中得到；其次是乙醇，又叫酒精，可用淀粉发酵制得。

直链饱和一元醇的沸点随碳原子个数的增加而升高。常温常压下，对于直链饱和一元醇，含 4 个碳以下时为易流动的液体，有醇香气味，含 5～11 个碳时为油状液体，有不愉快的气味，含 12 个碳以上时为蜡状固体。醇有一定极性，低级醇能与水互溶，高级醇则不易溶于水。

醇羟基中的氢可与活泼金属发生置换反应；醇羟基可与氢卤酸发生置换反应生成卤代烃；醇羟基可与无机酸或有机酸发生酯化反应生成酯；醇可以发生分子内脱水反应生成烯烃，发生分子间脱水反应生成醚；醇羟基可以发生氧化反应生成醛、酮或酸。

（2）醚（Ether）

醚是由氧原子连接两个烃基所构成的化合物（ROR），也可以看成是水分子中的两个氢被烃基取代的衍生物。氧原子是醚的官能团，当其连接的烃基相同时称为单醚，烃基不同时称为混醚。

在常温常压下，除甲醚和甲乙醚为气体外，其余醚多为液体。液态醚是良好的有机溶剂，难溶于水，低级醚有特殊的气味。

醚是一类不活泼的化合物。不易与碱、氧化剂、还原剂等反应，容易燃烧。醚键中的氧可与无机强酸中的氢离子结合生成烊盐，由于此反应使醚可溶于浓强酸，利用此现象可区别醚与烃类。低级醚在空气中长期放置会逐渐生成过氧化物（R—O—O—R）。过氧化物不稳定，受热易分解并发生爆炸。

2. 醛和酮(Aldehyde/ Ketone)

（1）醛和酮的结构

醛和酮都是含有羰基（C═O）官能团的化合物，可统称为羰基化合物。羰基位于碳链一端时称为醛（R—CHO，—CHO 叫醛基），羰基不在碳链一端时称为酮（R—CO—R，—CO—叫酮基）。根据烃基的饱和性可分为饱和醛、酮和不饱和醛、酮,根据羰基的个数还可分为一元醛、酮和二元醛、酮等。一元酮中的两个烃基相同时叫单酮,不同时叫混酮。生物体内广泛存在的糖类是含多羟基的醛或酮。

(2) 醛和酮的物理性质

在常温常压下,除甲醛为气体外,低级醛、酮均为液体,高级醛、酮均为固体。低级醛、酮可溶于水,高级醛、酮不溶于水。由于羰基具有一定极性,所以醛、酮的沸点比同分子量的烃类高,但比极性更大的醇类低。

(3) 醛和酮的化学性质

羰基是醛、酮的官能团,性质活泼,所以化学反应主要发生在羰基上。由于结构上的差异,醛比酮更活泼。

羰基上的碳氧双键和碳碳双键一样,易与极性基团发生加成反应。例如,羰基可与氢氰酸、亚硫酸氢钠、醇、羟氨格氏试剂(RMgX, Grignard reagent)等发生加成反应。

醛、酮在镍或铂催化下,羰基可发生加氢反应生成醇:

$$CH_3CH_2CHO + H_2 \longrightarrow CH_3CH_2CH_2OH$$

醛基易发生氧化反应,生成相应的羧酸。醛类与弱氧化剂银氨络离子的反应称为银镜反应(因反应中产生的银可在玻璃等表面形成银镜),这是鉴别醛和酮的反应。醛类还可被 Cu^{2+}、Ag_2O、H_2O_2、$KMnO_4$ 等氧化为羧酸。酮类不能被弱氧化剂氧化,但可被强氧化剂氧化。

3. 羧酸(Carboxylic Acid)

(1) 羧酸的结构

羧酸可以看成链烃分子中的氢原子被羧基(—COOH)取代后的产物。根据烃基的饱和性可分为饱和羧酸和不饱和羧酸。分子中含有一个羧基的叫一元羧酸,含有多个羧基的叫多元羧酸。

(2) 羧酸的物理性质

在常温常压下,九个碳原子以下的羧酸为液体,十个碳原子以上的羧酸为固体。低级酸一般有特殊的气味,食醋的主要成分是乙酸(醋酸),具有刺激气味。羧酸是一类极性较强的物质,低级酸(甲酸至丁酸)都能与水互溶,随碳原子数增加羧酸在水中的溶解度减小。甲酸和乙酸的密度大于1,其余羧酸的密度小于1。由于羧酸分子间可形成氢键,所以羧酸的沸点比较高。

(3) 羧酸的化学性质

羧基中的氢很活泼,易发生置换反应,可与氢氧化钠、碳酸钠等反应生成羧酸盐:

$$CH_3COOH + NaOH \longrightarrow CH_3COONa + H_2O$$

羧酸可与三氯化磷、五氯化磷等反应生成重要的有机合成原料酰氯,羧酸分子间发生脱水反应可生成酸酐,羧酸与醇可以发生酯化反应得到相应的酯。

(4) 羧酸的制法

在适当催化剂作用下,较长链烃类可发生链的断裂,一分子烃被氧化为两分子羧酸。也可用醇或醛氧化得羧酸。另外,高级脂肪酸可通过脂肪水解获得。

4. 酚(Phenol)

(1) 酚的结构

羟基直接与苯环相连的一类化合物叫苯酚,简称酚。当羟基与苯环上的取代基相连时不称为酚,称为芳醇。根据苯环上羟基的个数,又分为一元酚和多元酚。

(2) 酚的物理性质

多数酚为固体,一元酚难溶于水,易溶于有机溶剂,多元酚在水中的溶解度较大。由于可形成分子内氢键,所以酚类的沸点较高。

(3) 酚的化学性质

①酚羟基的反应。酚羟基具有一定酸性,可与氢氧化钠作用生成酚钠。酚羟基的性质与醇羟基的性质相似,可与酸形成酯,与醇形成醚。②芳环上的取代反应。由于羟基的存在,使芳环的邻、对位易发生取代反应。在一定条件下,酚类可与卤素、硫酸、硝酸等发生取代反应,生成一取代或多取代产物。苯酚还可以与甲醛发生缩合反应,生成酚醛树脂,这是第一个人工合成塑料。

5. 含氧杂环化合物

饱和含氧环化合物如环氧乙烷、二氧六环性质与醚相似,其中环氧乙烷是一种极重要的有机合成原料。当环状结构中具有 $—OCH_2CH_2—$ 重复单元时,该类环状醚称为冠醚,它是一类重要的络合剂。

当含氧环具有芳香性时称为含氧杂环化合物,常见的含氧杂环化合物有呋喃、苯并呋喃、呋喃甲醛(糠醛)等,它们都有重要的用处。呋喃加氢所得的四氢呋喃(THF)是重要的有机溶剂和合成原料。

六、含氮化合物

1. 脂肪胺(Aliphatic Amine)

烷烃分子中的一个或多个氢原子被氨基($—NH_2$)取代所生成的衍生物称为胺,胺也可以认为是氨分子中的氢原子被烃基取代所生成的衍生物。根据氨分子中氢原子被烃基取代的个数可分为伯胺(RNH_2)、仲胺(R_2NH)、叔胺(R_3N)、季胺(R_4NX)。根据碳链上氨基的个数又分为一胺、二胺等。若碳链上既有氨基又有羧基,就构成生命最基本的物质氨基酸,它是蛋白质的结构单元。

胺类的系统命名与醇、酸等的命名类似。

在室温下,甲胺(CH_3NH_2)、二甲胺[$(CH_3)_2NH$]、三甲胺[$(CH_3)_3N$]、乙胺

($CH_3CH_2NH_2$)为气体，有氨的气味，丙胺以上为液体，高级胺为固体。低级胺可通过氢键缔合，沸点高于同分子量的烷烃。

氨基是胺的官能团，许多反应都发生在氨基的氮原子上。氨基的性质与氨相似，具有碱性，可结合质子成盐。胺与卤代烃反应时，氨基上的氢原子可被烃基取代，这叫烷基化反应。

2. 芳胺(Arylamine)

氨分子中的氢原子被芳环基团取代的产物叫芳胺。

芳胺一般为高沸点的液体或固体，具有特殊气味，毒性较大，常有致癌作用。

与脂肪胺类似，芳胺也具有碱性，可与强酸形成盐。芳胺很容易被氧化，芳胺在空气中久放会被氧化为深色物质。二氧化锰可将芳胺氧化为苯醌，重铬酸钾可将芳胺氧化为苯胺黑(黑色染料)。芳胺的苯环可与卤素、硝酸、硫酸发生卤化、硝化、磺化取代反应，生成一取代或多取代产物。

3. 腈(Nitrile)

腈可以看作是氢氰酸(HCN)分子中的氢原子被烃基取代后的衍生物，其通式为RCN，氰基是腈类物质的官能团，可以发生加成反应、水解反应、醇解反应等。在酸或碱存在下，腈的水解反应如下：

$$R—C\equiv N + 2H_2O \longrightarrow R—COOH + NH_3$$

腈可由卤代烃与氰化钾作用得到：

$$R—I + KCN \longrightarrow R—C\equiv N + KI$$

在有机合成上常用此反应增长碳链。

4. 含氮杂环化合物

此类化合物有吡咯、吡啶、吲哚、嘧啶、喹啉等，它们具有与芳香烃类似的性质，大多数存在于自然界有机物中，具有重要的理论价值和应用价值。

第五节　高分子化学——高分子材料科学的基础

现在是高分子时代，人们使用最多、了解最多的塑料、橡胶、纤维都是高分子材料。本节介绍了什么是高分子，如何制备高分子，高分子材料的特性有哪些。

一、高分子化学的发展及其研究内容

1. 高分子化学及其发展

分子量从几千到几十万甚至几百万的化合物称为高分子化合物(Macromolecular Compound)，有时又称为聚合物(Polymer)。高分子化合物所含原子数一般在几万以上，而且主要以共价键结合在一起。高分子化合物又分为人工合成高分子和天然高分子，人们研究较多的是人工合成高分子，它是由单体小分子聚合而成。

高分子化学就是研究聚合反应机理与动力学、聚合反应与聚合物的分子量和分子量分布以及聚合物结构与性质之间关系的一门学科。高分子化学已有一百多年的历史。1838 年人们利用光化学方法第一次使氯乙烯聚合，1839 年合成了聚苯乙烯，同年还发明了天然橡胶的硫化，使之用于制作轮胎和防雨布。1868 年发明了硝基纤维素，1870 年实现了工业化生产，推动了塑料工业的发展。1893 年英国开始生产人造丝，1907 年德国开发出第一个全合成聚合物——酚醛树脂。1920 年，德国科学家施陶丁格(H. Staudinger，1953 年获诺贝尔化学奖)提出了高分子这个概念。1930 年以后，高分子化学得到了迅速发展，合成的高分子材料迅猛增加，人类逐渐进入高分子时代。

2. 高分子化学的重要性

高分子化学是塑料、合成橡胶、合成纤维的理论基础，对于高分子材料的研究和应用具有重要意义。高分子化学可以根据人们对材料的性能要求，设计高分子的结构，然后选择适当的合成路线，制备出能满足要求的各种高分子材料。由于高分子材料具有独特的性能，且品种多、易加工，能适应多种需要，所以高分子材料已广泛应用于日常生活、经济建设的各个方面。据统计，若人们对材料的需求量为 100%，则其中高分子材料占 60%。

3. 高分子化学的基本概念

(1) 单体(Monomer)

能通过相互反应生成高分子的物质称为单体。例如，聚氯乙烯由氯乙烯通过自由基引发聚合而成，氯乙烯就是聚氯乙烯的单体。

(2) 聚合物(Polymer)

由许多结构和组成相同的单元相互键连而成的大分子称为高分子或聚合物。如果产物只由少量单元构成，则不能称为聚合物，只能称为齐聚物。

(3) 聚合度和分子量(Degree of Polymerization/Molecular Weight)

聚合物中重复单元的数目称为聚合度(n)，其分子量等于聚合度与重复单元分子量(M)的乘积(nM)。

(4) 聚合反应(Polymerization)

将许多单体键合在一起形成一个大分子的反应称为聚合反应。聚合反应就是有机化学反应，有以下特点：①聚合反应的产率很高，且无副反应，否则所得聚合物的产率不高，产物不纯；②有机反应的产物一般只有一个分子量，而聚合物由不同分子量的高分子组成，存在分子量分布问题。

4. 聚合物类型

(1) 按主链的组成分类

① 碳链聚合物:主链全部由碳原子组成。②杂链聚合物:主链上除碳原子外,还含有N、O和S等杂原子。③元素聚合物:主链上没有碳原子,完全由N、O、S、Si、B等原子组成,但取代基可含有碳原子。

(2) 按主链的形状分类

① 线型聚合物:由许多重复单元在一个连续长度上连接而成的高分子。②支化聚合物:具有梳状结构或树枝状结构的高分子。③交联聚合物:高分子链间通过化学键连接形成网状高分子。

(3) 按性能及用途分类

① 橡胶:这类聚合物在外力作用下会产生较大的可逆形变,聚合物完全无定形,具有轻微的交联。②纤维:这类聚合物具有高的抗断裂强度和小的形变,聚合物高度结晶,分子间有强的相互作用力,如氢键和偶极力等。③塑料:这类聚合物的力学性能和行为在橡胶和纤维之间,可分为硬塑料和软塑料。有的聚合物只能用作一种类型,如聚异戊二烯只能用作橡胶,聚丙烯腈只能用作纤维,有的聚合物可以用作多种类型,如聚氯乙烯既可用作塑料又可用作橡胶。

5. 聚合反应类型

(1) Carothers 分类法

① 缩聚反应:是多官能团化合物之间的反应,反应中失去小分子后得到聚合物。②加成聚合反应:单体在聚合过程中不失去小分子,直接键合得到聚合物,它的重复结构单元与单体的组成一致。

(2) Flory 分类法

① 逐步聚合反应:单体首先生成二聚体,再逐步形成三聚体、四聚体、五聚体等,最后形成高分子量的大分子。②链式聚合反应:由引发剂形成的活性中心引发单体迅速增长,在很短时间内形成大分子。

6. 聚合物分子量及其分布

(1) 分子量与物理性质

聚合物的分子量对其物理性质有着重大的影响,只有其分子量足够大时才具有实用意义。随分子量的增加,聚合物的强度迅速增加到临界值,然后再缓慢增加,直至极限值。临界值时聚合物已有足够强度,可以实际应用。聚合物的其他性能也与分子量有关,但是定量关系不同。

(2) 分子量分布

将多分散性聚合物采用分级沉淀或凝胶渗透色谱分离方法,测定出不同分子量组分所对应的相对百分含量,然后作分子量与含量分数的相关曲线,即得分子量分布图。分子量分布曲线与正态分布曲线有些相似，有一定宽度。聚合物的性质不仅与分子量有关，而且还与分子量分布有关。对于聚合物的某些性能，如强度和熔体黏度主要取决于分子量较大的分子。

二、聚合物的化学反应

这里所讲聚合物的化学反应是指聚合物分子链上官能团的反应和聚合物在外界某些物理和化学因素作用下进行的化学反应。聚合物化学反应研究的目的是：①对现有的聚合物进行改性，以得到新的聚合物材料，如利用聚醋酸乙烯酯的水解，可制得维尼纶的原料聚乙烯醇。②可制备品种繁多的嵌段和接枝共聚物，这些具有特定结构的共聚物在性能上与组分相同的无规共聚物完全不同，是一类多相聚合物。③通过研究聚合物在各种外界条件作用下发生的降解和交联反应，可达到延缓高分子材料老化的目的。

1. 聚合物功能基化学反应的应用

(1) 纤维素化学反应

纤维素是资源丰富的天然高分子化合物，主要来源于棉花和木材，棉花短纤维和木材中纤维素必须经过适当的化学反应才能制得有用的物质。天然纤维素的每个结构单元含有三个羟基，故纤维素有很强的氢键，结晶度也很高，所以天然纤维素加热直至分解也不熔融，难于加工。但是人们可以利用这些侧羟基的化学反应（如酯化、醚化等），破坏氢键，改变纤维素的性能，使之成为具有多种优良特性的人造材料。纤维素通过侧羟基碱化、硫化反应可变成可溶性黄原酸衍生物（黏胶纤维），通过酯化反应可生成应用广泛的醋酸纤维、硝化纤维等。

(2) 聚醋酸乙烯酯化学反应

聚醋酸乙烯酯能用甲醇醇解制得聚乙烯醇，酸和碱都对其有催化作用，但碱催化剂效率较高，且副反应少。聚乙烯醇与醛类反应可制得聚乙烯醇缩醛，缩甲醛就是维尼纶，缩丁醛可作黏合剂和涂料。

(3) 聚烯烃氯化及氯磺化反应

聚饱和烃和聚不饱和烃都可以进行氯化反应。聚乙烯，聚丙烯和聚氯乙烯以及其他饱和烃聚合物的氯化反应均为自由基机理，热、光和自由基引发剂均可引发反应。聚乙烯在二氧化硫存在下氯化时，得到的弹性体中含有氯和磺酰氯基团。利用此反应可制得性能优良的橡胶制品。

(4) 芳环上取代反应

聚苯乙烯侧基苯环和苯性质相似，可以进行一系列亲电取代反应，得到多种功能的高分子。目前应用广泛的阴、阳离子交换树脂和离子交换膜，主要采用以二乙烯基苯交联的聚苯乙烯为树脂母体进行磺化或氯甲基化反应制得。

(5) 环化反应

聚双烯类高分子(如天然橡胶)用强质子酸或者 Lewis 酸处理可引起环化,反应首先在一个双键上质子化,形成正碳离子,然后正碳离子进攻相邻的双键而成环。有些聚合物加热时,通过侧基反应也可能发生环化反应。

2. 聚合物的化学交联

聚合物的化学交联一般通过缩聚反应和加聚反应来实现。经化学交联后聚合物可形成立体型网状结构,从而提高材料的性能。例如橡胶交联后具有高弹性,可适应各方面使用的要求。

(1) 固体橡胶硫化

天然或合成橡胶在硫化前是分子量很大的高分子,但其抗张强度低,容易氧化,只有在形成交联结构后(在橡胶工业中交联反应称为硫化)才具有较高的弹性、强度和一定的耐热性。这是硫化使大分子发生链间交联,生成一定网状结构所起的作用。橡胶交联剂有硫磺、含硫化合物、有机过氧化物等。

(2) 低聚物固化反应

低聚物常常通过固化反应得到能实际应用的物质。如环氧树脂黏合剂使用时需要用乙二胺等交联固化后才能起到很好的黏合作用,液体橡胶(即低分子量橡胶)经固化后可得到各种橡胶制品。

3. 聚合物的降解

与聚合过程相反,聚合物在外界各种因素作用下分子量变小的过程称为降解。聚合物的性能常常与其分子量有关,降解使聚合物性能变坏的过程称为“老化”。研究聚合物降解的意义有:①可以了解聚合物的老化过程,进而采取措施,延长聚合物的使用寿命;②研究聚合物结构,例如,对天然橡胶的臭氧化研究,知道了其单体单元为异戊二烯;③回收单体,例如,有机玻璃热降解单体产率可高达 95%以上;④制备低聚物或小分子产品,例如,纤维素和淀粉的水解都可得到葡萄糖。

(1) 热降解(Thermal Degradation)

聚合物热降解包括主链的断链和侧基的消除两种反应。主链降解又分无规和链式降解两种:由于在聚合物主链中结构相同的键具有相同的键能,当受热降解时,各个键断裂的几率相同,因此断裂是无规的;链式降解又称解聚反应,在热的作用下,聚合物分子链断裂成自由基,然后迅速逐一脱除单体。利用热降解反应可以表征聚合物的热稳定性,这就是所谓的热重分析,即在一定升温速率下,得到聚合物的热失重对温度的曲线,也可以在恒温下,得到聚合物失重对时间的曲线。

(2) 化学降解(Chemical Degradation)

化学降解是指在化学试剂、水、酶作用下的降解过程。因聚合物在加工、使用等过程中难免与空气中水分接触，所以研究水对聚合物的降解作用非常重要。通常烯烃类聚合物对水稳定，杂链聚合物由于含碳氧键、碳氮键等杂原子极性键，对水或化学试剂不稳定。某些聚羟基脂肪酸在人体内受酶的作用发生生物降解，可制作外科缝合线，伤口愈合后，聚合物降解为羟基酸而被身体吸收。

(3) 氧化降解(Oxidation Degradation)

在氧的作用下，聚合物可发生降解作用，常伴有交联反应。氧化作用常与光、热等作用同时发生，这是高聚物性能变差的最重要因素。与化学降解相反，杂链聚合物不发生氧化降解，聚烯烃易发生氧化降解。碳链高聚物首先与氧结合生成过氧化物，然后过氧化物进一步发生断链等反应。另外，臭氧易分解出原子氧，其氧化能力比氧气强得多，更容易引起氧化降解。

(4) 光降解(Photodegradation)

在光的作用下，聚合物可发生降解和交联反应。太阳光近紫外光(波长 300～400 nm)的能量可打断大部分有机物的化学键，但高聚物在阳光下一般都很稳定，这是因为高聚物吸收光能之后，不发生光化学反应，而以热能、荧光等形式放出所吸收的能量。当分子链中有羰基、过氧化氢键、双键等结构时，最容易吸收紫外线，引起光化学反应。聚烃类在加工、使用等过程中常常容易被氧化，使其带有羰基、过氧化氢键或双键，从而发生光降解，因此，大多数聚烃类材料是不耐紫外线的。

(5) 机械降解(Mechanical Degradation)

聚合物在机械碾磨、撞击、强烈搅拌或超声波作用下也会造成高分子链的断裂，发生降解。天然橡胶就是机械降解的例子，通过素炼，可得到塑性好、加工性强的低分子量天然橡胶。

4. 聚合物老化与防老化

如上所述，聚合物在加工、储存或使用过程中，物理化学性质及力学性质发生不可逆变坏的现象称为聚合物的老化(Aging)。通常，聚合物的老化是多种因素共同作用的结果。光氧化老化和热氧化老化是最常见的老化过程。不同的聚合物或不同的使用条件，对某种因素有不同的敏感性。例如，对聚氯乙烯的防老化主要是抑制脱 HCl 的裂解反应，对聚烯烃的防老化主要是减少光氧化作用，而对含炭黑的橡胶制品，主要是防止热氧化老化，含杂原子的聚合物主要是提高其耐水性、耐化学试剂性等。总之，对聚合物的防老化必须考虑到聚合物本身的结构及其使用条件，有针对性地采取防老化措施。下面以聚氯乙烯防老化为例说明之。

聚氯乙烯(PVC)不耐老化，其制品一般用两三年就会变硬发脆，以致开裂。若在户外使用寿命更短。其防老化措施有：①中和 HCl。因 PVC 分解出的 HCl 对树脂进一步降解有催化作用，所以可加入弱有机酸盐、无机酸的碱式盐、有机锡、金属醇盐等将其吸收，达到稳定的目的。②取代活泼氯原子。加入镉或锌的高级脂肪酸盐,使其与PVC上的氯原子发生置换反应。③加入光稳定剂。常用光稳定剂有紫外线吸收剂(如水杨酸酯类、二苯酮类等)、光屏蔽剂(如炭黑、钛白粉氧化锌等)、光淬灭剂(如有机镍螯合物,可使光能转化为其他能,达到抑制光化学反应的目的)。④加入抗氧剂。在聚合过程中加入微量抗氧剂(主要是具有较大共轭体系的苯醌类多环芳胺化合物),其主要作用是捕获降解过程中产生的自由基,使其不能再与氧作用。

第六节 化学工程学——化工生产的基础

化学工程将化学与工业联系在一起,使化学成果实现工业化大生产。本节简要介绍了化工生产中的化学反应过程、物料传递过程,讨论了化学研究成果转化为生产力的过程以及化学工程学的发展趋势。

一、化学工程学发展概况

化学工程学(Chemical Engineering)是研究大规模地改变物料的化学组成及物理性质的工程技术学科。该学科研究的对象不但包括在化工生产装置中进行的化学变化过程(包括催化、电化与生化反应等),而且还包括把混合物分离为纯净组分的过程及改变物料物理状态和性质的过程。化学工程学的任务是从理论上阐明化工生产中的各个过程,找出不同规模物质和能量转化与传递过程具有的规律性的问题,提出指导化工生产的理论根据,是将物质和能量转化与传递过程的实验室研究成果转化为现实生产力的强有力工具。

化学工程学形成于20世纪初。人们首先提出了单元操作的概念,把千变万化的化工产品生产过程分解为若干单元操作。

随着仪器及计算机技术的发展,化工生产日益趋向于大型化、连续化、自动化、智能化,化学工程学的研究不再限于单个单元操作,而是扩展到整个工厂、甚至整个行业的大系统研究,从而形成了化工系统工程学。现在化学工程学又产生了多个分支,如生物工程、环境工程等。

二、传递工程学

1. 流体动力学(Fluid Dynamics)

化工生产中处理的物料大多数是液体或气体,该状态下的物体称为流体。流体在流动时没有固定的形状，其质点容易发生相对运动，即具有流动性。流体在静止或运动时都遵循流体力学规律。以流体力学规律为基础的化工过程称为流体动力过程。

在流体流动的研究中，液体和气体的最大区别是压缩性不同。在处理流体流动问题时，液体可看作不可压缩的流体，气体则是可压缩流体。流体在单位时间内流过导管任一截面的体积或质量称为流量，流体质点在单位时间内在导管中流动的距离称为流速。当流体作相对运动时，有不同的内摩擦力存在，表示流体流动时内摩擦力大小的物理量为动力黏度，简称黏度。在相同条件下，黏度影响流体的流量或流速。

2. 传热过程

在化工生产中，随时都会遇到热量传递问题。热量的传递有三种基本方式：传导、对流、辐射。实现传热过程的设备有三种类型：直接混合式传热；间壁式传热（主要通过传导、对流传热）；蓄热式传热（通过传导、对流、辐射三种方式传热）。化工生产中，间壁式传热设备用得最多，这类设备通常称作换热器或热交换器。

(1) 传导传热(Conduction Heat Transfer)

传导传热也称作热传导，它依靠物体内自由电子的运动或分子的振动传递热量。物体较热部分的分子振动强烈，当与相邻分子碰撞时会将其动能的一部分传递给后者，热能便从物体的一部分传递给另一部分。这样一直进行下去，直到整个物体温度达到完全相同。物体的导热速率与该物体的导热系数、导热面积及温差成正比。

(2) 对流传热(Convective Heat Transfer)

对流传热是将热量传至固体壁或由固体壁传给周围的流体。由于对流传热发生在流体对流过程中，所以它与流体流动状态有密切关系。流体经过固体壁时会形成流动边界层，在边界层内有速度梯度存在，因此在此层内热量传递只能以导热方式进行。

(3) 辐射传热(Radiation Heat Transfer)

辐射传热也称热辐射，它是一种以电磁波传递热量的方式。当辐射线投向某一物体表面时，一部分辐射热被物体吸收，一部分辐射热被物体表面反射出。能全部吸收辐射热的物体称为黑体，能全部反射辐射热的物体称为白体或镜体，能让辐射热全部透过的物体称为透热体，能部分地吸收所有波长范围内的辐射热的物体称为灰体。物体只要温度高于绝对零度，都会有热辐射，但只有当物体温度高于摄氏 400 ℃时才有明显的热辐射。所以一般的热交换器器壁因辐射而损失的热量可忽略不计。固体在高温下放出的热量一般不能被它加热的固体完全吸收，而只能吸收一部分，因为一般的物体都不是黑体，会反射辐射热。

3. 传质过程

物质以扩散的形式从一处转移到另一处的过程叫传质过程。当传质过程在不同相间进行时,可分为液-固相传质过程(如浸取)、气-固相传质过程(如吸附)、液-液相传质过程(如萃取)、气-液相传质过程(如吸收)等。物质转移过程可分为三个阶段:物质从一相主体转移到两相界面的一侧;物质从界面的一侧转移到另一相界面的一侧,并发生相应的物理化学变化;物体再从另一相界面的一侧转移到该相的主体中。可将该传质过程分为两种情况:物质在一相内部的传递(即单相中的物质扩散);物质在两相界面上发生的过程(即相间传质)。

三、化学反应工程学

1. 化学反应工程学研究内容

化学反应工程学是一门研究化学反应工程问题的科学,它是化学工程学的一个重要分支。

对于同一个化学反应,在完全相同的条件下,在生产规模的大反应器中进行和在实验室规模的小反应器中进行,结果可能相差很大,实际生产的效果常常比实验室效果差。主要原因有:在生产规模的反应器里化学反应的条件很难做到像实验室规模的反应器里那样均匀;生产规模上化学反应的条件很难做到像实验室规模那样稳定;将实验室规模的反应放大到生产规模时,并不能把所有条件都按一定比例放大。因此,探讨这种差别,研究生产规模下化学反应过程就显得十分重要,化学反应工程学也由此产生。

化学反应工程学的任务可概括为如下几个方面:①改进和强化现有反应技术和设备,挖掘潜力,降低消耗,提高效能;②开发新的反应技术和设备;③指导和解决反应过程开发中的放大问题;④实现反应过程的最优化;⑤不断发展反应工程学的理论和方法。

2. 化学反应工程学研究方法

工业反应器内进行的实际反应过程既有化学过程又有物理过程,因此,比一般的化学工程问题更为复杂。一个新的化学产品从实验室研究成功到工业规模生产,一般要经历几个阶段,需要经过若干次不同规模的试验。显然,随着试验规模的增加,反应器也要相应地增大,到底要增到多大才能达到预期的效果,就是工业反应器的放大问题。化学加工过程的规模放大不仅是量变,还会产生质变。

数学模型法是一种比较令人满意的反应器放大方法。数学模型法就是将复杂的研究对象合理地简化成某个模型,这个简化了的模型,应当是与原型(或原过程)近似等效的。对化学反应工程来说,就是用数学方法来描述工业反应器中各个参数之间的关系，这种数学表达式称为数学模型。数学模型方法的核心在于根据主要矛盾对复杂现象进行简化。数学模型按所处理问题的性质可以分为微观（化学）动力学模型、流动模型、传递模型和宏观动力学模型。

3. 化学反应器类型

工业反应器是化学反应工程学的主要研究对象。由于化学产品种类繁多，反应类型各不相同，物料状态不一，反应条件及操作方法差别大，因此，在工业生产中使用着不同型式的反应器。

(1) 管式反应器(Tubular Reactor/Pipe Reactor)

管式反应器的基本几何特征是长径比很大，内部中空，多用于均相反应。由于管子通常能承受较高的压力，用于加压下的反应尤为适合。

(2) 釜(槽)式反应器(Tank Reactor)

釜式反应器又称反应釜或搅拌槽反应器。其高度与直径之比最小，一般在1～3。反应器由壳体、搅拌器和换热装置等组成。搅拌器的作用是使物料均匀混合，强化传质传热。该反应器可分为夹套式、蛇管式、列管式，也可以是外热循环式。釜式反应器应用十分广泛，可用于均相反应，也可用于非均相反应，可间歇操作，也可连续操作。

(3) 塔式反应器(Tower Reactor/Column Reactor)

塔式反应器是指高径比较大的反应设备，内部设有增强两相接触的构件，如填料、筛板等。主要应用于两种流体反应的过程，如气-液反应和液-液反应。鼓泡塔也是塔式反应器的一种，内部一般不设置任何构件，用以进行气-液反应，气体以气泡的形式通过液层。喷雾塔也属于塔式反应器，用于气-液反应，液体成雾滴状分散于气体中，情况正好与鼓炮塔相反。

(4) 固定床反应器(Fixed Bed Reactor)

这种类型反应器的特征为反应器内填充有固定不动的固体颗粒。这些固体颗粒可以是催化剂，也可以是固体反应物。固定床反应器在化学工业中应用十分广泛，如合成氨、合成甲醇、乙烯氧化制环氧乙烷、乙烯水合制乙醇、乙苯脱氢制苯乙烯、乙炔与氯化氢合成氯乙烯等。

(5) 流化床反应器 (Fluidized Bed Reactor)

该反应器与固定床反应器不同的是固体颗粒处于运动状态，且运动方向多种多样。流化床反应器内流体与固体颗粒所构成的床层犹如沸腾的液体，故又称沸腾床反应器。

(6) 移动床反应器(Moving Bed Reactor)

与固定床反应器相似，移动床反应器也是一种有固体颗粒参与的反应器，其不同之处是固体颗粒自反应器顶部连续加入，自上而下移动。若固体颗粒为催化剂，则用提升装置将其输送至反应器顶部再返回反应器内。这种反应器特别适用于催化剂失活快、需要连续进行再生的催化反应过程和固相加工反应,例如石油催化裂化、矿石的焙烧或冶炼等。

根据操作方法还可以把反应器分为三类:①间歇式反应器(Batch Reactor)。采用间歇操作的特点是反应物料一次加入反应器,经过一定反应时间后一次性取出反应产物。间歇式操作是分批进行生产,每批生产都包括加料、反应、卸料、清洗等操作。因此设备利用率不高,工人劳动强度大,每批操作条件不易相同,不便自动控制。它的优点是比较灵活,设备费用低,适合于生产小批量、多品种的产品。②连续式反应器或流动式反应器(Continuous Reactor)。采用连续操作的特点是反应物不断地被加入到反应器内,反应不断进行,反应产物连续不断取出,因此,它是一个稳定过程。反应器内任何一种反应物或产物的浓度均不随时间而改变。连续式操作便于连续化、自动化,劳动生产率高,手工劳动可减到最少,获得的产品质量也较稳定,所以现代化大生产都采用连续式反应器。③半连续式反应器(Semi-continuous Reactor)。只要原料与产物中的一种为连续输入或输出而其余的可分批加入或卸出的操作,均属半连续操作。半连续操作具有连续操作和间歇操作的某些特征,有连续流动的物料,也有分批加入或卸出的物料,生产是间歇的。管式、釜式、塔式以及固定床反应器都可采用半连续操作。

四、化学工程学发展趋势

1. 改革传统化工学科内涵

根据发展高效、低耗、洁净的关键技术的需要,改革传统化工学科的内涵,以开发能够推动社会经济可持续发展的高、新过程技术为目标,促进传统学科交叉、渗透与整合,开拓新的学科领域。资源与能源高效、清洁和集约化利用,即绿色化学技术的化学工程将是研究热点。

2. 转变化工生产模式

在产品结构方面,已由重视普通化学品转变为重视特殊功能化学品,重视生产复合型、结构化、高性能与昂贵的材料;在过程类型方面,已由重视大规模、连续过程转变为重视小规模、分批与灵活过程,从单纯强调过程转变为强调以产品为纽带的过程集成;在管理方面,已由价格竞争转变为质量竞争,由国家型、生产型转变为全球型和服务型。

3. 拓展研究对象尺度

研究对象的尺度向两极外延。一方面,在认识层次、研究方法和手段方面,正逐步从对过程、现象的宏观、亚宏观尺度理解、描述与表征,过渡到介观以至分子层次上的理解、描述与表征。另一方面，研究对象尺度越来越大，需要从系统论和复杂性的角度加以研究。

4. 化工设计与控制自动化

计算机科学技术的飞速发展，为在深入认识化工过程物理化学本质的基础上，采用更复杂、更精确的数学模型创造了条件，也促进了过程科学方法论的快速发展。近代理论化学计算、分子动力学（MD）、蒙特卡洛模拟（MC）、计算流体力学（CFD）和其他各种计算化学工程方法在化学工程学研究和过程技术开发中得到越来越广泛的应用，化学工程设计和控制将越来越自动化、智能化。

第三章　化学与环境优化

大自然既能给人类提供无穷的享受，也会给人类带来巨大的灾难，就看人类如何对待大自然。环境的无情报复使人类逐渐清醒，认识到了优化环境、善待自然的重要性。环境化学的产生为环境保护奠定了基础，绿色化学的兴起将促进社会可持续发展。

第一节　概　　述

一、人顺天—人制天—人和天

自从地球上有了人类，人与自然就建立起相互依存、相互作用的对立统一关系。在人类发展和自然变化过程中，人类与自然的关系也在不断变化，人类由自然界的奴仆逐渐变成了自然界的主人。

古代人倡导天人合一，视天地为父母，人要顺应自然、依靠自然，这一时期为“人顺天”时代。在此时代，人类的能动性淹没在受动性的海洋里，人类对自然的破坏未能打破自然本身的整体平衡，自然基本上是未经触动的自然，人与自然没有大的冲突，处于原始的和谐之中。该时代就是我们常说的农业经济时代。

近代人倡导征服自然、改造自然，向大自然开战，把自然推到了对立面，这一时期为“人制天”时代。在此时代，人类进行了工业革命，增强了改造自然的能力，创造了许多奇迹，也制造了许多灾难。人类一方面毫无节制地开发索取自然资源，另一方面又毫无顾忌地倾倒各种废料，大自然既要向人类提供生活空间和物质资源，又要接受、消化人类排放的各种废弃物。最终，人类向自然的索取和排放超过了自然本身的承受能力，自然的次序和平衡受到了严重破坏，自然开始对人类施行报复：人类滥伐森林，大自然就水土流失，洪水泛滥，气候失调，物种灭绝；人类排放废气，大自然就降酸雨，起烟雾，加剧温室效应，产生臭氧层空洞；人类排放废水、废渣，大自然就污水横溢，垃圾围城，环境恶化，疾病流行。人与自然失和的生态危机像恶魔一样威胁着人类的生存和发展。该时代就是我们常说的工业经济时代。

现代人逐渐清醒，环境科学唤起了人们的环境意识和生态意识，人们认识到人类只有一个地球，倡导遵循自然规律，适度改造和利用自然，人类要与大自然协调发展，为“人和天”时代。人和天时代强调人与自然建立良性循环，做到改造自然与优化自然、保护自然同步进行。一般认为人和天时代起始于20世纪60年代，可分为三个阶段：环境治理阶段、防治结合阶段、整体协调阶段，当前的信息时代可认为是整体协调阶段。

如果说，在“人顺天”时代人的能动性难以发挥，在“人制天”时代人的能动性滥加发挥，那么，到了“人和天”时代人的能动性才算很好地发挥。人类只有很好地发挥主观能动性，了解自然、认识自然，遵从自然规律，才能使人类与大自然协调发展，使人类生活和谐美满。

二、国际环境事业的发展

20世纪60年代，传统的经济发展战略只强调发展，给环境造成了巨大压力，环境问题引起了人们的普遍关注。此后以污染控制为中心的环境管理活动，对于改善城市环境质量和生活环境质量起了重要作用。但是，以污染控制为中心的环境管理活动，有两个明显的不足：一是没有把环境问题与自然生态联系起来，低估了环境污染的危害性和复杂性；二是没有把环境污染与社会因素相联系，因而找不出环境问题的根源。

20世纪70年代，人类环境会议成为重要里程碑。1972年6月5日～16日在瑞典斯德哥尔摩召开了联合国人类环境会议，有113个国家参加，会议提出了人类面临的多方面的环境污染和广泛的生态破坏，并且指出了它们之间的相互关系。会议通过了《人类环境宣言》，这是联合国组织第一次把环境问题与社会因素联系起来的庄严宣言，是人类对环境问题认识的一个转折点。1973年8月在北京召开了第一次全国环境保护会议。会议审议通过了“全面规划，合理布局，综合利用，化害为利，依靠群众，大家动手，保护环境，造福人民”的环境保护工作方针和《关于保护和改善环境的若干规定》。

20世纪80年代，人类对环境认识的最突出的变化是提出了可持续发展思想。对可持续发展思想起到重要推动作用的组织是世界环境与发展委员会。委员来自21个国家的最优秀的环境和发展方面的专家学者，我国科学院院士、著名生态学家马世骏教授(已故)是该委员会成员。该委员会的专家学者到世界各国各地实地考察，前后经历900天，于1987年4月发表题为《我们共同的未来》的长篇报告。该委员会号召世界各国政府和人民从现在起对经济发展和环境保护两个重大的问题负起历史责任。

1992 年 6 月在巴西里约热内卢召开的联合国环境与发展大会,在全球高高举起了可持续发展的旗帜。这次大会是继 1972 年联合国人类环境会议之后,规模最大、级别最高的一次国际会议,有 183 个国家的代表团和 70 个国际组织的代表出席,并有 102 位国家元首或政府首脑到会。会议通过了《关于环境与发展的里约热内卢宣言》、《21 世纪议程》、《联合国气候变化框架公约》、《联合国生物多样性公约》和《联合国关于森林问题的原则声明》等文件。其中,《21 世纪议程》是一份跨世纪的环境与发展的详细蓝图。联合国总部成立了专门的可持续发展委员会,协调各国在有关方面的合作。中国也先后实施了两期《21 世纪议程》建设项目,并于 1996 年建立起中国可持续发展网络,有关信息已可通过国际计算机互联网向社会提供。此外,联合国环境规划署、联合国教科文组织(UNESCO)、联合国工业发展组织(UNIDO)、世界卫生组织(WHO)和世界气象组织(WMO)等机构也都先后建立了有关可持续发展的计划。围绕《21 世纪议程》和其他有关的国际公约,在联合国机构的协调下,各国政府间相继开展了多种形式的多边及双边合作。我国制定了《中国 21 世纪议程优先项目计划》,与联合国和美国、德国、加拿大、意大利、挪威、瑞典、荷兰等国进行了成功的合作。

三、国际环境组织

1. 联合国环境组织(United Nations Environment Organisation, UNEO)

为了保护环境,实现全球可持续发展,联合国设立了四个相关的机构:环境规划理事会、环境基金会、环境协调委员会和环境规划署,以协调各国环境保护工作。

联合国环境规划理事会由 58 个成员国组成,是环境问题国际合作的政府机构,每年举行一次会议。理事会的主要任务是:贯彻执行联合国大会和执行理事会关于环境问题的各项决议,促进各国政府间在环境保护方面的合作与交流,审查关于世界环境状况的定期报告及环境政策对各国特别是对发展中国家的影响,提醒各国政府重视环境问题。联合国环境规划署是联合国环境规划理事会的常设机构,工作内容主要有:①环境评价。具体工作部门有全球环境监测系统、国际环境资料源查询系统、国际潜在有毒化学品登记处等。②优先考虑的环境问题,如人类居住区和卫生、大地生态系统、环境与发展、海洋、能源和自然灾害。③支持性措施,包括环境教育和训练、新闻报道和技术援助。④环境管理和环境立法。联合国环境规划署和有关机构经常举办与环境有关的各种专业会议,在环境保护方面发挥了重要作用。中国是联合国环境规划理事会的理事国,1976 年,中国设立了常驻联合国环境规划署代表处。

2. 国际学术界环境组织

科学技术是第一生产力，任何领域都离不开学术界。在人类认识自身生存环境变化的历程中，在人类不断学会控制和调节环境的进步中，学术界的科学研究始终发挥着巨大的作用。这些作用在20世纪的若干大型研究计划中得以体现。

(1) 人与生物圈计划(Man and the Biosphere Program, MAB)

MAB是根据1970年联合国教科文组织的决议设立的，是各国政府间合作研究生态学的综合性计划。MAB的宗旨是通过自然科学和社会科学的结合，基础理论和应用技术的结合，对生物圈及其不同区域的结构和功能进行系统研究，并预测人类活动引起的生物圈及其资源的变化，以及这种变化对人类本身的影响，为合理利用和保护生物圈的资源，保护遗传基因的多样性，改善人类同环境的关系提供科学依据。已有一百多个国家参加了这一计划，形成了一个全球性的生物圈保护区网。中国于1972年参加这一计划，一直是"人与生物圈国际协调理事会"的理事国。

(2) 全球环境监测系统(Global Environment Monitoring System, GEMS)

GEMS是联合国环境规划署下属的全球和地区环境监测的协调中心，是根据1972年的联合国人类环境会议的建议于1974年成立的。GEMS系统地收集、分析和评价各种环境状况变化的数据和环境在时间和空间上所经历的变化情况。GEMS的国际活动项目包括以下四大类：生态监测、污染物监测、自然灾害监测、环境监测的研究。GEMS先从各参加国收集各类监测检验数据，然后根据数据的性质按一定程序汇合集中，把从不同国家和不同实验室收集来的数据加以校准，使之可以相互比较，最后予以评价。中国从1978年开始先后参加水质监测、大气污染监测、食品和动物饲料污染检验、生物学监测等规划。中国医学科学院卫生研究所被指定为GEMS在中国的活动中心并负责对外联系工作。

(3) 国际地圈生物圈计划(International Geosphere-biosphere Programme, IGBP)

IGBP的目标是了解全球相互作用的物理、化学和生物过程，了解人类生存环境中正在发生的一切，以及人类活动对它所产生的影响，估计人类活动在全球变化中所产生的后果，提出一整套科学理论，为今后制定管理全球环境的合理方法提供理论依据。IGBP的核心研究项目有：①研究控制对流层和平流层中甲烷、氮氧化物和其他重要的微量气体浓度的方法；②研究辐射到大气层中的太阳能的变化情况；③研究与形成深海有关的运动过程；④研究所有的生态系统(天然和人工的)；⑤研究地质历史上的环境变化及其影响；⑥研究水分循环与植被的相互作用，分析水分在土壤、植被和大气之间的交换。

(4) 世界气候研究计划(World Climate Research Program, WCRP)

WCRP建立于1979年，由三个国际组织(国际科学联盟委员会、世界气象组织和联合国教科文组织的政府间海洋合作委员会)共同管理。WCRP的主要目的是回答以下两个与人类生存环境紧密相关的学术问题:①在多大程度上人类可以预测未来的气候变化;②人类活动如何影响全球气候。WCRP的核心研究项目主要有:①热带海洋与大气的相互作用;②全球海洋环流及其他动态过程;③气候波动和长期变化的观测;④大气与地表之间辐射、热量和水分的传递;⑤控制北极气候和冰盖形成的各种过程;⑥平流层变化过程对气候的影响。

(5) 国际全球环境变化的人文研究计划(International Human Dimensions Programme on Global Environmental Change, IHDP)

IHDP于1990年由国际社会科学联合会设立,后来与国际科学联盟委员会合作,这两个全球最具权威性的科学团体成为该计划的领导机构。该计划强调各种人为因素与全球环境变化的关系,致力于描述和揭示在全球环境变化过程中人类的作用以及环境变化对人类社会的可能影响。IHDP的主要研究项目有:①驱动全球环境变化的人文因素;②驱动全球环境变化的人文因素与自然过程的相互影响;③各种自然变化过程影响人类社会的方式;④人类社会对全球环境变化潜在的适应性,不同的社会系统应该对全球环境变化作出的政策调整。IHDP的研究领域广泛涉及自然资源管理、环境整治、经济结构的调整、土地利用、工业过程的调整等。

(6) 国际绿色和平组织(Green Peace International,GPI)。

GPI是由加拿大一位工程师发起的,于1971年成立,总部设在英国伦敦,有七十余万名会员分布于美国、加拿大、德国等十几个国家。GPI的环境保护行动包括:①反对核试验。认为核试验是对人类赖以生存的环境的残酷破坏。②反对捕杀鲸鱼。要求人们与环境中的生物和谐相处,保护地球的生态平衡。③支持全球取缔废弃物船运活动。这主要是针对发达国家目前正以每年5000万吨的规模向发展中国家运送有害废物这一现象发起的,它主张有害废物应在本国消化处置,不应在全球范围扩散。④要求用国际公约监视战争期间的环境问题。反对战争破坏环境,建议制订一个《如何在战争期间尽可能地保护环境》的国际公约。⑤限制温室气体排放,防止气候变暖。主张大幅度消减二氧化碳排放量,而且应该尽早采取全球联合行动。

(7) 国际自然保护联盟(International Union for Conservation of Natural and Natural Resources, IUCN)

IUCN是以自然保护为核心,在全球范围内致力于环境生态、环境规划、国家公园、自然保护区、受威胁物种的保护以及法律、教育、宣传等领域的工作。IUCN成立于1948年,成员包括五十多个国家,一百多个政府机构和部门,由五百多个非政府组织组成,下属的六个委员会和由三千多名专业性志愿人员组成了一个范围很广的国际工作网，闻名于世的《世界自然保护大纲》就是在该组织与联合国环境规划署、世界野生生物基金会的联合倡议下发布的。

(8) 世界可持续发展工商理事会(World Business Council for Sustainable Development，WBCSD)

WBCSD 于 1995 年正式成立，是工商企业界联络政府和有关环境机构并积极推进自身可持续发展的重要组织。WBCSD 是由一百二十多个国际公司组成的联盟，它们代表全球的工商界，共同承诺环境与经济的可持续发展方面的义务。其成员来自 33 个国家和 20 个主要产业部门，均为国际知名的大型工商企业。加入 WBCSD 的成员必须接受可持续发展概念并承诺担负起环境保护和治理的责任。

四、影响环保思想的重要著作

《寂静的春天》 20 世纪 60 年代初，美国科学家蕾切尔·卡逊(Rachel Carson)注意到杀虫剂的危害与污染，写下了必将载入史册的著作《寂静的春天》。书中指出：一个奇怪的阴影遮盖了这个地区，一切都开始变化，人和动物遭灾…… 一种奇怪的寂静笼罩了这个地区。《寂静的春天》好像黑暗中的一声呐喊，唤醒了人类，从那时起，在社会意识和科学论述中出现了一个崭新的词汇：环境保护。

《增长的极限》 1972 年，以麻省理工学院梅多斯(Dennis L. Meadows)为首的研究小组向罗马俱乐部(探讨与研究人类面临重大问题的非正式国际协会)提交了一份研究报告《增长的极限》。报告深刻阐明了环境的重要性及资源与人口之间的联系，所提出的“合理的、持久的均衡发展”观点是当前可持续发展思想的基础。

《我们共同的未来》 1987 年，世界环境与发展委员会发表了影响全球的报告——《我们共同的未来》，它分为三部分：共同的问题、共同的挑战、共同的努力。报告提出了三个观点：环境危机、能源危机、发展危机密不可分；地球资源远不能满足人类需要；必须为当代人和下代人的利益改变发展模式。报告最后总结出了“可持续发展”的概念。

五、世界环境日(World Environment Day)

1972 年 6 月 5 日的斯德哥尔摩首次联合国人类环境会议建议将每年的 6 月 5 日定为“世界环境日”，同年的第 27 届联合国大会接受并通过这项建议。世界环境日的意义在于提醒全世界人民注意全球环境状况和人类活动对环境的危害，旨在强化公众的环境意识，使每位公民自觉保护环境。联合国系统和各成员国政府要在这一天开展各种活动来强调保护和改善人类环境的重要性。联合国环境规划署在每年世界环境日发表环境现状的年度报告书。

六、我国环境事业的发展

尽管在20世纪中叶我国就开创了环境保护事业，但是，至今我国环境污染问题仍然十分严重。

近年来，我国加强了环境治理的力度，制订和推行了三大环境政策。①“预防为主、防治结合、综合治理”的政策。②“谁污染谁治理、谁开发谁保护”的政策。③制定了多种关于环境保护、环境治理的法律、法规。

在环境监测与治理方面，成立了环境监督技术委员会，建立了九千多个环境监测站，专业人员七万多名，形成了国家环境监测网。环境保护的主要目标是节约资源、调整经济结构、减缓环境恶化趋势，环境保护的重点是淮河、海河、辽河、太湖、巢湖、滇池及酸雨区。

在自然保护区建设方面，为保护生物物种及其繁衍环境，截至2005年底，我国自然保护区数量已达到2349个（不含中国香港地区，中国澳门地区，中国台湾地区），总面积14994.90万公顷，约占我国陆地领土面积的14.99%。其中，国家级自然保护区243个，占保护区总数的10.34%。

进入21世纪，我国又制定了一系列环境政策法规。我国2001年12月11日加入世界贸易组织（WTO）后，加快了环境治理的步伐，WTO的环境政策对我国的环境保护产生了重要影响。作为WTO成员，必须按照全球通行的“游戏规则”参与国际经济竞争。这给我们带来了前所未有的机遇，也使我们面临着空前严峻的挑战。首先，WTO的环境政策对我国环境资源配置产生了重要影响。通过贸易自由化可以使我国实现在全球范围内配置资源，互通有无，增加我国利用全球自然资源的机会，降低利用全球自然资源的成本，从而减轻我国经济高速发展对环境造成的压力，这对我国的经济发展、环境改善和生态平衡具有积极的意义。其次，WTO的环境政策对我国进出口贸易、环境贸易产生了重要影响。WTO把可持续发展原则作为其宗旨之一，允许其成员方采取限制措施，防止自由贸易可能引起的环境破坏，于是，与环境保护紧密联系的绿色壁垒成了贸易保护主义者的新保护手段。环境贸易是指有关末端控制与治理、洁净产品、清洁生产设备与技术等环保产品和服务的贸易。入世在初期对我国环境贸易以及环保产业的发展产生了不利影响，但也产生了积极的作用。入世增强了人们的环保意识，促进了我国环境事业的发展。

第二节　生态平衡与环境污染

一、生态系统的形成

生态学(Ecology)是研究生物有机体与周围环境之间关系的科学。生态学按其研究的对象不同又可分为个体生态学、种群生态学、群落生态学、景观生态学和生态系统生态学等。在生态系统生态学中,生态系统(Ecosystem)被定义为在一定范围内由生物群落中的一切有机体与其环境组成的、具有一定功能的统一体。受人类活动影响,自然生态系统也产生了一定的变化。任何生态系统要维持稳定,一般都需遵守自然生态系统的基本规律,如能流、物流的维持、调控和平衡等。

生态系统由两部分组成:生物环境(生物成分)和自然环境(非生物成分),如下图3-1和图3-2所示。生物环境包括植物群落(生产者)、动物群落(消费者)、微生物群落和真菌群落(分解者或称还原者)。非生物部分(环境因素)包括所有物理的和化学的因子,如水分、气候因子和土壤条件等。非生物因子对生态系统的结构和类型起决定性作用。对陆地生态系统来说,在各种非生物因素中,起决定作用的是水分。除水分之外,对生态系统影响较大的因素是温度。土壤条件由于其本身的复杂性,使其对生态系统的影响十分复杂,但它对生态系统的多样性有重要贡献。

- 生态系统
  - 生物环境(生物成分)
    - 生产者
      - 绿色植物
      - 光合细菌等其他自养生物
    - 消费者(动物)
      - 初级消费者:食草动物
      - 次级消费者:肉食动物
      - 三级消费者:大型肉食动物
    - 分解者——微生物,小型动物
  - 自然环境(非生物成分)
    - 温度,阳光
    - 土壤
    - 水,二氧化碳,氧气

图3-1　生态系统构成

生态环境(Entironment)是指从生物的生存与发展角度考虑的环境,它不同于普通意义上的环境。通常所说的环境科学是从控制污染发展起来的,通常以控制工业污染和保护城市环境为主。近代地球科学将地球环境划分为大气圈、水圈、岩石圈(土圈)和存在于三圈界面或交接带的生物圈。以人类为中心进行考虑,生物圈是人类环境的一个组成部分,而且是与人类生存和发展关系极其密切的环境,这就是通常所称的生态环境。当人们用生态环境一词来替代自然环境时,实际上是在强调其中生物与环境相互关系的一面,即与生物、特别是与人类有关的自然环境,这样就更表达了人类对其生存环境的关切。

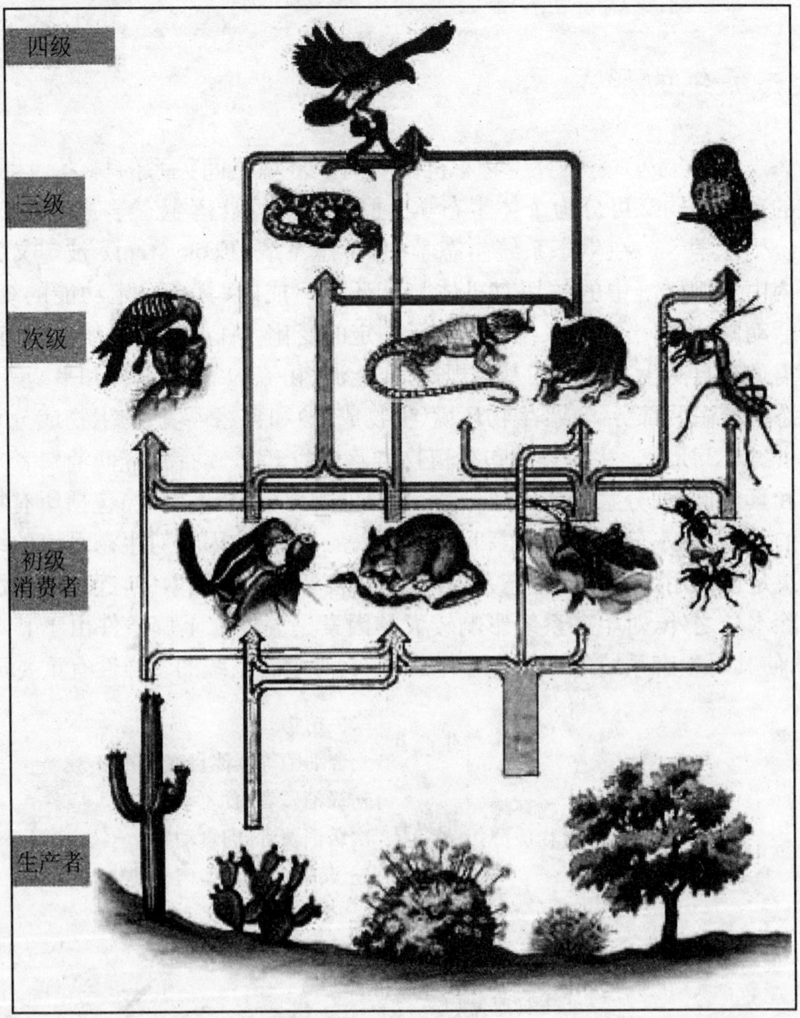

图 3-2 生态系统的构成示意图

二、生态平衡(Ecological Equilibrium)

生态系统包含四个亚系统:无机环境、自养生物、异养生物、生物分解者。它们之间相互作用,形成了一个物质循环、能量循环的稳定体系,即生态平衡体系。无机环境由水、空气、土壤等构成，是各种生物赖以生存的基础。自养生物主要是绿色植物，它们是生产者，能通过光合作用，把水、二氧化碳等合成碳水化合物，使之成为自己和其他生物赖以维持生命的养料，这种由绿色植物固定的太阳能及合成的有机物是生态系统能量传递和物质循环的基础。异养生物是动物，它们是消费者，其中，食草动物为初级消费者，直接以植物为食；食肉动物为次级消费者，以食草动物为食；人类及大型动物可称为三级消费者，以其他动物为食。生物分解者是微生物，其实也是异养生物，它能把动植物遗体和排泄物分解，使之重新还原为无机物，变成绿色植物可利用的营养。生物分解者在生态系统的循环中作为生物环境和无机环境的中介者，必不可少，如果没有它，有机物和无机物之间物质循环的联系通道就会被切断，地球有可能会回到无生命的荒芜状态。

在生物界，各种生物通过吃与被吃的关系形成的一条一环扣一环的链叫做"食物链"，食物链上的每一个环节叫做"营养级"。生物营养级是金字塔结构，生物个体数随着营养级的升高而减少，而人类则处于这个金字塔的顶端，也是食物链的终端。食物链又与无机环境紧密相连，存在着有机物和无机物间的相互转变。在循环和转变过程中，生态系统自身有稳定、缓冲的能力，不易被微小涨落所改变，但外部的严重干扰会使生态系统功能失调，打破生态平衡。

三、环境污染(Environment Pollution)

环境污染是指人类的生活和生产活动或自然变异引起的环境质量恶化、生态平衡被破坏，而有害于人类及其他生物的正常生存和发展的现象。当前，环境污染及其危害已经超越国界，成为各国无法回避的共同问题，如臭氧层破坏、温室效应加剧、酸雨污染等。据统计，世界上40%以上的死亡人数与环境污染有关，由于污染，每天约有140种生物灭绝。

环境污染有多种类型，有多种分类方法。按污染对象可分为大气污染、水体污染和土壤污染；按污染物性质可分为生物污染、物理污染和化学污染；按污染物形态可分为废气污染、废水污染、废渣污染、噪音污染、辐射污染、光污染、热污染等；按污染影响的范围可分为全球性污染、区域性污染、局部污染等。

按污染物来源可分为自然污染和人工污染两大类。

为了进一步认识污染的危害性，下面分别讨论一下大气污染、水体污染以及白色污染。

1. 大气污染(Atmospheric Pollution)

先看一下大气污染的两个事例：1952年12月一股强冷空气流入伦敦，致使千家万户燃煤取暖。居民区产生的烟雾加上工厂排放的烟雾使整个伦敦一连几天暗无天日，空气似乎凝住了，使人喘不过气来，成千上万人突患呼吸道疾病，八千多人死于这次事件。这就是人们常说的伦敦烟雾事件。1979 年，联合国环境规划署的官员们在查阅卫星拍摄的地图时，惊奇地发现占地 4320 公顷的本溪市从我国大陆上消失了。为什么这么大的城市会消失呢？原来在这座城市中有 420 家工厂，排污企业有 200 多家，滚滚烟尘笼罩在城市上空，再加上该城市四面环山，烟尘不易散去。大气污染导致高空的卫星探测不到该城市。

人类生活在靠近地球表面的大气圈中，靠空气中的氧气而生存。一般成年人每天要呼吸约 10～12 m^3的空气，它相当于一天进食量的 10 倍，饮水量的 3 倍。人类可以几周不进食，几天不喝水，但隔绝空气几分钟就有生命危险，这充分表明了空气对维持生命的重要性，清洁的空气是人类健康的重要保证。由于产业革命的推进，工业和交通运输飞速发展，到处烟囱林立，浓烟滚滚，“黑龙”、“黄龙”、“红龙”、“白龙”直冲云天（如图 3-3 所示），天上地下的各种交通工具也大显身手，到处吐云喷雾，释放烟尘，使得大气污染日趋严重。据估计，全球每年向大气中排放 2 亿吨硫氧化物，1.5 亿吨氮氧化物。

图 3-3　大气污染

现在能检测到的大气污染物已有近百种，主要有：①颗粒物：$CaCO_3$、ZnO、PbO_2及飞灰、碳粒、重金属微粒等。②含硫化合物：SO_2、SO_3、H_2S、H_2SO_4等。③含氮化合物：NO、NO_2、NH_3等。④氧化物：O_3、CO、CO_2及过氧化物等。⑤卤化物：HF、HCl、Cl_2等。⑥有机物：烃类、甲醛、有机酸、卤代烃、硫醇、稠环烃等。

燃料的燃烧是造成大气污染的重要原因。CO 是汽车尾气的主要有害成分，是汽油燃烧不完全的产物，CO被吸入人体后会与血红蛋白结合，其结合力是O_2与白红蛋白结合力的200～300倍，使血红蛋白失去携氧能力，从而导致中毒，直至窒息死亡。NO_x主要是在气缸点火时由空气中的氮氧化生成，NO_x进入人体后，产生强烈的刺激与腐蚀作用，引起肺水肿等。NO_x还会腐蚀建筑物，并能导致形成酸雨和光化学烟雾，被列为大气中的重要污染物。HC是指各种碳氢化合物，主要是汽车泄漏的燃料油和因燃烧不完全而生成的烃类及其衍生物。烃类污染物对环境的危害主要是破坏了生态平衡，诱发光化学烟雾。燃料中的含硫化合物燃烧所产生的硫氧化物主要刺激上呼吸道，浓度较高时会导致呼吸困难。汽车尾气中的颗粒物主要有碳颗粒、铅化合物等，当其直径小于10 μm时能在空气中长时间飘游，吸入体内后会沉积在肺中，引起肺病，还可进入血液，导致呼吸道疾病。

大气污染对环境造成的危害主要有以下几种：

(1) 光化学烟雾(Photochemical Pollution)

大气中的HC、NO_x等为一次污染物。有些污染物在太阳光紫外线照射下能发生化学反应，衍生出各种二次污染物。这种一次污染物和二次污染物混合所形成的浅蓝色烟雾称为光化学烟雾，NO_x是这种烟雾的主要成分。这种烟雾1943年首次出现在美国洛杉矶，因此又叫洛杉矶型烟雾。当时洛杉矶有350多万辆汽车，每天有1000多吨HC、430多吨NO_x排入大气中。NO_2被光分解成NO和氧原子后，光化学烟雾的循环反应就开始了。原子氧会和氧分子反应生成臭氧(O_3)，它是一种强氧化剂，可与烃类发生一系列化学反应，生成醛类、酮类等物质而形成烟雾。另外，NO_2还会形成另一种刺激性强烈的物质PAN(硝酸过氧化乙酰)，烃类中一些挥发性小的氧化物也会凝结成气溶胶液滴而降低能见度。醛类、O_3、PAN对人和动物的伤害主要是刺激眼睛及气管、肺部，引起眼红流泪、头痛、气喘咳嗽等症状，这些物质还能造成橡胶制品、塑料制品的老化，染料的褪色，油漆涂料及纺织纤维的损坏等。

(2) 酸雨(Acid Rain)

由于大气中SO_2、CO_2的影响，正常雨水偏酸性，pH约为6～7。雨水的微酸性可使土壤的养分易溶解，有利于生物吸收。当降水的pH小于5.6时就称为酸雨，酸雨的形成与大气污染有关，主要是受硫氧化物、氮氧化物的影响。酸雨会破坏生态平衡，使水域和土壤酸化，损害作物和林木生长，危害渔业生产(水的pH小于4.8鱼类就不能生存)，腐蚀建筑物、工厂设备和文化古迹。南京大学毕树平教授等人的研究表明，由于酸雨的影响，天然水中生物有效铝增加，这成为危害动植物生长的另一因素。过量铝会干扰水生生物正常代谢会使湖变成“死湖”，过量铝还会影响光合作用会使树木枯死。另外，水及大气中的铝进入人体后会引发早老性痴呆等疾病。

(3) 温室效应(Greenhouse Effect)加剧

大气层中的CO_2和水蒸气等允许太阳光的短波辐射透过并到达地面,使地球表面温度升高,同时,CO_2和水蒸气又能吸收太阳和地球表面发出的长波辐射,仅让很少一部分热辐射散失到宇宙空间。由于大气吸收的辐射多于散失的,最终导致地球保持相对稳定的气温,这种现象称为温室效应。温室效应是地球上生命赖以生存的必要条件。一般情况下,动物活动及燃料燃烧产生的CO_2可溶解在水中,也可被植物吸收,使大气中CO_2浓度保持在一定范围内。但是由于人口激增、化石燃料用量增加、森林面积减少、水体表面污染严重,大气中的CO_2和各种气体微粒含量增加,从而导致大气吸收及反射回地面的热辐射增多,温室效应加剧。CO_2是主要的温室气体,浓度的年增长率为 0.5%。CFC(氟氯烃,又叫氟里昂)浓度虽小,但吸收热辐射的能力强,浓度的年增长率为4.0%。温室气体还有CH_4、N_2O等。温室效应的加剧导致全球气候变暖,对生态环境及人类健康有多方面危害作用:使更多冰雪融化,海平面上升,影响作物生长周期,促进病菌、霉菌生长,农业干旱(据估计,温度升高 1 度,降水量减少 15%)及虫害加剧,全球性疾病流行等。为了减少温室气体排放,1997 年气候变化框架公约缔约国签署了"京都议定书",规定所有发达国家到 2010 年CO_2等 6 种温室气体排放量要比 1990 年减少 5.2%。

(4) 臭氧层空洞 (Ozonosphere Hole)

在离地面 15～25 km 的高空,氧吸收太阳紫外线辐射可生成大量的臭氧(O_3),当浓度达最大值时,可形成厚度约 20 km 的臭氧层。臭氧能吸收波长 220～330 nm 的紫外光,从而防止这种高能辐射对地球上的生物造成伤害。由于近代人类活动产生了大量的氮氧化物、氟氯烃等气体,臭氧层受到破坏。例如,氟氯烃进入大气平流层后,在紫外线作用下会分解产生 Cl 原子,Cl 原子是分解O_3的催化剂,少量 Cl 原子就会引起大量O_3分解,且在反应中 Cl 原子不被消耗,研究表明,每向大气层排放 1 个氟氯烃分子,就可能有 10 万个O_3分子被分解。近年来的测量结果证实臭氧层开始变薄,甚至出现空洞。1985 年人们发现南极上方出现了面积与美国大陆相近的臭氧层空洞,1989 年又发现北极上空正在形成另一个臭氧层空洞。臭氧层变薄或出现空洞,就意味着有更多的紫外线辐射到达地面。紫外线对动植物都具有破坏性,一般认为臭氧每减少 1%,具有生理破坏力的紫外线将增加 2%。紫外线会阻碍各种农作物和树木的正常生长,对人的皮肤、眼睛、免疫系统等造成伤害。另外,强烈的紫外线辐射还导致温室效应加剧。

为此,联合国环境规划署自 1976 年起陆续召开各种国际会议,通过了一系列保护臭氧层的决议,在全球范围内限制并逐步淘汰消耗臭氧层的化学物质。1987 年 9 月 16 日,联合国环境规划署主持召开的国际臭氧层保护大会,在加拿大蒙特利尔通过了《关于消耗臭氧层物质的蒙特利尔议定书》,对控制全球破坏臭氧层物质的排放量和使用提出了具体要求。1995年1月23日，联合国大会作出决定，把每年的9月16日作为国际保护臭氧层日，要求所有缔约国按照议定书及其修正案，采取具体行动纪念这个日子。1998年国际保护臭氧层日的主题是“为了地球上的生命，请购买有益于臭氧层的产品”；2000年的主题是“拯救我们的天空，保护你自己，保护臭氧层”；2005年的主题是“保护臭氧层，拯救地球生命”；2007年的主题是“2007，颂扬卓有成效的20年”。目前，蒙特利尔议定书缔约方已发展到189个，受控的消耗臭氧层物质多达96种。根据缔约方达成的协议，主要消耗臭氧层物质将于2040年前在全球范围内被逐步淘汰。中国政府已加入1985年签署的《保护臭氧层维也纳公约》和1987年签署的《关于消耗臭氧层物质的蒙特利尔议定书》，并积极参与保护臭氧层国际合作。

2. 水体污染（Water Pollution）

约有四分之三的地球表面被水覆盖着。水是地球上分布最广的物质，也是宝贵的自然资源，是人类生存、动植物生长、工农业生产不可缺少的物质。水是生物体代谢的重要介质，成年人每天约需5升水。人类生产和生活用水主要是淡水，而淡水只占地球上总水量的0.63%。随着社会的发展，人类对水的需求量逐年增加，现在世界年用水量已达4万亿吨，有40%人口（约80个国家）面临着水源不足的问题。人类一方面对水的需求量增加，另一方面排放的污水量也在增加，致使陆地淡水水源污染严重。据统计，全世界每年污水排放量超过4200亿吨，每分钟有85万吨污水进入江河湖海。世界上有75%左右的疾病与水污染有关，如常见的伤寒、霍乱、胃炎、痢疾和肝炎等。2007年5月底，太湖水富营养化较重，导致蓝藻爆发，使无锡市城区的大批市民家中自来水水质发生变化，并伴有难闻的气味，无法正常饮用。

水体污染主要是指由于人类排放的污染物进入江河、湖海或地下水中，使水体的物理、化学性质发生变化而降低了水体的使用价值的一种现象。水体中的污染物种类繁多，下面主要讨论一下无机污染物、有机污染物。

无机污染物可分为两类：①汞、镉、铅等重金属。主要来自各种工业废水，一般具有潜在危害性，它们会在鱼类或人体内积蓄，引起慢性中毒，众所周知的水俣病就是由所食鱼中含有氯化甲基汞引起的，日本山县的“痛痛病”则是由食用镉污染水引起的。②含氮、磷的无机物。主要来自肥料及含磷洗衣粉等，此外，蛋白质也会逐渐分解为无机硝酸盐类。氮、磷是植物营养素，进入水体后会使水中营养元素增多，水生植物迅速繁殖，使水生生态系统严重破坏，这种现象称为水体富营养化。富营养化现象会使水体变色，浮游生物（藻类）迅猛生长，水体表面形成胶质层，遮盖了阳光，使底层植物不能生长，最终造成底层缺氧，鱼类不能生存。由蛋白质分解产生的亚硝酸盐类除了作为水生物营养外，还是世界公认的具有危害性的一类化学致癌物质。另外，来自电镀厂、有色金属冶炼厂、煤气厂废水的无机氰根离子也是含氮化合物，属剧毒物质，人中毒后，会呼吸困难，甚至窒息死亡。

有机污染物也可分为两类：①难降解、有积累性的物质。包括有机氯农药、多氯联苯（PCB）、酞酸酯、二噁英（PCDD）、多环芳烃、高分子聚合物、染料等，它们不仅影响水生生物的繁衍，而且通过食物链危害人体健康，造成人体慢性中毒、致癌、致突变等生理危害。有机氯农药是石油化工的产物，其特点是毒性大，残留时间长。PCB 是绝缘油、润滑油及各种材料的添加剂，被广泛用于变压器、电容器及塑料、橡胶工业。酞酸酯主要用于塑料增塑剂，在我国江河、湖泊中普遍检测出了此种物质。塑料焚烧会产生二噁英，水中若含有苯酚，当用氯气消毒时也会产生二噁英。二噁英是目前已知的剧毒物质。1999 年初，比利时、荷兰、德国、法国等四国曾相继发生了饲料被二噁英污染导致畜禽产品含致癌物的“二噁英事件”。最可怕的问题是二噁英极难代谢，易在体内积累，从而引起胃癌、食道癌、肝癌等，并会扰乱内分泌系统，影响生殖功能。②耗氧有机物。包括纤维、脂肪、蛋白质等，此类物质本身无毒，但分解时会消耗水中溶解氧。当水中溶解氧急剧减少时会出现恶臭，破坏水生生态系统。这类物质的污染程度可用生物化学需氧量（Biochemical Oxygen Demand，BOD）来表示，即单位体积水中有机物分解所消耗的氧量（mg/L）（一般以水温 25 ℃时 5 天的耗氧量为标准，即 BOD_5）。当 BOD_5 小于 3 mg/L 时水质较好，当 BOD_5 大于 10 mg/L 时水质很差，鱼类已不能生存。

另外，酸性或碱性物质进入水体后会改变水的 pH，增加溶解盐的浓度，造成酸、碱、盐污染。酸性物质主要来自冶炼厂、金属加工厂、酸雨等，碱性物质主要来自印染厂、造纸厂、炼油厂等。水体 pH 的变化会影响鱼类生长，腐蚀船体，若用该水灌溉会破坏土壤结构，危害作物生长。

近年来，石油本身对水体的污染也十分严重。在石油的开采、炼制、贮运、使用过程中，原油和各种石油制品会进入环境而造成水体污染。一方面，石油或其制品的各种成分都有一定的毒性；另一方面，石油覆盖在水体表面，阻碍了大气中氧在水中的溶解，油膜的生物分解和自身氧化作用还消耗氧，最终导致水中的溶解氧减少，阻碍了鱼类的生长。另外，油污在水体表面的覆盖也会阻碍大气中二氧化碳在水中的溶解，导致空气中二氧化碳增加，温室效应加剧。

3. 白色污染（White Pollution）

“白色污染”是指由农用薄膜，包装用塑料膜、塑料袋和一次性塑料餐具（以下统称塑料包装物）的丢弃所造成的环境污染。由于废旧塑料包装物大多呈白色，因此称之为“白色污染”，它是当前最严重的环境污染之一。

随着人们生活节奏的加快和生活品质的提高，社会生活正向着便利化、卫生化发展。顺应这种发展需求，一次性泡沫塑料饭盒、塑料袋等开始进入人们的日常生活。这些使用方便、价格低廉的包装材料的出现给人们的生活带来了诸多便利。但另一方面,这些包装材料在使用后往往被随手丢弃,造成“白色污染”。目前,世界塑料年产超过1.2亿吨,我国年产超过1000万吨。包装用塑料是造成环境污染的主要物品,其中大部分是以废旧薄膜、塑料袋和泡沫塑料餐具等形式被丢弃。丢弃在环境中的废旧塑料不仅影响市容和自然景观,而且因其难以降解,对生态环境会造成潜在危害,如:混在土壤中,会影响农作物吸收养分和水分,导致农作物减产;增塑剂和添加剂的渗出会导致水体污染;混入城市垃圾一同焚烧会产生有害气体,污染空气,损害人体健康;填埋处理将会长期占用土地,污染地下水。

四、环境效应(Environmental Effect)

环境效应是自然过程或人类活动造成的环境污染和破坏,引起的环境系统结构和功能的变化。各种污染物的单独作用、相加作用、相乘作用、拮抗作用、二次污染作用等都对环境效应有贡献,可以说环境效应是各污染物毒害作用的综合表现。环境效应主要表现在以下三个方面:

1. 环境生物效应

环境生物效应是各种环境因素变化而导致生态系统变异的效应。环境恶化会导致生物链破坏,物种灭绝。例如,当工业废水大量排入水体,会改变水体的物理、化学和生物学性质,致使鱼虾等生物中毒甚至死亡。研究表明,每失去1种生物,就会危及约20种依赖该生物生存的物种。环境污染物除了直接危害人体外,还可由受毒害的生物通过食物链危害人体。环境污染会引起人体癌变及各种疾病,严重地危及人类健康。

2. 环境化学效应

环境化学效应是指在各种环境条件的影响下,物质之间的化学反应所引起的环境效应。例如,可溶性盐类的长期积累会造成土壤盐碱化,大气中的各种废气相互作用可产生光化学烟雾等。

3. 环境物理效应

环境物理效应是物理作用引起的环境效应。例如,大气中的二氧化碳含量不断增加,使地球的辐射平衡向增加地球表面温度的方向变化,产生温室效应增加等。

第三节　环境监测与评价

环境科学是研究环境问题的一门综合性学科,而环境监测与评价作为环境科学的重要组成部分，是获取环境信息、评价环境质量的手段，可使人们了解环境污染情况，预报污染趋势，决定防治对策，评价治理效果。因此，环境监测与评价可为环境科学研究和环境保护工作提供各种必要的监视和检测数据。

一、环境监测特点

环境污染的来源广泛，种类繁多，性质各异，而且它们在环境中所处的时间和空间位置各不相同，污染物间或污染物与其他环境因素之间又会产生相互作用，迁移转化。这些因素使得环境污染物与其他物质相比有许多特性，如自然性、变异性、扩散性、毒性、活性、持久性、可积累性、可分解性等。环境污染的复杂性决定了环境监测的复杂性：所需监测的项目种类繁多，待测物状态多变、含量悬殊，监测时既要考虑时间分布、空间分布，又要考虑污染物间的综合效应。另外，环境监测是为了评价某一区域的环境质量，而只有通过大量监测数据的综合才能反映污染规律和正确评价一个区域的环境质量，所以，环境监测需要测定大量数据，需要得到综合指数。

二、环境监测任务

为了认识、评价、改善和控制环境，首先必须了解环境质量变化的原因，这就要求对环境的各组成部分，特别是对那些危害大的污染物性质、含量及其分布状态和发展趋势进行仔细地分析。环境监测的任务就是监测影响环境质量的各种有害物质和因素。根据监测对象，环境监测主要有以下几个方面的任务：

1. 大气污染监测

大气污染监测就是监视、测定大气中的污染物种类及含量。这些污染物以分子状或粒子状两种形态存在于大气中。分子状污染物主要有二氧化硫、氮氧化物、臭氧、卤化氢、碳氢化物及强氧化剂等。粒子状污染物主要是各种飘尘颗粒，其成分有重金属、多环芳烃等。

2. 水质污染监测

水质污染监测是监视和测定未被污染或已受污染的天然水（包括江、河、湖、海和地下水）和各种工业废水中的污染物。监测项目可分为两类：一类是反映水质污染的综合指标，如温度、色度、浊度、pH、电导率、悬浮物、溶解氧、化学需氧量和生化需氧量等。另一类是一些有毒物质，如酚、氰、砷、铅、铬、镉、汞和有机农药等。

3. 土壤污染监测

土壤污染监测主要是监视和测定土壤中对生物有害的重金属，如铬、铅、镉、汞以及残留的有机农药、废旧塑料分解物等。

4. 生物污染监测

环境中的有害物质在动物或植物吸取营养时会进入其体内，有些毒物在生物体内还会被富集，从而影响动植物的正常生长和繁殖，甚至导致死亡。因此，生物体内有害物质的监测是环境监测的重要任务之一，其监测项目主要有砷、镉、汞及有机农药等。

除了监测化学物质外，环境监测还包括放射性污染监测、噪声污染监测、热污染监测等。

目前，我国已建立起了环境监测网，通过网络信息传递及遥控监测，可以随时监测和了解各区域环境状况。如图 3-4 所示。

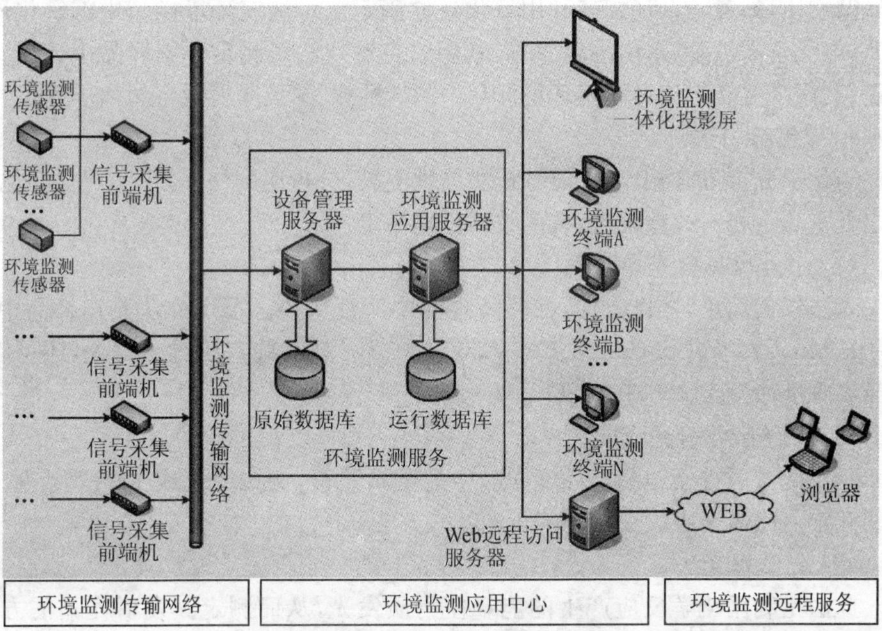

图 3-4　环境监测网结构示意图

三、环境监测技术

环境监测是一门综合性的实用技术和应用科学。化学是它涉及的主要学科之一。首先利用化学知识认识污染物的性质、组成及存在状态，然后利用各种方法测定污染物含量。下面主要讨论一下环境监测技术中的分析化学方法。

1. 化学分析法

这类方法的主要特点是：准确度高（其相对误差一般为 0.2%），灵敏度低（适于高含量组分的测定)，所需仪器设备简单。化学分析法包括重量分析法和容量分析法。

(1) 重量分析法

在环境污染物分析中，重量分析法主要用于测定残渣、悬浮物、飘尘、降尘、油脂、硫酸盐、二氧化硅等。为了使环境中的待测物转化为称量物，常采用直接过滤法(测定气样中的颗粒物、水样中的悬浮物等)、蒸干法(测定水样中的总残渣等)、气化法(测定样品中的挥发物、有机物等)、电解法(测定样品中的重金属等)、沉淀法(测定样品中的重金属、硫酸盐等)。

(2) 容量分析法

容量分析法即滴定分析法。利用中和滴定法可测定环境样品的酸碱性及所含的酸碱物质，如氨、有机酸等；利用氧化还原滴定法可测定环境样品中的氧化还原物质，如化学需氧量、水中溶解氧等；利用络合滴定法可测定环境样品中金属离子含量，利用沉淀滴定法可测定环境样品中的硫酸根、氯离子及重金属离子等。

2. 仪器分析法

与化学分析方法相比，仪器分析法灵敏度高，分析速度快，易于实现自动化，不足之处是测定相对误差较大，有些仪器价格昂贵。

(1) 紫外可见分光光度法

该法仪器简单，操作方便，在环境检测中广泛应用。可用此法测定样品中 P、As、Si、Mn、Cr、Ni、Co、Cd、Fe、Cu、V、W、Mo、Hg 及某些有机物。另外，还可以采用品红光度法测定大气中的 SO_2。

(2) 原子吸收分光光度法

利用此法可方便地测定环境样品中的金属元素，例如空气或水中微量铜、铅、镉的测定。冷原子吸收法是测定汞的特效方法。

(3) 化学发光法

此法是利用化学反应产生的能量使物质发光，从而测定其发射光谱的方法。此法灵敏度高，选择性好，设备简单。溶液反应化学发光法可用于测定环境水样中的 Cu^{2+}、Ni^{2+}、Co^{2+}、Cr^{2+}、Fe^{2+} 等离子，气相反应化学发光法和火焰化学发光法可用于大气污染检测，如测定大气中的 NO_x、SO_x 及 H_2S 等。

(4) 红外分光光度法

此法主要用于测定环境样品中的有机物。例如，通过解析海水的红外光谱，可判断石油污染情况。采用色谱-红外联用技术可分析水中氯苯、醛类、酯类及各种农药残留物。还可以利用红外光谱研究光化学烟雾。

(5) 极谱分析法

此法主要用于测定环境样品中的无机离子，根据汞滴表面张力的变化还可以测定某些有机物及表面活性剂。

(6) 电导分析法

此法主要用于水质的检测，通过测定各种水样的电导率，可得知水中的含盐量，水中溶解氧的多少。

(7) 电位分析法

利用电位滴定法(间接电位法)可测定样品溶液的酸碱性、氧化还原性等，利用离子选择性电极法(直接电位法)可测定样品中的阴、阳离子。

(8) 色谱分析法

色谱法是环境检测中不可缺少的重要手段，可方便地用于分析大气、水、土壤、产品、废物中的有机物和无机物。例如，采用气相色谱技术可检测环境样品中的醇、醛、酮、烯烃、芳烃、胺类、卤代烃、亚硝酸盐、硫化物等，采用液相色谱法可检测环境样品中的苯并芘、蒽、DDT、六六六、黄曲霉毒素及各种阴、阳离子。

(9) 质谱分析法

质谱法常与气相色谱法结合为 GC-MS 法，该法是分析环境中复杂物最有效的方法之一，主要用于大气、水、土壤中各种有机污染物的结构分析和定量分析。

实际分析中常常多种方法联用，并与其他技术配合。例如，仪器分析法与电子计算机结合，可对某个地区进行多点、同步、连续、自动监测，并快速收集、处理、分析和储存数据，这样就可以正确掌握这个地区的污染状况，评价环境质量，预报环境污染的变化趋势。

四、环境质量评价

环境是人类社会生存和发展的基础，环境质量直接影响着人类的生活质量。为了研究影响环境质量的因素，探讨改善环境质量的方法，必须首先制定环境质量标准，对环境质量进行评价。

1. 环境质量标准

环境质量标准是各国政府或地方根据环境状况和社会发展状况，对环境要素中各种污染物在一定时间和空间范围内的允许含量所作的规定。根据环境要素，环境质量标准可分为大气环境质量标准、水环境质量标准、土壤环境质量标准等。根据对环境质量的不同要求，环境质量又可分为不同级别。根据环境管理的层次可分为国家环境质量标准、地方环境质量标准等。也可以根据环境质量指数 E (Environment Quality Index)的大小进行分级，环境质量指数 E 的表达式为

$$E = \sum_{i=1}^{n} C_i / C_{is}$$

式中：C_{is} 为污染物 i 的评价标准含量，C_i 为污染物 i 的实际测得含量，n 为规定的检

测污染物种类数。由计算式可知，C_i/C_{is}是污染物 i 的超标率，E 越大，污染越严重。对于某一评价要素可选择若干种污染物作为测定对象，按计算出的环境质量指数大小进行分级。例如，大气环境质量评价的污染物一般有 5 种：颗粒物、SO_x、NO_x、CO、氧化剂(以 O_3计)。将这 5 种污染物的实际测定值代入上式进行计算，就可求出 E 值。根据 E 值大小，一般将大气环境质量分为 6 级：0～0.01(1 级，清洁)、0.01～0.1(2 级，微污染)、0.1～1(3 级，轻污染)、1～4.5(4 级，中度污染)、4.5～10(5 级，重污染)、10 以上(6 级，严重污染)。由上式可知，E 值由加和得出，因各种污染物对环境质量的影响不同，所以由 E 值大小简单分级不尽合理，在许多情况下，对各种重要的污染物都应给出具体的环境质量标准。例如，我国的大气一级环境质量标准要求(日平均值，单位为 mg/m^3)，总悬浮物为 0.15，飘尘为 0.05，SO_2为 0.05，NO_x为 0.05，CO 为 4.00。

2. 环境质量评价

若要对某个区域的污染物进行整体环境综合评价，可将各项环境质量指数相加：

$$E_{综合} = E_{水} + E_{大气} + E_{土壤}$$

污染物的评价标准一般以国家和地区环境中的污染物本底值和对生活质量的要求为依据，不同国家和地区对同一种污染物有不同的评价标准，同一种污染物在不同的评价对象中也有不同的评价标准。例如，对水中钙、镁含量的评价就有三种标准：饮用水标准、工业用水标准、农田用水标准等。

第四节 环境优化与和谐发展

随着社会进步，人们越来越清醒地认识到：环境意识和环境质量是衡量一个国家和民族文明程度的重要标志。社会科技、经济的发展，必须与人口、资源、环境统筹考虑，当前的发展要为未来的发展创造更好的条件。保护环境是保护健康、维护生态平衡的需要，也是建设环境友好型社会的需要，是社会和谐发展、又好又快发展的需要。因此，全社会要进一步提高环境意识，始终把优化环境融入社会发展与科技进步之中。

一、环境治理

1. 废气治理

人类在生产和生活过程中会产生大量废气，这些废气中的大部分对环境有污染。化石燃料燃烧产生的废气是大气污染的主要组成部分，一般可以采用下列措施防止或减少污染物的排放：①积极开发无污染能源（如各种自然能，包括太阳能、地热能、海洋能、风能等）或低污染能源（如天然气、沼气等）；②改进燃煤、燃油技术，在燃料中加入适当添加剂，提高燃烧效率，减少有害气体的排放；③改进生产工艺，减少能耗，减少废气产生；④在废气排放之前进行处理，如增加过滤装置，使有害气体分解或吸收；⑤植树造林，绿化环境，增加环境对废气的吸收量，保持大气中物质循环平衡。

2. 废水治理

水体的污染物主要来自城市生活污水、工业废水，这些污水排放量非常大，若全部经污水处理厂处理，投资极大，因此应以减少污水和污物的排放量为主。一方面，通过改进生产工艺，可减少废水排放量，减少废水中有害物质的含量。另一方面，可对废水进行循环使用、综合利用，这样既可减少废水排放量，又可以节约水资源。根据某些特殊废水的性质和组成，人们进行了综合利用或废物回收。例如，利用造纸废水可以提取黏合剂原料，可以制造高强度砖；利用显影废液、电镀废液等可以回收贵金属等。

根据处理水的去向不同，对污水有一级处理、二级处理、三级处理。水的一级处理主要是利用物理机械分离法将水中固体颗粒物沉淀、过滤除去。水的二级处理可以利用微生物法将水中某些有机物分解为无害物质，也可用化学絮凝法使悬浮微粒或胶体在絮凝剂作用下沉降除去。经二级处理的水一般可达到排放标准，可以灌溉农田。经过二级处理后的水还存在少量的悬浮物、生物不能分解的有机物和一些无机物，不能直接用作自来水，也不能作为某些工业用水。要提高水的质量，则必须进行三级处理。三级处理可采用化学沉淀法、化学氧化还原法、吸附法、萃取法、离子交换法、电渗析法等。最常用的是化学沉淀法，此法是在水中加入适当沉淀剂，使之与一些阴、阳离子污染物反应形成沉淀，再进行分离除去。化学氧化法常用来处理难以生物降解的有机物，如农药、染料、酚类以及具有颜色、臭味的物质，常用的氧化剂有含氯类（液态氯、次氯酸钠、漂白粉等）和含氧类（空气、臭氧、过氧化氢、高锰酸钾等）。化学还原法主要用于处理含有汞、铬等重金属离子的废水，常用的还原剂有废铁屑、废锌粒等。

目前人们正在研究光催化处理污水技术。该法最常用的催化剂是 TiO_2（钛白粉），它是一种半导体，当光照射在 TiO_2 颗粒上时，价带电子（低能电子）被激发跃迁到导带而变为高能电子。价带由于失去电子出现空穴，有一定氧化能力，可将许多有机污染物氧化为 H_2O、CO_2、SO_4^{2-}、NO_3^-、X^- 等无机小分子，还可将剧毒物 CN^- 氧化为 CO_2、NO_2^-。同时，跃迁到导带中的高能电子具有还原性，可将有害物 $Cr_2O_7^{2-}$ 等还原。

3. 废渣治理

随着人类生产的发展和生活水平的提高，产生的各种固体废料（即废渣、垃圾）

与日俱增。据统计，我国历年积累的垃圾超过60亿吨。许多废料可通过各种加工处理转化为有用的物质或能量，所以人们把垃圾看成一种资源，进行材料回收和能源利用。材料回收主要是根据垃圾的物理性能，对垃圾进行分类回收，如利用磁吸法回收废铁，利用振动法分选软、硬物质，利用旋风分离法分离密度不同的物质等。能源利用主要是：①作为辅助燃料代替煤等；②在焚化炉内焚化，利用其热能生产蒸汽和发电；③利用高温干馏产生可燃气体；④利用分选发酵法产生沼气。特别是发酵法，沼气排放完全后，池中发酵液可直接用作农家肥，剩下的残渣经晒干、粉碎可制成颗粒复合肥。当前人们正在积极开展各种垃圾资源综合利用研究，例如，利用粉煤灰代替水泥制作混凝土(安徽大学高分子材料研究所研制的粉煤灰添加剂可用粉煤灰代替40%的水泥)。

二、绿色工艺

绿色工艺(Green Process)是指化学反应和生产过程以“原子经济性”为基本原则，即在获取新物质的化学反应中充分利用参与反应的每个原料原子，实现“零排放”。不仅充分利用资源，而且不产生污染，并采用无毒、无害的溶剂、助剂和催化剂等，生产有利于环境保护、社区安全和人身健康的环境友好产品，这是化学家面临的挑战。绿色溶剂是人们研究的热点之一，研究较多的是CO_2溶剂，早在1960年就有人在液态CO_2中进行化学合成，后来人们又将CO_2用于超临界萃取分离中。现在人们正在研究无溶剂的合成反应，南京大学配位化学研究所忻新泉教授等人利用室温固相反应，合成了两百多种可作为非线性光学材料的原子簇化合物以及多种纳米材料。为了减少环境污染，国内外正在研究各种水基涂料，发达国家的汽车底漆已有80%实现水性化，我国的水基汽车底漆产业尚处于起步阶段，水基家具和地面涂料产业在国内还是空白。传统的制革工业是最大的环境污染行业之一，安徽大学精细化工厂在国内首次开发、生产的水基皮革涂饰剂为减少环境污染做出了重要贡献。

在进行绿色工艺设计时，化学家提出要对合成途径的原子利用率和E-因子进行分析和估价，以此综合考虑原料的选取、能量的耗损以及废料的环境商值EQ等。

原子利用率定义为期望产品的摩尔质量与按化学反应式所得产物总摩尔质量之比。最佳工艺的原子利用率为100%，即反应物全部转变为期望产品，无废物。E-因子定义为废料质量与产品质量之比，它表明了每生产1千克(或其他单位)期望产品所产生的废物的量。环境商值EQ是考虑废物的排放量(即E)及废物的环境毒性(即Q)后的综合指标值。这里的Q用于表示废物的环境不友好度(或毒性)，人们常把无害的NaCl的Q值定为1，有害的重金属离子根据其毒性大小Q值可为100～1000。环境商值 EQ 定义为 E 与 Q 之积。这样，废物的 EQ 值越大，对环境的危害就越大。因此，可根据 EQ 值的大小选择最佳合成工艺。要减小 EQ 值，就意味着要减少生产工艺过程中废物的排放量，提高原子利用率，或者设法减小排放物的环境毒性。

绿色工艺发展方向为：①开发以"原子经济性"为基本原则的新化学反应过程，解决绿色合成和绿色催化问题；②对现有化学工业进行绿色工艺改造，减少和消除污染；③绿色能源技术研究；④资源再生和循环使用技术研究。

绿色工艺不仅将为传统化学工业带来革命性的变化，而且必将推进绿色能源工业及绿色农业的发展。国际上对此很重视，1996年美国设立了"总统绿色化学挑战奖"，1999年英国皇家化学会推出了"绿色化学"杂志。绿色工艺将使化学工业改变面貌，这一趋势在21世纪更强劲。

三、绿色材料

绿色材料即环境材料。环境材料(Ecomaterials) 是20世纪90年代初提出的一个新概念，它是环境保护思想引入材料科学的一个具体表现。环境材料是指既具有良好使用性能又具有良好环境协调性的材料，这里涉及以下几个概念：作为材料具有实用性才有存在价值；材料要与环境协调，材料在生产、使用的全过程中都应具有低的环境负荷值；材料本身应具有高的循环再生率。评价材料的优劣要用三维指标，即功能性、经济性、环境性，不能只是用功能性、经济性进行评价。环境材料的提出，要求人们在开发材料时就要注意环境影响，以低消耗、低污染、高产出、高功能、高再生为指导原则制备各种新材料。从保护环境、珍惜资源出发，人们研究的环境材料主要包括低环境负荷材料、可循环再生材料、环境功能材料等。

低环境负荷材料的特征是：废弃物在处理或处置时能耗和物耗很小，且不形成二次污染，即这类材料对环境的影响较小。例如，利用淀粉、光敏剂及其他添加剂制得的可降解高分子材料，可在一年内完全分解为 CO_2 和 H_2O。又如，利用冶金废渣提取金属材料或直接制备有用合金。这些都属低环境负荷材料。

可循环再生材料的特征是：可多次重复使用，废弃物可作为再生资源，即材料本身可循环再生。例如，现在已制备出了再生橡胶、再生塑料，可利用某些废弃高分子材料制备燃料。在金属合金材料方面，已设计出高速工具钢等产品在加工和使用过程中废料的加工、利用方法。

环境功能材料的特征是：材料在使用过程中具有净化、治理、修复环境的功能，且易回收和再生，无二次污染。突出的例子是离子交换或吸附材料，它可用于净化处理污染物，本身可再生，重复利用。

四、绿色消费

20 世纪 90 年代以来，随着公众环境意识的不断加强，一类带有环境标志的新型产品正越来越多地出现在国际市场上，中国的产业界也迈出了可喜的步伐。环境标志表明该产品具有无公害、无污染的特点，在市场上备受消费者的青睐。环境标志把环境保护观念引到消费领域里，引导人们进行绿色消费，即无污染消费。例如，青岛电冰箱总厂经过两年努力，早在 1990 年就推出了消减 50%氟里昂的海尔牌电冰箱，由此荣获“欧洲绿色标志”；1996 年海尔冰箱通过国际标准组织新的环境标准 ISO14000，为其进一步拓展国际市场铺平了道路。环境标志还通过标志图形、说明标签等形式向消费者宣传标志产品与非标志产品环境行为的差别及标志产品对环境保护的作用，以提高人民群众的环境意识，促使消费者通过选购、处置商品等日常活动，参与环境保护，影响企业环境决策。我国环境标志如图 3-5 所示。

图 3-5 我国环境标志

在实施绿色消费中，减少汽车造成的污染是人们研究的重点之一。1999 年美国戴姆勒-克莱斯勒公司声称研制成功了“绿色轿车”，其动力燃料是氢气，能量转换装置是燃料电池，在行使过程中只排放出一缕水蒸气。美国科学家约翰逊利用柴油加水制成了清洁环保型燃料，该燃料可用于现有的普通发动机，可大大减少废气污染。其制作方法是在柴油中加入特殊表面活性剂，加水后形成微乳状液体燃料，加水率可达 20%。研究表明，柴油和水的混合物若在超临界（374 ℃和 220 个大气压）状态下，柴油分子和水分子可直接结合在一起，而不需要表面活性剂的介入，这种混合燃料污染更少。据说美国新墨西哥州的科学家还研制成功了用声波作动力、不带任何传动装置的发动机，该发动机由钢管、共鸣箱构成，机内充满氦气，根据声热学原理工作。另外，太阳能汽车也在研制之中。

最后，实现绿色消费还应注意培养公众科学健康的行为习惯。为了减少“白色污染”，我国下发了《关于限制生产销售使用塑料购物袋的通知》，通知要求：2008年6月1日起所有超市、商场、集贸市场等商品零售场所实行塑料购物袋有偿使用制度，一律不得免费提供塑料购物袋。塑料购物袋必须明码标价，并另行收款。鼓励企业免费提供布袋子。另外，旅客列车、客船、客车、飞机、车站、机场及旅游景区等也不得向旅客、游客提供超薄塑料购物袋。同时，相关部门将制订商品零售场所塑料购物袋有偿使用的具体管理办法，逐步形成有偿使用塑料购物袋的市场环境。吸烟属“黑色消费”，被认为是“人类第一杀手”。吸烟污染环境、危害健康，每年死于与吸烟有关疾病的人超过300万。目前，戒烟、禁烟已形成强大潮流，已有四十多个国家通过立法控制吸烟。吸烟、敬烟将被认为是落后、愚昧的表现，吸烟现象最终将在地球上消失。另外，开发绿色食品，提倡科学饮食，建设绿色居室、绿色商场、绿色工作间等都是实现绿色消费、减小环境负担的重要方面。

五、我国环境优化措施

进入新世纪，为了进一步优化环境，我国全面树立和落实科学发展观，大力发展循环经济，走新型工业化道路，解决突出环境问题，确保环境安全，制订并采取了一系列环境政策措施。

1. 积极推进工程减排和结构减排

至2007年，全国装备脱硫设施的燃煤机组占全部火电机组的比例由2005年的12%提高到48%；城镇污水处理率由52%提高到60%；全国化学需氧量排放量1383.3万吨，比2006年下降3.14%；二氧化硫排放量2468.1万吨，比2006年下降4.66%；主要污染物排放量实现双下降，首次出现了“拐点”。

2. 对不堪重负的江河湖海采取休养生息措施

制定并组织实施淮河、海河、辽河、松花江、三峡库区及上游、丹江口库区及上游、黄河中上游、滇池、巢湖流域水污染防治规划和太湖流域水环境综合治理总体方案，提出了让不堪重负的江河湖海休养生息的政策措施，给予水环境人文关怀。对城市饮用水源保护区进行了全面调查，取缔关闭了饮用水源一级保护区内的排污口，依法严厉打击了二级保护区内的违法排污行为。

3. 制定强有力的环境经济政策

综合运用财政、税收、金融、信贷、价格、贸易等多种经济手段保护环境，提高了电力、钢铁、石化等13个高耗能、高排放行业建设项目的环境准入条件。2007年，对总投资近 1.5 万亿元的 377 个项目作出了不予审批或暂缓审批的决定。对全国 9000 多个新开工项目开展了环保专项清理检查，对不符合环评要求的 1194 个项目依法予以严肃处理。进一步严格企业上市环保核查，仅 2006 年就否决或暂缓 10 家企业 84 亿元的上市融资申请。采取区域限批、流域限批措施，暂停 10 市、2 县、5 个开发区和 4 个电力集团的环评审批。

4. 走和谐发展的生态文明之路

积极开展生态补偿工作，对异地开发区建设、饮用水源地保护进行补偿试点。大力推进重点生态功能区建设，开展了生态环境质量评价工作，发布了《国家重点生态功能保护区规划纲要》。开展了生态工业园区创建试点，推进工业园区、工业集中区生态化设计或改造。

5. 开展战略性环保工程研究

实施全国污染源普查、环境宏观战略研究、水体污染治理与控制重大科技专项三大基础性环保工程。组织编制了污染源普查方案，对全国数万家重点工业污染源和集中式污染治理设施进行了现场监测，开展了大规模的产排污系数测算工作。

6. 加强国际环境合作

积极开展中美减排战略联合经济研究，利用中俄总理定期会晤的环保合作平台对水环境实施联合监测，利用中日经济高层对话机制落实环保合作联合声明。拓展与发展中国家和周边国家的双边环境合作交流，积极推进国际环保履约合作。近年来我国多次举办了国际环境大会。2001 年 10 月在北京举办了第一届“环境热点问题与污染削减新技术国际大会”。2004 年 10 月在厦门举办了“第二次国际环境大会——技术创新与管理抉择”，参加此次会议的国际组织有 UNEP（联合国环境署），UNECO（联合国教科文组织），ICLEI（地方环境行动国际理事会），UNIDO（联合国工业发展组织）等，来自 23 个国家和地区的近 400 位专家学者代表参加了此次会议。会议以“共享美好环境”为主题，围绕技术创新与管理抉择展开讨论，包括环境与健康、环境与社会发展、环境与经济的相互作用和清洁技术四个专题。环境污染与人类健康、生态系统的关系已经引起了人们的广泛关注，而发展人与自然和谐共存可持续发展的循环型经济社会才是从根本上减轻环境污染的有效途径。

地球是我们人类共有的家园，全社会每一个人都有义务保护地球、优化环境。当前，全社会日益增加对人类赖以生存的环境的关注，不同肤色、不同语言正越来越多地呼唤着同一个声音：保护我们共同的地球！构建我们美好的家园！

第四章　化学与生命科学

生命过程的实质是无数化学变化的综合表现，任何活的有机体所具有的一切功能都是生物活性分子之间有组织的化学反应的结果。在研究生物体的物质基础和生命活动基本规律的领域里，化学不仅提供研究方法和材料，而且也提供理论和观点。生物化学研究生命现象的本质，药物化学为人类健康长寿做重要贡献。

第一节　概　　述

一、生命科学发展史

1665年，英国科学家罗伯特·胡克用自制的显微镜首次发现了软木“细胞”，从此揭开了研究生命奥秘的序幕。人们逐渐认识到，任何一种生理过程都有物质基础，离开了生命物质，就不可能存在生命现象，从而把生命科学研究纳入到唯物主义的轨道上来。20世纪中叶以来，数学、物理学、计算机科学，特别是化学的发展，大大促进了生命科学的发展。人们已经知道：遗传物质为脱氧核糖核酸(DNA)分子；促进生化反应有各种酶系统；控制分化有特殊的激素；能量是以“能量货币”——ATP的形式保存和使用的；神经传导是通过神经细胞的化学过程。人类的思维、记忆，也有严格的物质基础。

二、生命物质的属性

生命物质不同于无机物质，它既遵从物理化学的基本规律，又有着自身独特之处，是高级的复杂系统。有人把细胞和各种细胞器比拟为“最精密的分子工程”。这个工程，有固定的参考指标——遗传体系，并可以逐级放大。它的结构与功能具有严密的相关性。在部分和整体之间，不同层次之间，不同组织之间，都保持着有条不紊的相互关系，由小秩序组成大秩序，并能够对周围环境的变化作出确切的反应,进行合成和分解代谢。而在上下两代间,则通过互补复制,维持着物种的持久性和可变性。正因为这一系列复杂的分子组合特点,才表现出了无比奇妙的生命属性。

现在知道,生物的一切性状都是以密码方式记录在遗传物质之中的,这种密码通过准确的复制,可以完美无缺地传递到下一代。在发育过程中,通过转录和翻译,将表达为固有的生物性状。这就是青蛙之所以成为青蛙,蝴蝶之所以成为蝴蝶的基本依据。目前科学家不但查明了各个"密码单词"的含义,还编制出了奇妙的"密码词典"。于是物理化学和生命科学终于密切无间地汇合起来了。人们逐渐认识到:生命虽然是复杂的、离奇的,但是其中却并没有什么超越自然的因素。

第二节 人 体 化 学

人体是由化学物质构成的复杂体系,生命过程与化学变化有关。没有化学变化,地球上就不会有生命,更不会有人类。人类的生存和繁衍是靠化学反应来维持的。因此,要了解人体奥秘,首先就要了解其中的物质组成和化学变化。

一、人体中的重要化学物质

复杂的人体结构由具有一定形态的细胞(Cell)组成。如图 4-1 所示。细胞质、活性物质以及体内其他液体均为胶体状溶液,体内的一切化学反应都是在这些胶体溶液中进行的。在人体中水约占 62%,蛋白质约占 17%,脂肪约占 16%,无机盐约占 4%,其余为微量的碳水化合物和维生素等。在构成人体的化学物质中,除了血液中有少量游离的氮和氧之外,其余都是由各种元素所组成的化合物,其中以碳、氧和氢元素最多,占全部成分的 90%以上。

1. 生命元素(Life Element)

许多化学元素与人类生命活动密切相关,是维持人体健康所必需的元素。因此这些元素被称为"生命元素"。目前,科学家普遍认为,生命元素有 27 种,13 种为非金属元素,14 种为金属元素,它们在人体中维持着平衡,每一种元素的含量均由生命活动的需要决定。有些元素既多不得也少不得,否则就会破坏平衡而影响人体健康,甚至导致疾病发生。通常,把人体中含量高于 0.01%的元素称为宏量元素,含量低于 0.01%的元素称为微量元素。人体中的宏量元素有 11 种:C(18%)、O(65%)、H(8.5%)、N(2.6%)、Ca(2.5%)、P(1.1%)、Cl(0.16%)、S(0.14%)、Na(0.10%)、K(0.20%)、Mg(0.07%)。已确认的微量元素有 16 种:Fe

(铁)、Zn(锌)、Cu(铜)、Co(钴)、Cr(铬)、Mn(锰)、Mo(钼)、I(碘)、As(砷)、B(硼)、Se(硒)、Ni(镍)、Sn(锡)、Si(硅)、F(氟)、V(钒)。这些元素可结合成有机物,如糖、脂肪、核酸和蛋白质等,也可结合成无机物,如水和各种无机盐。

生命元素不仅是生物大分子的组成部分,而且具有重要的生理功能。这些元素常与蛋白质结合成金属蛋白和蛋白酶,是小分子的载体,可起到传送物质和传送神经递质的作用,还可作为多种生化反应的催化剂。

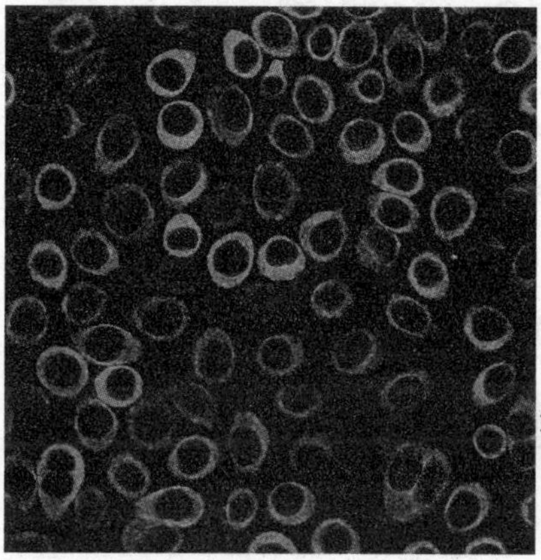

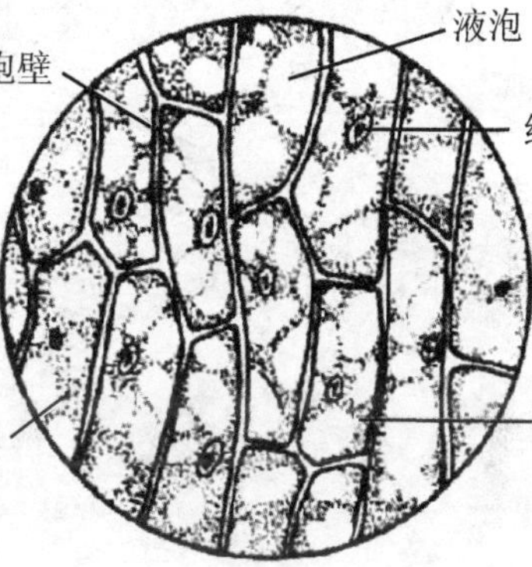

图 4-1　细胞及细胞结构示意图

2. 蛋白质(Protein)

蛋白质是复杂的大分子化合物,分子量可高达几万(如白蛋白),甚至几十万(如甲状腺球蛋白),正因为分子极大,它在细胞内就不会透出细胞膜,在血管内就不会透出血管壁。它具有吸水性,所以能使细胞或血管内保持水分,这就是因为蛋白质的胶体有渗透压。蛋白质构成成分为氨基酸,其中氨基为碱性,羧基为酸性,这就使它具有对酸碱的缓冲作用。蛋白质可分为三大类,即简单蛋白质(如白蛋白、球蛋白、硬蛋白),复合蛋白质(如核蛋白、血红蛋白、糖蛋白、酪蛋白)以及衍生蛋白质(水解或变性蛋白质)。蛋白质的结构如图 4-2 所示。

3. 核酸(Nucleic Acid)

核酸是生物体内一类含有磷酸基团的重要大分子化合物,由于它最初是从细胞核分离出来的,又具有酸性,故称为核酸。一切生物均含有核酸,即使比细菌还小的病毒,也同样含有核酸。所以凡是有生命的地方,就有核酸的存在。核酸在细胞内,通常以与蛋白质结合成核蛋白的形式存在。天然的核酸组成成分和分子结构都比较复杂,但大体可以分为两大类,即核糖核酸(Ribonucleic Acid,RNA)和脱氧核糖核酸(Deoxyribonucleic Acid,DNA)。DNA 和 RNA 都是由一个一个核苷酸(Nucleotide)头尾相连而形成,RNA 平均长度大约为 2000 个核苷酸,而 DNA

却很长,约有 3×10^9 个核苷酸。单个核苷酸是由含氮有机碱(称碱基,共有五种)、戊糖(即五碳糖)和磷酸三部分构成的,DNA 的结构如图 4-3 所示。由图可以看出结构中各种成分的结合方式,其中碱基用字母表示为:A——腺嘌呤(Adenine)、G——鸟嘌呤(Guanine)、C——胞嘧啶(Cytosine)和 T——胸腺嘧啶(Thymine)。另有尿嘧啶(Uracil,U),它只存在于 RNA 中。

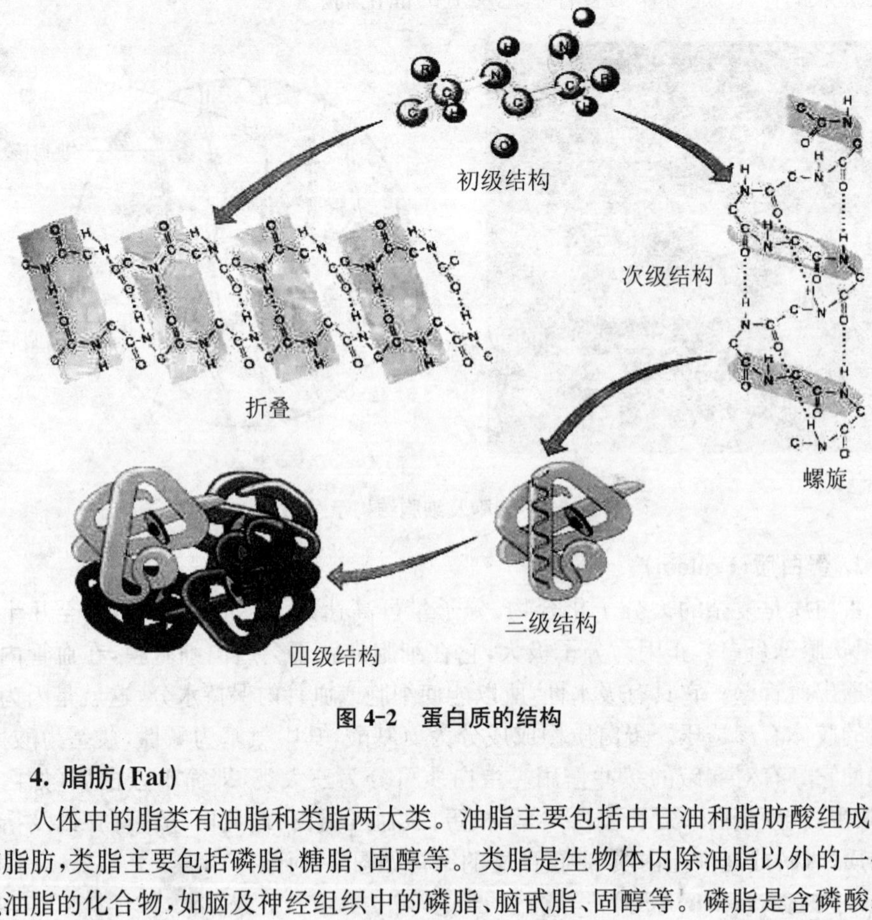

图 4-2 蛋白质的结构

4. 脂肪(Fat)

人体中的脂类有油脂和类脂两大类。油脂主要包括由甘油和脂肪酸组成的油和脂肪,类脂主要包括磷脂、糖脂、固醇等。类脂是生物体内除油脂以外的一些类似油脂的化合物,如脑及神经组织中的磷脂、脑甙脂、固醇等。磷脂是含磷酸基的类脂,是细胞原生质的固定组成部分。固醇不仅是细胞的组成部分,而且也是体内生成胆汁酸盐、肾上腺激素、性激素等所需的原料。

5. 糖(Sugar)

体内的糖有单糖和多糖。血液中含葡萄糖 0.1%左右,由血液输送到全身,在组织中代谢而产生热量(产生的热量约为 17 kJ/g)。淀粉是由许多葡萄糖单元组成的,人体会把多余的葡萄糖变成淀粉储存起来,需要时再分解。肝脏和肌肉中都贮有许多淀粉。

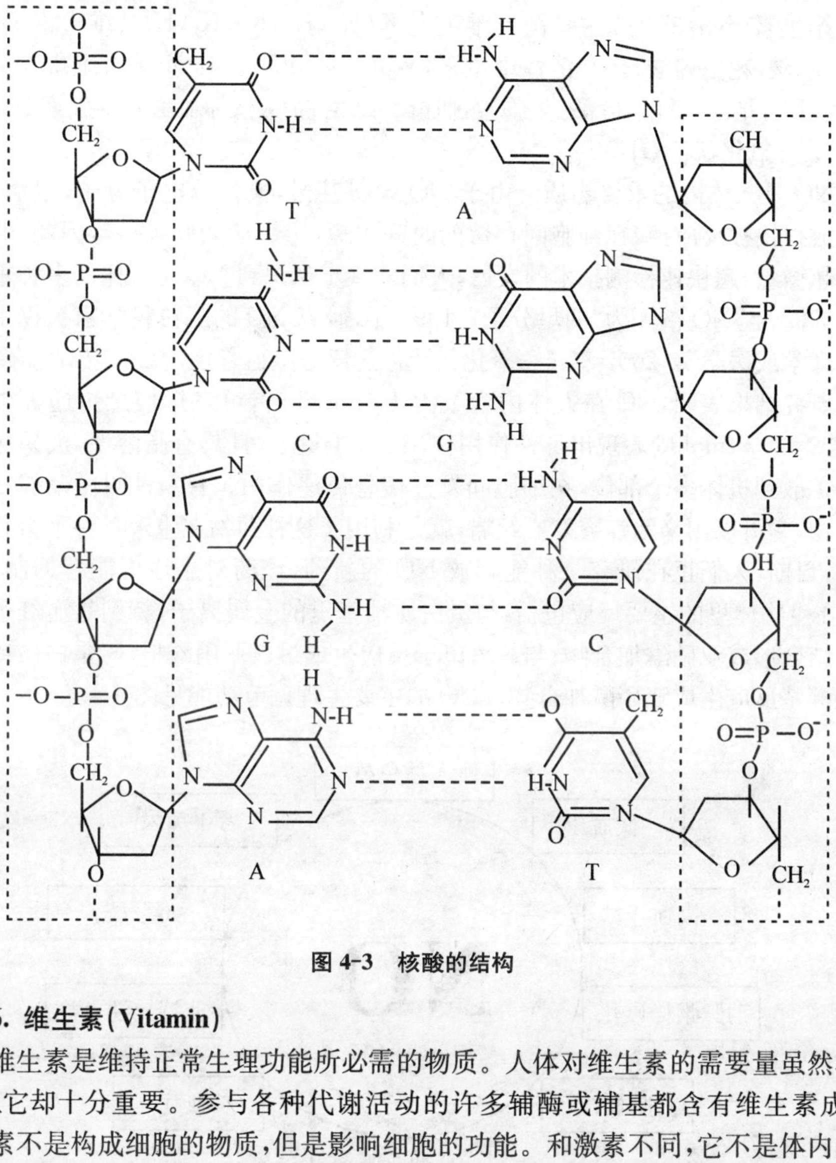

图 4-3　核酸的结构

6. 维生素(Vitamin)

维生素是维持正常生理功能所必需的物质。人体对维生素的需要量虽然非常小,但它却十分重要。参与各种代谢活动的许多辅酶或辅基都含有维生素成分。维生素不是构成细胞的物质,但是影响细胞的功能。和激素不同,它不是体内内分泌腺分泌的。有些维生素可由肠内寄生细菌制造,而有些必须通过食物来供给。各种维生素缺乏时,发生的症状不同。缺乏任何一种维生素,都能使人体的生长发育受到阻碍,甚至死亡。如脚气病、坏血病、癞皮病、夜盲症等都是由缺少某些维生素引起。从 1912 年波兰化学家冯克从米糠中提取出维生素 B_1 开始,人们不断探讨对人体极为重要的维生素,美国科学家戴维斯从鳕鱼肝中提取了维生素 A,肖波得到了维生素 B_{12}。目前已经发现的维生素有 20 多种(世界公认的有 14 种)。脂溶性维生素 (Lipid-soluble Vitamin) 有维生素 A(A_1,A_2,胡萝卜素)、维生素 D(D_2,

D_3),维生素 E(α,β,γ,δ-生育酚)、维生素 K(K_1,K_2,K_3,K_4,K_5)、维生素 F(亚油酸,亚麻酸,花生烯酸)。水溶性维生素(Water-soluble Vitamin)有维生素 B(B_1,B_2,B_6,B_{12},烟酸,泛酸,叶酸,生物素,肌醇)、维生素 C(抗坏血酸)、维生素 P。

7. 一氧化氮(NO)

NO 是人体内的重要物质。由于 NO 含量甚微,又是单电子分子,很活泼,一旦生成很快被反应掉,在细胞间存留的时间很短(半衰期为 0.1 秒),因此,随着近年来超微量、超快速检测技术的发展,人们才逐步认识到 NO 对人体的多种重要作用。1992 年,NO 被评为"明星分子";1998 年,研究 NO 的三位科学家被授予诺贝尔生理学或医学奖;2007 年,《一氧化氮让你远离心脑血管疾病》一书出版。

研究结果表明,NO 在人体内含量为 10^{-9} mol 时,可发挥信息传递等生理功能,若为 10^{-3} mol 则表现出毒性作用。NO 分子量小,且具有脂溶性,极易穿过细胞膜扩散到机体多个部位,在细胞间发挥信息传递作用。有一种叫做硝酸甘油酯的药物,它可以用来治疗突发心绞痛,就是利用了这种药物在生理条件下会释放出 NO。目前,人们正在研究一种能释放 NO 的新药,该药对癌症可能有抑制作用。NO 在生物体里的主要反应包括:与蛋白质辅基里的金属离子,特别是血红蛋白里的铁结合形成亚硝酰加合物;与超氧离子反应生成过氧亚硝酸根;与蛋白质或肽里的硫醇基反应生成亚硝酰加合物。NO 的主要生理调节功能见图 4-4。

图 4-4 NO 的生理调节功能

二、人体中的重要化学反应

人体中发生的化学反应很多,其共同特点是反应速度极快,反应十分完全。人体中的反应机理特殊，有些反应若是在体外几乎不可能发生，例如，人体的体温仅37 ℃左右，而糖代谢成二氧化碳的反应就进行得非常完全，同样的反应在体外则需几百摄氏度才能完成。又如蛋白质水解反应，体外要加热到100 ℃，并且花费一天的时间才能完成，而在人体的消化道内，37 ℃的温度，一两个小时就完成了。还有许多反应，在体外是无法发生的。这是因为人体内有一类特殊的物质——酶。

酶实际上就是一种特殊类型的催化剂，能促使反应加速进行。一般情况下，酶可以加速化学反应1×10^{10}倍。如果一个酶促反应5秒钟可以完成，在无酶情况下则需要1500年，借助酶的这种巨大效应才使得生命过程得以正常进行。酶是一种蛋白质，溶于水后成胶体溶液，极不稳定，凡加热、遇酸或遇碱都有可能被破坏。酶是一种催化剂，它既能加速某一正向反应进行，也能加速其逆向反应进行。如脂肪酶，能将脂肪分解为油酸和甘油，也能将油酸和甘油合成脂肪。酶催化的另一特点是其选择性极强，一种酶只能作用于某一种物质的反应，而不干扰其他反应。如蛋白酶只能加速蛋白质的水解，不会对糖和脂肪的转化有任何作用。而蔗糖的水解只有依赖于蔗糖酶，脂肪的分解只有依赖于脂肪酶。这样就保证了人体中需要的反应可以适时发生，而不致干扰其他部分。这一点很重要，因为人体中存在着数百种具有足够能量的反应物，若酶促反应选择性不好，结果将无法想像。

酶促反应的选择性很高，这就像一把钥匙开一把锁那样。这是因为酶必须有辅助因子才能起作用，辅助因子是酶表现催化活性所必需的。通常把蛋白质部分称为酶蛋白，把酶蛋白与辅助因子结合后的复合蛋白称全酶。酶必须在一定环境中才能起作用，体内大多数酶在约37 ℃的温度和近中性的溶液中才能发挥作用。稍有改变，反应就会受影响。所以体内的环境，即生理环境必须恒定，这样才能保证化学变化的进行，从而维持正常的生命活动。

人体内所发生的化学变化，种类繁多，情况复杂，且又相互影响。因此这些反应必须相互协调才能有条不紊地维持生命活动。这种协调作用依赖神经系统，尤其是大脑皮质的管制。大脑皮质通过神经和激素来影响器官的活动，而器官的活动基础是物质和能量的改变，也就是化学反应过程。所以大脑皮质调节器官的活动，实际上就是调节其化学变化。体内的化学反应大多是可逆的，达到反应平衡后，任何原料或产物量的变化都会使平衡移动。例如，大脑皮质通过神经和激素来影响血液循环，血液循环则增强养料供应，同时带走生命活动中的化学反应产物(废物)，因此化学反应迅速进行。血液循环减缓，则原料减少，产物淤积使化学反应缓慢或停止，甚至向反方向进行。再如，大脑皮质影响呼吸，改变氧的供应和二氧化碳的呼出，这里也是控制原料和产物的问题。此外，大脑还通过控制激素的分泌来调节酶的作用，激素在感觉、记忆、学习、行为等大脑活动中发挥着重要作用。

第三节 营养化学

一、宏量元素的生理作用

1. 钙(Ca) 和磷(P)

钙具有维持组织，尤其是肌肉和神经正常反应的功能。钙在血液凝固过程中起着微妙的作用，是血液凝结的刺激剂，血液和体液中的钙量是一定的，多了会使肌肉和神经迟钝，少了就过度敏感。血清钙质必须维持在这个狭小范围内。一旦少于这个数值，就必须由骨骼中的钙来补充，而高于这个数值时，再存贮于骨骼之中或排泄出去。血液和骨骼之间的这种钙交流是受甲状旁腺控制的，甲状旁腺激素可使骨骼脱钙。若甲状旁腺激素分泌太少，或做甲状腺手术时，误将甲状旁腺一并割除，血钙就减少，常会发生抽搐。若分泌太多，骨质大量脱钙，使骨质变得疏松、不坚固，此时血钙增加，细胞迟钝，并有大量钙从尿中排出。人体缺钙一般不是食入太少，而是流失太多。饮食不注意容易造成钙的流失，例如，喝一杯咖啡，可能造成 2～3 毫克的钙质流失，一块牛排可能造成 250 毫克的钙质流失(因牛排是酸性食物，在体内产生的酸使钙溶解流失)。如表 4-1 所示。

表 4-1 常用食物中的钙含量(毫克/100 克)

名称	含钙量	名称	含钙量	名称	含钙量
标准米	10	牛奶	120	豇豆	100
标准粉	24	人奶	34	豌豆	84
虾皮	200	发菜	767	蚕豆	93
瘦猪肉	6	银耳	380	腐竹	280
瘦牛肉	15	木耳	357	花生仁	67
瘦羊肉	15	紫菜	343	核桃仁	119
瘦鸡肉	11	大豆	367	棒子仁	316
蛋黄	134	青豆	240	油菜	140
干酪	900	豆腐丝	284	大白菜	61
奶酪	590	黑豆	250	韭菜	105

磷在体内有两种存在形式，一种是以磷酸盐形式存在，起着维持体内正常酸碱度的作用，因为磷酸盐是一种缓冲物质；另一种是以磷酸和磷脂的形式存在，其中，腺苷三磷酸(Adenosine Triphosphate, ATP)可储存和运转体内能量，是糖、脂肪、蛋白质吸收和代谢过程中必需的物质。磷是细胞核的重要成分，是形成核酸的重

要物质。磷在神经细胞中含量丰富，脑磷脂可供给大脑活动所需的巨大能量，所以，有人说“磷是思维的元素”。磷脂还可使血液变稀、易流动，可使胆固醇不易在血管壁上沉积，能有效地降低血中胆固醇，防止动脉粥样硬化。

钙和磷是牙和骨的重要部分。钙和磷在血液中有一定的比例，钙盐需要转变为磷酸盐而被肠吸收。因而人体在补充这两种元素时，也需注意保持食物中的钙磷平衡。骨、蛋、豆、乳含钙和磷很多，蔬菜和硬果含钙丰富，肉、鱼含磷丰富。硬水中含有钙，喝井水和泉水则可由饮水中得到相当量的钙。食物中以乳中的钙为最易吸收。而食物中某些成分，如菠菜中的草酸，谷类食物中的植酸，都能和钙结合成不溶性盐（草酸钙、植酸钙），从而不能为人体所吸收。酸、脂肪、胆盐、维生素 D 等都能帮助钙和磷吸收。酸使钙溶解，从而易于吸收；乳糖和产酸食物使肠内容物趋向酸性，并制止肠内产生碱性物质的细菌生长，所以可以帮助钙和磷吸收。胆盐使磷酸钙和其他钙盐的溶解度增加，如果有脂肪则增加更多。钙和磷吸收进入血液之后，送到全身组织。骨骼中留存一部分，多余的由血、肾和肠，再经尿和粪便排泄。磷大部分由尿排出，以酸式磷酸盐和碱式磷酸盐两种形式溶解在尿中，它们的比例由体内酸碱度决定。钙盐在酸性尿中易溶解，而碱性尿液中钙盐就少些。吃素的人其尿为浑浊状，这是因为磷酸钙在碱性尿中发生沉淀。维生素 D 使血液中保持更多的钙和磷，这样会使肠腔内的钙和磷容易入血而不至于被排泄掉。由于血液里钙和磷的浓度增加，存贮于骨骼中的钙也增加，使骨骼钙化。所以缺少钙、磷和维生素 D 都会妨碍骨骼生长，已长成的骨骼也会因脱钙而变软、变松。

成人每日需要钙量约为 0.7 g，正在发育的小孩则要多些，约 1 g。妊娠的妇女由于胎儿需要，补钙更应多些，约 1.5 g。人体需磷量约为钙量的两倍。

2. 钾(K)、钠(Na) 和氯(Cl)

钾、钠和氯是维持体内渗透压、酸碱度和肌肉以及神经细胞的应激性物质。细胞内由钾维持，细胞外由钠维持，细胞内钾离子浓度是细胞外的一百多倍，细胞外钠离子浓度是细胞内的一百多倍。细胞内外钾、钠离子浓度靠细胞膜这个精密的“大门”控制，当细胞内离子不够时，“大门”就打开，把细胞外的离子放进去；当细胞内离子太多时，“大门”就打开，把细胞内的离子放出去。这种维持细胞内外钾、钠离子浓度平衡的过程就是维持生命活动的过程。另外，钠主要以氯化钠形式存在于细胞外液中，依靠氯化钠可把一定量的水吸收到细胞内外，使生物组织保持一定水分。氯除了以钾、钠盐形式存在外，还是胃液盐酸的成分。人体胃内 pH 一般为 1.2～3.0，胃酸的作用是激活胃蛋白酶原，使之转变为胃蛋白酶，胃酸的存在有利于食物的消化吸收。

人体缺钠会感到头晕、乏力，长期缺钠易患心脏病，并可导致低钠综合征。这种情况容易出现在人体大量失水后。因此，高温工作者的饮料中要加适量食盐

(NaCl),水泻病人需静脉注射生理盐水。一般认为成年人的食盐摄入量以4～10 g/d为宜,高血压患者则以1～3 g/d为宜。1988年5月在斯德哥尔摩召开的"食盐与疾病"国际研讨会上有报告说,人体随钠盐摄取量的增加,骨癌、食道癌、膀胱癌的发病率亦增高。如果增加钾盐的摄取量,则胃癌、肠癌的发病率成比例下降。也有报告说,在饮食中摄入部分钾盐和镁盐以取代钠盐,对糖尿病、高血压和骨质疏松症都有一定疗效。市场上低钠盐的出现,就是为适应这一需要而制造的。钠还和水肿有关,水肿组织中由于含过多钠盐,水量就由外向内渗透,造成水肿。因此水肿病人应少食盐,使体内氯和钠减少。肾上腺皮质激素具有调节体内无机盐的作用,如滞钠排钾作用。其作用机制大概是影响肾曲小管,使排泄的钾、钠离子保持一定的平衡。如肾上腺皮质功能减退,肾上遥腺皮质激素分泌减少,肾则排泄过多的钠,而保留过多的钾于体内。钠少了,体液渗透压减小,为保持渗透压不变,要排出水分。这样就会使血液变浓,变少,血流慢,尿量减少,发生各种缺水症状。钾还是一种重要的酶激活剂,与酶的阴离子结合,使酶发挥作用。

二、微量元素的生理作用

人体中的微量元素含量虽然很少,但作用非常大。主要微量元素及其作用见表4-2。

表4-2 微量元素与人体健康

元素	日需量(mg)	体内含量(mg)	主要分布	生理作用	缺乏症状	过量危害	富含食品
Fe	15	4000	70%于血红蛋白	运输O_2、CO_2,促进代谢,为氧化还原酶传递电子	贫血,心悸,心动过速,指甲扁平	损害肝肾,皮肤发黑	动物肝脏,蔬菜,黑木耳,血糯
Zn	2.2	2000	65%于肌肉。多种酶,胰岛素	参与代谢,促进伤口愈合	发育障碍,免疫功能低,异食癖	刺激肿瘤生长	谷类,贝类,蔬菜
Cu	2.5	100	35%于肌肉。多种酶	与Fe协同起氧化还原作用,形成人体黑色素	贫血,溶血症,白化症	沉积于肝、肾、脑中成威尔逊病	动物肝脏,蔬菜,黑木耳,血糯
Co	0.1	1.1	19%于骨髓。维生素B_{12}	促进多种营养物质产生生物效应	恶性贫血等维生素B_{12}缺乏症	影响心脏功能	动物肝脏,蔬菜

续表

元素	日需量(mg)	体内含量(mg)	主要分布	生理作用	缺乏症状	过量危害	富含食品
Cr	0.01	6	37% 于皮肤	作用于胰岛素敏感部位	易发糖尿病,冠心病,动脉硬化	致癌	海藻,鱼类,豆类
Se	0.08		38% 于肌肉。酶	抗衰老,抑制肿瘤	大骨节病,肝坏死	脱发,脱甲,神经系统损害	海产品,猪肾,牛肾
F	2.2		99% 于骨骼	牙齿硬化	龋齿,心肌障碍	斑症,氟骨症	海产品,茶叶
I	0.2		87% 于甲状腺	促进甲状腺素作用	甲状腺肿,智力障碍	甲状腺亢进	海产品

1. 铁(Fe)

肝和蛋黄含铁量很高而且容易被吸收,肉和绿色蔬菜的含铁量也很高。铁的吸收依体内存量而定,体内缺少就吸收得多。人体有调节体内铁含量的功能,多余的铁由肠黏膜和胆汁排泄,尿也排出一小部分。体内的铁大部分在血红蛋白内,血红蛋白虽然一直在新陈代谢,但铁仍可留用,所以需要由食物提供的铁是极微量的。铁的主要作用是与血红素结合成血红蛋白,血红蛋白的主要作用是将人体吸入的氧气传送到需氧的组织中,维持生命活动正常进行。缺铁会使血液中血红蛋白量减少,易患贫血症,全身组织器官缺氧。另外,缺铁使人对外刺激的应答减弱,易疲倦,工作耐力、学习能力、注意力、记忆力降低,抗感染能力降低。

二价铁易于吸收,其中硫酸亚铁、琥珀酸亚铁、乳酸亚铁、葡萄糖酸亚铁、卟啉铁吸收较好。个体对铁的需要量影响着铁的吸收率。铁的剂量适当则吸收率高。胃内酸度和分泌成分对铁的吸收起着重要作用。胃酸缺乏往往引起铁的吸收障碍,胃切除的病人吸收铁的能力降低。小肠具有控制铁的吸收机能。当人需要铁时,肠黏膜加速提高铁的吸收;当不需要铁时,肠黏膜阻碍铁的吸收。

2. 锌(Zn)

锌被誉为"生命火花"。人们已知含锌的生物大分子参与生物体内大多数的新陈代谢过程,其中包括碳水化合物、脂类、蛋白质及核酸的合成和降解过程。锌影响胰岛素、生长素和性激素。锌可以在分泌、活性以及与组织的结合等方面上影响激素。反过来,激素也可以调控机体锌元素的代谢过程。锌是参与免疫功能的一种重要元素。在微量元素中,锌对免疫功能影响最明显,无论人还是动物,体内含锌量的减少均可引起细胞免疫功能低下,对疾病的易感性增加,一些与缺锌有关系的疾病,如肠病性肢端皮炎、低丙球蛋白白血病、镰刀状红细胞贫血症等都伴随有严重的免疫功能低下症状。随着锌的补充,免疫功能得到提高。

锌可促进人体生长发育,儿童缺锌容易引起食欲不振、营养不良。缺锌会使皮肤受损害，骨骼发生异常。缺锌还会使生殖系统失调，影响下一代，有一种叫侏儒症的病，患者长不高，就是因为一生下来就缺锌。锌还有一种奇特的功能，就是它能使伤口很快愈合，一般大手术后人体皮肤、骨骼中的锌会发生短缺，需要及时补锌。人体内的胰岛素是靠锌来稳定其分子结构以便发挥作用的。人体内有几十种含锌酶，例如，锌离子可激活碳酸酐酶，促进体内 CO_2 的反应。人体获取的蛋白质需要水解为氨基酸，这种水解反应需要羧基肽酶 A，而羧基肽酶 A 活性和选择性的发挥需要锌的参与。一般来说，一个人每天的饮食里含有 20 mg 锌，但只有一半能被吸收。治疗缺锌症可适当补充硫酸锌，葡萄糖酸锌补锌效果更好。

3. 铜(Cu)

铜的一种作用是治疗关节炎，在我国民间有戴上铜镯子可消炎止痛的说法，还有用蛤蚌、核桃治疗关节炎的偏方(这些食物中含铜丰富)。研究表明，当人体发生炎症时，血浆铜增多，细胞铜减少，由于细胞铜有保护蛋白质的作用，所以缺少时蛋白质易发生变化，使肌肉感到疼痛。阿司匹林可治疗风湿性关节炎、伤风感冒、解热止痛，有人认为其作用机理与铜有关，阿司匹林可将血液中的铜离子传递给细胞，从而起到消炎止痛的作用。大家一般都知道，缺铁可引起贫血，但不知道缺铜也会引起贫血，这是因为没有铜的参与，铁就不能和血红素结合制造血红蛋白。人体内的酪氨酸可被氧化为黑色素而使头发为黑色，酪氨酸的这种氧化反应需要酪氨酸酶催化，酪氨酸酶中含有一价铜离子。维生素 C 在体内被氧化需要抗坏血酸氧化酶催化，而抗坏血酸氧化酶结构中含有二价铜离子。

4. 硒(Se)

硒可以保护眼睛和使视力敏锐。据报道，山鹰眼睛中含有的硒含量特高(0.7 毫克)，比人类的要高 10 倍，这就是山鹰可以在高空看清地面上小动物的原因。人体缺乏硒，首先表现在视力的减退上。有研究表明，人体内含硒量过高或过低，都易患白内障。缺硒还会导致心血管病、克山病。克山病是以心肌损伤为主要病变的地方病，患者主要是年龄为 15 岁以下的儿童及处于生育期的妇女。病区在我国从东北到西南的一条狭长的丘陵地带，分布于 15 个省 300 余县。通过科学工作者对克山病的综合性考察与研究，发现克山病发病与缺硒有直接关系。

硒还可以保护人体内的细胞不受损害，维持细胞的正常功能。因为人体内有一种保护细胞膜的酶叫谷胱甘肽过氧化物酶，而硒就是它的重要组成部分。硒对于免疫细胞吞噬病菌的能力也有重要作用，最近报道，有人用含硒量低于 0.013 微克/毫升的基础饲料喂大鼠，对照组则加 0.5 微克/毫升的硒。结果表明，后者的细胞吞噬细菌的能力明显优于前者。硒可抑制癌症发生和发展。动物试验表明，在饲料中加入适量亚硒酸钠可降低肝癌的发病率。据测量，人体中硒含量高于一定数值，癌症就不易发生。曾对 54 例健康人的毛发中硒含量进行测定，结果是其含量均高于 0.6 微克/毫升，而 57 例消化道癌症病人的毛发中硒含量全部低于 0.4 微克/毫升。硒还能解除汞中毒、镉中毒。为了帮助人们补硒，市场上已有许多补硒制品。试验研究表明，纳米硒在许多方面优于无机化合态硒和有机硒，显示出低毒高效特征。在急性毒性方面，无机化合态硒为 15 mg/kg，有机硒为 35 mg/kg，纳米硒则为 113 mg/kg。在生物功效方面，纳米硒体外清除羟自由基效率很高，在延缓衰老和保健作用方面显示出异常灵敏的特点，在很低剂量下即可发挥抑制肿瘤和免疫调节作用。

5. 碘(I)

碘在整个消化道都可以被吸收。碘由血液送到各组织，其中甲状腺用得最多，腺体含碘比其他任何组织都多十倍以上。甲状腺将碘和氨基酸结合成甲状腺素，再分泌进入血液，送到全身，刺激组织细胞，维持正常活动。儿童和青年人甲状腺分泌较多，比较活泼，老年人分泌减少。如果甲状腺分泌太多，人有发烧感觉，性情变得烦躁不安，心跳加快，甚至眼球都会突出来，患有这种症状的病人，胃口特别好，但人却逐渐消瘦。离海远的地方和山岭地带，如云南、陕西、广西、四川和鲁中南山区，因水中缺碘，当地的食物也缺碘，居民常发生鹅喉(大脖子)，这是低碘甲状腺病，此时就必须补充碘，多吃海产动植物可增加碘的摄入量。目前已广泛生产碘盐，过去主要是生产含碘化钾的碘盐，现在多生产性能更稳定的碘酸钾(加入量为 0.01%)碘盐。当碘的摄入量过多时也会得甲状腺病，叫高碘甲状腺病，多发生于沿海地区。

6. 钴(Co)

钴对铁的代谢、血红蛋白的合成和红细胞的发育成熟等有着重要的作用。钴的主要功用是作为维生素 B_{12} 的必需组分。维生素 B_{12} 及其衍生物参与 DNA 和血红蛋白的合成、氨基酸的代谢等生化反应，在体内可形成一价、二价、三价钴配合物，并起电子传递的作用。

7. 镍(Ni)

在生物体内，镍存在于多种氢化酶中，催化氢的氧化还原反应；另一方面，镍是多种酶的激活源，参与多种酶蛋白的合成。镍大量存在于 DNA 和 RNA 中，其作用可能是通过与 DNA 中的磷酸酯结合，使 DNA 结构处于稳定状态，并影响 DNA 的合成、RNA 的复制及其他蛋白质的合成。在香烟中含有 49 种微量元素，其中含量较高，危险最大的是镍。烟中的镍能与烟雾中的一氧化碳结合成为强致癌性的羰基镍。同时，烟中镍及其氧化物对肺和呼吸道有刺激和损害作用，它们与肺癌、喉癌、舌癌和鼻咽癌等有密切的关系。另外，镍与白血病还有关系，急性白血病病人血清中镍含量高于健康人，且随着病情的恶化持续增高，呈现正相关。

8. 铬(Cr)

三价铬离子是胰岛素参与作用的糖代谢和脂肪代谢过程必需的元素，也是正常胆固醇代谢的必需元素。精制食物会造成铬的损失，缺铬后，血脂和胆固醇含量增加，糖耐受量受损，严重时出现糖尿病和动脉粥样硬化。补充三价铬，可以使病情缓解。但必须指出，六价铬（如铬酸根）是有毒的，是一种公认的致癌物。

9. 锰(Mn)

锰是丙酮酸氢化酶、超氧化物歧化酶、精氨酸酶等的组成成分。它能激活羧化酶、磷酸化酶等，对动物的生长、发育、繁殖和内分泌有影响。锰也参与造血过程，改善机体对铜的利用。土壤中含锰量高的地区癌症发病率低。遗传性疾病、骨畸形、智力呆滞和癫痫等疾病均和缺锰有关。

10. 钼(Mo)

钼以钼酸根的形式存在于生命体系中，作为固氮酶和某些氧化还原酶的活性组分——钼辅助因子，参与氮分子的活化和黄嘌呤、硝酸盐及亚硫酸盐的代谢。

微量元素有各自的生理功能，但也普遍存在相互作用现象。例如：锰能促进铜的利用，铜能加速铁的吸收和利用，铁、锰、铜、钴有生血协同作用；铜能拮抗钼的毒性，钼过多能干扰铜的吸收；镉能减少锌的吸收和生物学功能，锌能拮抗镉的毒性；硒能拮抗镉的毒性，而钴能增强硒的毒性；铁和锰既能在消化道的吸收过程相互干扰，又能协同生血作用。因此，应注意微量元素间的相互比例、协调作用。

人体所需的微量元素，主要是从人每天摄入的食物中获得的。因此，对食谱广、饮食量正常的人来说，一般是不会缺乏微量生命元素的。然而，婴儿、老年人以及有挑食习惯的人，往往不能从食物中获得足够的微量元素，从而导致微量元素缺乏症，此时必须人为地补充一些微量元素。

三、维生素的生理作用

1. 维生素 A

维生素 A_1 是一种不饱和醇（又称视黄醇，Retinol），可以溶解在醚、氯仿等脂性溶剂中。它含有四个异戊二烯共轭双键，因此易于氧化，特别是在光的作用下更容易被破坏。维生素 A_2 为脱氢视黄醇（Dehydroretinol），其生理作用与维生素 A_1 相同，但生理活性只有 A_1 的 40%。维生素 A_1 和维生素 A_2 结构示意图见图 4-5。

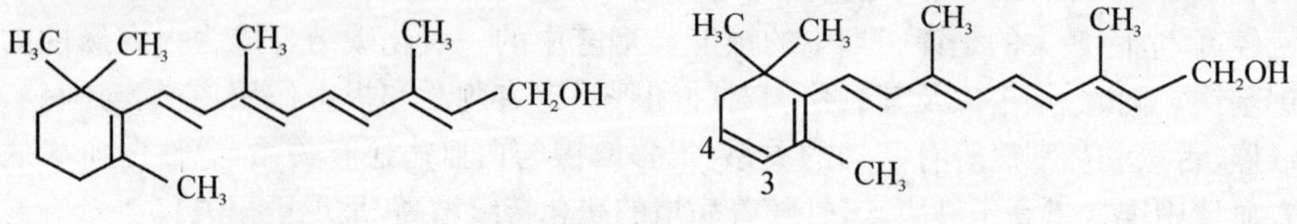

(a) 维生素A_1　　(b) 维生素A_2

图 4-5 维生素 A_1 和维生素 A_2 结构示意图

类胡萝卜素等物质在体内会分解而显示维生素 A 的效力，所以又称维生素 A 原，其中以 β-胡萝卜素(β-carotene)、α-胡萝卜素(α-carotene) 效力最强。

维生素 A 有两个重要的功能：①它为视紫红质的成分，而视紫红质是眼睛视网膜上的色素，遇到光线成为视黄质，这种变化刺激视神经，使人感觉到光的明亮。视黄质变回视紫红质后仍可再感光，在这反复变化中消耗维生素 A。如果不进行补充，视紫红质渐渐减少，感光就不灵敏了。所以缺少维生素 A，使视网膜不能很好感受弱光，在暗处不能辨别物体，这就是夜盲症；②它为上皮生长所必需的物质，缺少了上皮会萎缩，长出角质的细胞，引起蟾皮病、眼干燥症。角质细胞不能很好地保护下层组织，碰到细菌，易受感染。所以缺少维生素 A 易得各种传染病，譬如感冒、肺炎。维生素 A 还能抑制癌细胞增长，使正常组织恢复功能。

维生素 A 在无氧条件下热稳定性很好，所以要保存维生素 A，必须避免和空气接触，不要晒太阳，烧菜时要盖上盖子。维生素 A 只在动物体内有，例如鱼肝油、奶油、鱼子、肝、蛋黄等。而类胡萝卜素则富含于胡萝卜、番茄、柑橘等黄绿色蔬菜与水果中。人体的肝脏能储存维生素 A，肝脏有病或对维生素 A 有吸收阻碍时，就会出现维生素 A 缺乏症。

2. 维生素 B

维生素 B_1 又称硫胺素(Thiamine)。含硫胺素最多的食物为酵母、粗米、粗面、花生、黄豆、肝、肾、牛肉、瘦猪肉、鸡蛋等，从 1 吨米糠中可提取 5～10 克维生素 B_1，临床使用的大多是人工合成的维生素 B_1。贝类、淡水鱼、蕨菜、紫菜中含有能使维生素 B_1 分解的硫胺酶。硫胺素有自由氨基，可以与酸结合成盐。医疗上常用的是盐酸硫胺素，因为它比硫胺素的溶解度大。硫胺素在酸性溶液中较稳定，遇热、遇碱，特别是在铜离子存在时十分容易分解。

虽然维生素 B_1 的分布极广，各种食物中都有，但加热超过 100 ℃或加热时间过长损失就极为严重。硫胺在人体内与两个磷酸分子结合成焦磷酸硫胺，是体内脱羧酶的辅酶成分，脱羧酶可促成糖代谢的中间产物丙酮酸氧化。缺少焦磷酸硫胺素，脱羧酶没有作用，体内丙酮酸不能氧化，脑和血液中丙酮酸大大增加，从而引发多种疾病。维生素 B_1 少了糖代谢不正常，神经组织完全由糖的氧化供给能量，维生素 B_1 就更为重要，缺少维生素 B_1 时，神经最易受到影响。硫胺素增进肠胃蠕动能力，促进消化液的分泌，又促进细胞代谢和生长，所以可以帮助身体的生长发育。食物中缺乏维生素 B_1 则胃口欠佳，使肠胃肌肉变弱，蠕动减少，易发生便秘，情况严重时发生脚气病。在中国和日本以米为主食的地区，脚气病发生率很高。这种病还会引起周围神经发炎，导致肌肉渐渐麻痹萎缩，心脏肥大而收缩力小，导致循环失调、心力衰竭而死亡。人对维生素 B_1 的需要量随体内糖量而定，含糖多的则需要多些。对于消化道有疾病的人、孕妇以及常喝酒少吃食的人来说更需要人为

补充维生素 B_1。

维生素 B_2 又称核黄素(Riboflavin),因其存在于细胞核内而得名。它是一种橘黄色的固体,微溶于水,受热不易破坏,但遇碱或见光可遭损坏。在体内核黄素以黄素单核苷酸(Flavin Mononucleotide, FMN)和黄素腺嘌呤二核苷酸(Flavin Adenosine Dinucleotide, FAD)形式存在,是生物体内一些氧化还原酶(黄素蛋白)的辅基,与酶蛋白结合较牢。核黄素广泛参与体内各种氧化还原反应,能促进糖、脂肪和蛋白质代谢,对维持皮肤、黏膜和视觉的正常机能均有一定作用。缺少维生素 B_2 时细胞内氧化作用不能很好地进行,表现为发生皮炎,烂嘴角,舌头发亮发红,舌乳头肥大、呈地图状,眼睛怕光,易流泪,角膜充血,局部发痒,脱屑等。食物中肝、酵母、肾、心脏、蛋、瘦肉、米糠、麦麸、花生、菠菜中的维生素 B_2 含量多,此外乳汁中也有不少。核黄素在消化道很容易被吸收,谷类和蔬菜中的核黄素和其他物质结合很紧,必须在煮熟的过程中让核黄素分离出来才能被吸收。

维生素 B_1 和维生素 B_2 结构如图 4-6 所示。

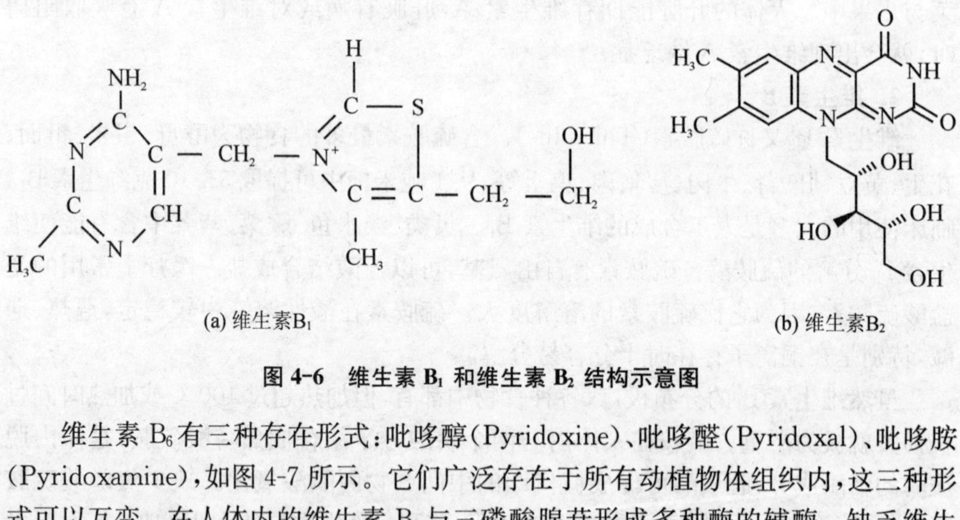

(a) 维生素B_1 (b) 维生素B_2

图 4-6 维生素 B_1 和维生素 B_2 结构示意图

维生素 B_6 有三种存在形式:吡哆醇(Pyridoxine)、吡哆醛(Pyridoxal)、吡哆胺(Pyridoxamine),如图 4-7 所示。它们广泛存在于所有动植物体组织内,这三种形式可以互变。在人体内的维生素 B_6 与三磷酸腺苷形成多种酶的辅酶。缺乏维生素 B_6 会引起胃口不好、消化不良、呕吐或腹泻,还会导致头疼、失眠等。

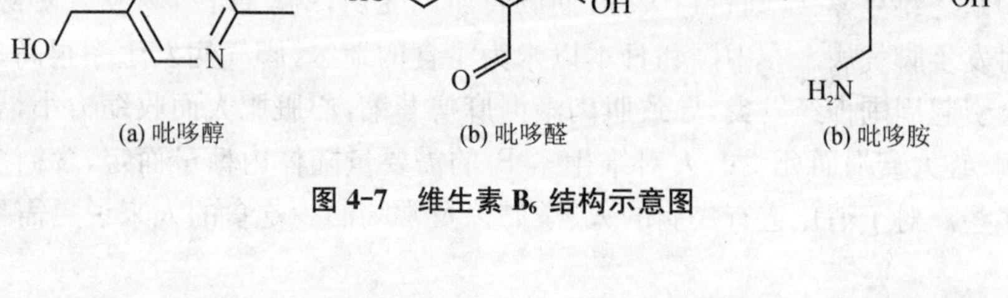

(a) 吡哆醇 (b) 吡哆醛 (b) 吡哆胺

图 4-7 维生素 B_6 结构示意图

维生素 B_{12} 又称钴胺素(Cobalamin),$C_{63}H_{88}CoN_{14}O_{14}P$,存在于肝、酵母、肉类中,在工业上用放线菌(如灰链霉菌)合成。维生素 B_{12} 能溶于水和醇,在空气中易吸潮,但潮解后会变得更稳定。维生素 B_{12} 对人体合成蛋氨酸起着重要作用,它的另一作用是使一些酶的巯基保持还原状态。缺乏维生素 B_{12} 会使糖的代谢降低,还会影响脂的代谢。

烟酸和烟酰胺也属于维生素 B 家族,它们是白色晶体,微溶于水,遇热和氧都不易被破坏。各种细胞内都含有氧化作用所需要的辅酶,称作辅酶Ⅰ和辅酶Ⅱ,它们是烟酰胺和核糖、磷酸、腺苷的结合物,因此烟酰胺是正常细胞氧化作用必需的物质。食物中若缺少烟酰胺,最初没有症状,直到严重时才会发生,这就是癞皮病。过去在灾民及贫苦人群中有癞皮病,现在已很少见。它的症状是皮肤发炎,舌炎,胃口不好,腹泻,贫血,严重的还会神态失常。皮肤的表现很特殊,是左右对称的硬而粗糙,颜色深暗,手、腕、颈部受太阳照射的部位最为严重,两手好像戴了手套一样。食物中以萝卜叶、番茄、菠菜、牛肉、肝、酵母中烟酸和烟酰胺的含量丰富。

3. 维生素 C

维生素 C 是已糖的衍生物,又称抗坏血酸(Ascorbic Acid),为白色晶体,易溶于水。它极易被氧化,遇热遇碱均会被破坏,遇铜离子更易被分解。所以煮菜不宜加热太久,更不要用铜锅,也不宜加碱。煮时要加盖,切碎的蔬菜不宜久放,否则与空气接触时间长了维生素 C 会被氧化。维生素 C 在体内参与氧化还原反应,自身可被氧化为脱氢抗坏血酸,而脱氢抗坏血酸在人体内的还原物质如谷胱苷肽等的作用下,又会还原为抗坏血酸,即维生素 C。

细胞互相黏连成组织,这黏连的物质是胶原蛋白,维生素 C 是制造胶原蛋白不可缺少的物质。此外,维生素 C 的氧化还原反应在人体内起传递氢的作用,促成人体组织和细胞间质的生成,并保持正常的生理机能。人体骨骼中的软骨母质,血管内皮及纤维组织的成胶质都要维生素 C 来保护。缺少维生素 C 会导致细胞间质中的胶原纤维消失,基质解聚,血管通透性增强,造成坏血病,俗称漏血病。比如皮下有小血斑,受压后出血更多,齿龈出血,关节内出血,肿痛,骨质薄而稀松。要是有创口或骨折,很难复原。还会引起造血机能衰退,造成贫血,病人抵抗力差,容易传染到疾病。维生素 C 对人体亚硝胺的形成有阻抑作用,大剂量维生素 C 的服用可预防感冒和癌症。过量维生素 C 不会引起中毒,它会通过尿排出,但长期大量服用有形成结石的可能性。水果、番茄、蔬菜都含丰富的维生素 C,橘子一类的水果含量更高。动物性食物中含量较少,只在肝、肾、脑中有一些。维生素 C 在消化道很容易被吸收,摄入的几乎完全被吸收。人体还有贮存维生素 C 的功能,垂体和肾上腺含量最高,短时的缺少不致引起疾病。

4. 维生素 D

维生素 D 常与维生素 A 共存,比较丰富的来源是鱼的肝脏和内脏。维生素 D

中效力较高的有维生素 D_2（麦角钙化醇，Ergocalciferol）与维生素 D_3（胆钙化醇，Cholecalciferol），它们均为甾醇衍生物。

人体中的麦角甾醇等维生素 D 原经紫外线作用后即可转化为维生素 D_2，因而一般认为，成年人如果不是生活在见不到阳光的地方，很容易得到足够的维生素 D。维生素 D 促进钙和磷在小肠吸收，使血钙和血磷浓度增加，磷酸钙在骨骼中沉着，使骨骼钙化。若由食物得到足量的钙和磷，维生素 D 少了也能照常钙化。儿童需要较多的磷酸钙，没有维生素 D 的帮助是不够用的，所以小孩必须补充维生素 D。缺少维生素 D，骨骼的磷酸钙少，会使骨质变软，这就是软骨症。严重时造成 X 形腿、O 形腿、鸡胸或小儿佝偻病等。但维生素 D 吃多了也要中毒，在不应该有磷钙沉淀的组织内也会发生钙化，如在肾、血管、心脏、支气管内都有可能。

5. 维生素 E

维生素 E 又称生育酚（Tocopherol），共有 8 种异构体，以 α，β，γ，δ 四种较为重要，最重要的是 α-生育酚。

维生素 E 存在于大豆、麦芽等多种植物中，在植物油中含量较丰富。维生素 E 性质稳定，能耐酸、碱，无氧存在时可耐 200 ℃高温。有氧存在时，维生素 E 易被氧化，是食用油脂最理想的抗氧化剂。在人体内，维生素 E 也具有抗氧化作用，有抗衰老的效果。其抗氧化作用与微量元素硒的代谢密切相关。维生素 E 也具有增加血液中胆固醇的作用，还可减轻各种毒物对人体器官的损害。另外，维生素 E 对糖、脂肪和蛋白质的代谢都有影响。

6. 维生素 K

维生素 K 又称凝血维生素（Coagulation Vitamin），有好几个种类。维生素 K 受热不易被破坏，但遇碱即失效，光照后又会失活。人工合成的维生素 K 都是水溶性的，可以制成针剂进行注射。很多细菌可以制造出维生素 K，人体肠腔内的细菌就会制造，所以成人一般不需补充维生素 K。维生素 K 的生理功能跟血凝有关，它是加速血液凝固，促进肝脏合成凝血酶原必需的因子。维生素 K 有 K_1（植物性）、K_2（动物性）、K_3、K_4（人工合成）等多种。维生素 K 存在于绿叶蔬菜及蛋黄中，新生婴儿及肝脏有疾病的人应补充维生素 K。

四、糖类的营养价值

糖类的主要生理功能是提供人体所需的能量，1 克糖在体内氧化可以产生 16.7千焦耳能量。糖类也是构成人体组织的重要物质成分，在人类的生命过程中起着重要作用。糖类是人体从膳食中取得热能最经济的方法，这也是最主要的能源供应途径。糖类与蛋白质、脂肪在体内的代谢有着密切的关系。如果食物中糖类供应不足，机体将不得不动用蛋白质来满足机体活动所需的能量，这将影响机体合成新的蛋白质和组织更新的速度。当糖类和蛋白质一起被摄入机体时，体内氮的储留量比单独摄入蛋白质时高。这主要是因为组织中游离的氨基酸被重新合成蛋白质时需要消耗大量能量，两者同时摄入时，这部分能量可以由糖类供给，减少了蛋白质的消耗所致。这种现象在生理学上被称为"糖类节约蛋白质作用"。糖类供应充足，还可以防止大量脂肪在体内氧化而产生过量的酮体。

糖类是构成人体组织的重要物质，例如糖与蛋白质结合形成的糖蛋白是细胞膜上的重要组成成分。它还参与人体细胞的多种代谢活动，是人体生命活动中不可缺少的物质。糖类在体内主要以葡萄糖（血糖）或糖原的形式存在。食物中摄入或机体通过自身转化合成的葡萄糖，在机体需要能量和组织供氧充足时，才能氧化分解释放出全部能量，其最终代谢产物是二氧化碳和水。二氧化碳从肺中呼出，水分则由肾脏排出。当组织供氧不足时，葡萄糖氧化分解过程受阻，则通过糖酵解过程，释放出部分能量后生成乳酸。

五、蛋白质的营养价值

一般来说，动物蛋白质所含的必需氨基酸的种类、数量和比例，都比较合乎人体的需要。植物蛋白质则差一些，但也有完全蛋白质，如豆类蛋白质的氨基酸组成和人体蛋白质的组成接近，因此有较高的营养价值。此外葵花子、杏仁、栗、荞麦、芝麻、花生、马铃薯及绿色蔬菜中均含有完全蛋白质。

多种食物蛋白质混合食用时，其所含的氨基酸之间可取长补短，相互补充，从而提高了食物蛋白质的营养价值。食物混合食用时，为使蛋白质的互补作用得以发挥，一般应遵循以下原则：食物的生物学属性愈远愈好，如动物性与植物性食物混食时蛋白质的生物价值超过单纯植物性食物之间的混合。搭配的食物种类愈多愈好，各种食物要同时食用。因为单个氨基酸吸收到体内之后，一般要在血液中停留约 4 小时，然后到达各组织器官，再合成组织器官的蛋白质，而合成组织器官的蛋白质所需要的氨基酸必须同时到达，才能发挥氨基酸的互补作用，装配成组织器官蛋白质。

两种以上非优质蛋白质混合食用，或在非优质蛋白质的食品中加入少量完全蛋白质，营养价值也可提高。所以，各种粮食混合食用，可以取长补短，提高蛋白质的营养价值。我国北方人把玉米、小米和黄豆掺和磨成"杂合面"，是提高食品中蛋白质营养价值的好方法。因此，将高质量的蛋白质与必需氨基酸含量少、非必需氨基酸含量高的蛋白质混合，能大大提高蛋白质的生物价值。

六、油脂的营养价值

油脂是生物体的能量提供者，也是组成生物体的重要成分，如磷脂是构成生物膜的重要组分，油脂是机体代谢所需燃料的贮存和运输形式。脂类物质也可为动物机体提供溶解于其中的必需脂肪酸和脂溶性维生素。某些萜类及类固醇类物质如维生素A、D、E、K，胆酸及固醇类激素具有营养、代谢及调节功能。有机体表面的脂类物质有防止机械损伤与防止热量散发等保护作用。脂类作为细胞的表面物质，与细胞识别、种特异性和组织免疫等有密切关系。

概括起来，油脂有以下几方面生理功能：①在生物体内储存能量并供给能量。1克脂肪在体内分解成二氧化碳和水并产生的能量(40 kJ/g)，比1克蛋白质或1克碳水化合物高一倍多。②构成一些重要生理物质。脂肪是生命的物质基础，是人体内的三大组成部分(蛋白质、脂肪、碳水化合物)之一。磷脂、糖脂和胆固醇构成细胞膜的类脂层，胆固醇又是合成胆汁酸、维生素 D_3 和类固醇激素的原料。③维持体温和保护内脏，缓冲外界压力。皮下脂肪可防止体温过多向外散失，维持体温恒定；也可阻止外界热能传导到体内，有维持正常体温的作用。内脏器官周围的脂肪垫有缓冲外力冲击、保护内脏的作用，还可以减少内部器官之间的摩擦。④提供必需脂肪酸。⑤是脂溶性维生素的重要来源。鱼肝油和奶油富含维生素A、D，许多植物油富含维生素E。脂肪还能促进这些脂溶性维生素的吸收。⑥增加饱腹感。脂肪在胃肠道内停留时间长，所以有增加饱腹感的作用。

营养学上根据以下三项指标评价一种脂肪的营养价值：

(1) 消化率。一种脂肪的消化率与它的熔点有关，含不饱和脂肪酸越多，熔点越低，越容易消化。因此，植物油的消化率一般可达到100%。动物脂肪，如牛油、羊油，含饱和脂肪酸多，熔点都在40 ℃以上，消化率较低，约为80%～90%。

(2) 必需脂肪酸含量。植物油中亚油酸和亚麻酸含量比较高，营养价值比动物脂肪高。

(3) 脂溶性维生素含量。动物的贮存脂肪几乎不含维生素，但肝脏富含维生素A和D，奶和蛋类的脂肪也富含维生素A和D，植物油富含维生素E。这些脂溶性维生素是维持人体健康所必需的。

第四节 饮食与健康

饮食与健康的关系非常密切，饮食能养身治病，也能伤身致病。不合理的饮食会导致营养不足或营养过剩，从而影响身体健康。现代人 50%以上的疾病与营养过剩有关，60%以上的癌症与饮食过量有关。在 2008 年我国卫生部公布的我国人群死因排序中，第一位是心脑血管病，第二位是癌症。据说美国也是这样的排序，每三个人就有一个人死于心脑血管病，每四个人就有一个人死于癌症。而患心脑血管病的人群大多水果、蔬菜、粗粮摄入不足，高脂肪、高胆固醇动物食品摄入太多，因而产生高血压、高血脂、高血糖等症状。癌症病人也大多与摄入动物食品过多有关。例如，大肠癌死亡率就与肉食习惯有直接关系：日本人 20 克/天，大肠癌死亡率为 7%；美国人 280 克/天，大肠癌死亡率高达 30%。这是因为肉食很难消化，长时间残留在肠中（有时长达 100 小时，一般食物为 25 小时），产生许多毒素，从而导致大肠病变。另外，动物性饮食还会增加患乳腺癌的几率。

有人预计，如果饮食结构不改变，到 2012 年我国超重人口将达 3 亿，肥胖人口为 1.3 亿，高血压人口为 2.1 亿，血脂异常的人口为 2.1 亿，糖尿病人口至少为 4 千万。

有关研究表明，现代医疗卫生的进步并没有使生病人群减少，也没有使 40 岁以上人群的平均寿命延长（现代医疗只是减少了婴幼儿死亡率，因此使人类总平均寿命延长）。专家明确指出，这种现象与饮食有关。因此，解决健康问题的关键不在医院，而在餐桌。医院只能治疗病症，饮食则可以治疗病根。

一、饮食平衡

1. 营养平衡

人体必需的营养物质间的比例适当，才有益于健康。首先，要保证蛋白质、油脂和糖类营养平衡。蛋白质是生命的基础，被称为人体第一大营养素，长期供应不足，会严重损害人体健康，引起精神萎靡、记忆力减退、免疫力下降等病症；油脂摄取过多，会在体内积累，引起肥胖，增加患高血压、高血脂、动脉硬化、冠心病等“现代病”的几率；糖类是人体能量的主要来源，是生命的动力，但摄取过多，多余的部分会转化为脂肪，引起肥胖，增加胰腺和肾脏的负担。不同人群有不同的营养平衡模式，对于成人来讲，糖类的摄入要达到 55%～65%，油脂 20%～30%（其中饱和脂肪应少于 10%），蛋白质 11%～15%。其次，矿物质钙、磷等物质的比例要恰当，各种必需维生素和微量元素的比例也要保持平衡，否则，会引起各种疾病的发生。另外，各种氨基酸同时摄取，才能达到最高利用率，即使仅相隔 1～2 小时，利用率也会受到影响，8 种必需氨基酸应当按一定比例同时存在于血液和组织中，这样人体才能最有效地利用它们组成组织蛋白质。一般认为，各种营养素在所需标准供给量 10%的范围内波动，即可称为营养平衡。

2. 能量平衡

人体每日的活动要消耗大量的能量，每日摄入食物的总能量要与活动消耗的能量大致相等。中国膳食指南中规定了每天6700～11700千焦的摄入水平。能量的补充主要来源于食物，摄取食物的目的之一是补充能量，摄入食物的多少主要取决于人体的基本生命活动和运动消耗。如果长期能量摄入不足，就会影响身体正常发育，出现身体消瘦、疲劳、乏力、抵抗力下降等营养不良症状；反之，若长期能量的摄入大于消耗，超过的部分就会转化成脂肪在体内储存起来，导致肥胖，严重的会影响呼吸和循环系统的功能。有研究表明，正常人每天剩余1600千焦的热量就可以使体重每年增加一公斤。因此，体重是衡量能量摄入与消耗是否平衡的直接指标。有研究表明，2000年全球死于营养过剩的人首次超过死于营养不良的人。

3. 酸碱平衡

体液酸碱性对人体健康影响很大。体液偏酸会使血液黏稠度增高、血液循环减慢，血液中的脂质类物质易沉积在血管壁上，导致动脉硬化、血栓、肾结石、脑血管疾病、关节炎和痛风等。另外，体液偏酸还会导致骨质疏松、骨质增生，使人的免疫力降低。由此可以看出，体液偏酸不利于健康，酸性体质是百病之源。有专家指出，pH为7.35～7.45是正常体质，pH为7.0是癌症体质，pH为6.8是死亡体质。临床研究报告显示，现代人约有70%属于酸性体质。食物是引起体液酸碱性变化的物质基础，因此要注意饮食的酸碱平衡，尽量多食碱性食物。食物的酸碱性有时与其自身的pH无关，主要是食物经过消化、吸收、代谢后，最后在人体内变成酸性或碱性的物质来界定。动物的内脏、肌肉、脂肪、蛋白质、糖类、五谷类，因含硫、磷、氯元素较多，在人体内代谢后能产生硫酸、盐酸、磷酸等。另外，蛋白质还分解出尿酸，脂肪分解出乙酸，糖类分解出丙酮酸、乳酸。如果此类物质摄入太多，产生的酸性物质会在体内积累，结果导致体液变酸。大多数蔬菜水果、海带、豆类、乳制品等含钙、镁、钾、钠等元素较多，在体内代谢后可生成碱性物质，因此，要注意多食用此类物质。

4. 饮食种类平衡

饮食多种多样、搭配合理，才能保持营养素平衡、能量平衡。一般可将食物分为五大类：一是谷类，包括米、面和杂粮，是能量和膳食纤维、B族维生素的主要来源；二是动物性食物，包括肉、禽、鱼、奶、蛋等，主要提供优质蛋白质、脂肪、矿物质、维生素A和B族维生素，营养价值较高，但食用过量，会增加患心脏病、脑血管病、糖尿病、动脉硬化等各种疾病的几率；三是豆类及其制品，富含优质蛋白、必需脂肪酸、B族维生素和膳食纤维，是与谷类蛋白互补的理想食品，对预防冠心病、动脉粥状硬化等疾病具有重要作用；四是菜果类，富含维生素、矿物质和膳食纤维，可以保持肠道功能正常，可以降低患肥胖病、糖尿病、高血压等疾病的风险；五是油脂类，主要提供能量，改善食物口味，促进食欲，促进脂溶性维生素的消化吸收，但摄入过多易引起肥胖、高血脂、动脉粥状硬化等多种疾病的发生。另外，还要注意膳食纤维的摄入。膳食纤维是指食物中不能被消化吸收的纤维成分，是维持健康不可缺少的因素，它能软化肠内物质，刺激胃壁蠕动，辅助排便，并降低血液中胆固醇及葡萄糖的吸收。研究表明，食物多样、谷类为主的膳食模式有利于健康。

5. 一日三餐平衡

混合食物一般在胃中的排空时间为4～5小时。因此，一日应安排三餐，每餐间隙时间为4～6小时，并且要根据上午、下午、晚上的活动量，将每天所需的营养物质均衡地分配到三餐之中。一日三餐在于晨，早餐对营养摄入、健康状况和工作效率至关重要，因此有“早餐要吃好、午餐要吃饱、晚餐要吃少”的说法。

二、青少年的饮食要求

青少年时期是一生中长身体、长知识的黄金时期。这时期全身各部位、各器官逐渐发育成熟。而生长速度、学习能力、劳动效率都与营养状况有极为密切的关系。为使青少年健康成长，在饮食中要注意如下特殊要求：

(1) 热能。青少年生长发育快，活动量大，故对热能的需要量较多，平均每天需要热能大约为11700千焦。

(2) 蛋白质。青少年对蛋白质的需要量比成年人多，而且在质量上也比成年人要求高，每天大约需要蛋白质80～90克。青少年应多吃一些动物性蛋白，如蛋类、乳类、瘦肉类及动物肝脏。另外，还应将动物性蛋白分配到三餐中吃，不可集中在一顿饭吃，以防增加胃肠道负担。

(3) 维生素。维生素是人体生长发育中不可缺少的物质，对青少年来说尤为重要。长期缺乏维生素就会影响生长发育，甚至出现维生素缺乏症。如维生素A缺乏，会患夜盲症、干眼病；维生素B类缺乏，会患神经炎、脚气病、口角炎、舌炎；维生素C缺乏，会患坏血病；维生素D缺乏，则影响其骨骼发育等。为此，青少年最好每天吃500克新鲜蔬菜。

(4)无机盐。青少年需要有足够的钙、磷、铁、碘等元素。钙和磷是构成骨骼和牙齿的主要材料，青少年缺少了钙和磷，骨骼发育就会出现障碍，严重时可患软骨病。铁是红细胞的重要成分，青少年随着身体的增长，血量逐渐增多，需要的铁也就较多，如果缺铁就容易发生贫血。碘是甲状腺素的重要成分，甲状腺素能促进机体代谢和神经骨骼的发育。青少年如果食碘不足，就会出现身材矮小，智力迟钝。

三、中国人群饮食与健康

1. 不良饮食习惯

喜欢吃咸。据统计，全国人均吃盐量为每天12克以上，其中以东北人最高，达18克。而世界卫生组织最早推荐的盐摄入量是6克，现在改为5克。吃得过咸会明显增加高血压、胃癌等病的发病率。

喜欢多吃味精。增加了人体对钠的摄入量，而钠元素对人体有害。因此，吃汤菜等宜用鸡精、蘑菇精等代替味精。

吃饭方式多为集体进餐，又喜欢相互夹菜，容易传染疾病。

喜欢吃动物内脏。动物内脏中含有较多的胆固醇，而胆固醇是诱发与加重动脉粥样硬化的重要因素。

烹调喜欢采用煎、炒、烹、炸等方法。食物在高温下易产生致癌物质。

喜欢吃咸鱼、咸肉、咸菜等腌制食品。这不仅增加了盐的摄入量，而且由于腌制食品中含有较多的亚硝酸盐，增加了患癌症的风险。

喜欢吃各种卤肉。制作卤肉时加入的肉桂、八角(大料)、茴香、丁香、花椒等香料不但性温燥，容易让人上火，而且其中含有一定量的黄樟素，有一定的毒性和致癌性。

2. 经典搭配误区

(1) 土豆烧牛肉。土豆和牛肉被消化时所需的胃酸浓度不同，因而引起胃肠对两者的消化吸收时间延长，易导致肠胃功能紊乱。

(2) 小葱拌豆腐。豆腐中的钙与葱中的草酸会结合成白色草酸钙沉淀物，不利于人体对钙的吸收。

(3) 茶叶蛋。茶叶中的生物碱或酸性物质会与鸡蛋中的铁元素结合，形成对胃有刺激作用的物质，且不利于消化吸收。

(4) 豆浆冲鸡蛋。鸡蛋中的黏液性蛋白会与豆浆中的胰蛋白酶结合，从而失去两者应有的营养价值。

(5) 牛奶橘子汁。牛奶中的蛋白质会与橘子汁中的果酸和维生素C相遇而凝固成块，影响消化吸收，而且还容易产生腹胀、腹痛、腹泻等症状。

(6) 酒后胡萝卜汁。β-胡萝卜素与酒精在肝脏中会产生毒素，从而引起肝病。

(7) 荤食后喝浓茶。茶叶中的大量鞣酸会与蛋白质结合生成具有收敛性的鞣酸蛋白质，使肠蠕动减慢，从而延长粪便在肠道内滞留的时间。既容易形成便秘，又增加了有毒和致癌物质被人体吸收的可能性。

3. 中国人群营养问题

受饮食习惯、生活水平和生活方式等因素影响，我国人群主要缺少以下营养素。

(1) 钙。钙是中国人缺乏程度排名第一的营养素。全国人均每天摄入量约400毫克，仅达到健康要求(800毫克)的50%。

(2) 锌。人均每天摄入锌12毫克，比健康要求的量少20%。

(3) 硒。中国人均每天硒摄入量为40微克，比健康要求的量少12%。

(4) 维生素A。维生素A是中国人缺乏程度排名第三的营养素。全国人均每天摄入量为480微克，仅为健康要求(800微克)的62%。

(5) 维生素B_2。维生素B_2是中国人缺乏程度排名第二的营养素。全国人均每天摄入量为0.8毫克，仅占健康要求(1.3毫克)的58%。

(6) 维生素B_1。中国人均每天维生素B_1摄入量为1.2毫克，比健康要求的量少11%。

中国人不缺乏的营养素有维生素C、维生素B_{12}、铁、磷、铜、镁等。

基于这样一些营养问题，中国营养协会于2008年1月15日卫生部的专题新闻发布会上发布了中国居民膳食指南2007版，这是卫生部2008年第一号公告。该公告以最新的科学证据为基础，针对我国当前营养需求和膳食中存在的主要问题，提出科学饮食和营养平衡的十大措施：食物多样，谷类为主，粗细搭配；多吃水果和薯类；每天吃奶类，大豆或其制品；常吃适量的鱼、禽、蛋和瘦肉；减少烹调油用量，吃清淡少盐膳食；三餐分配合理，零食适当；每天足量饮水，合理选择饮料；如饮酒应限量；吃新鲜卫生的食品。

四、烟酒茶与健康

1. 吸烟

香烟中的尼古丁对人的致死量是50～70毫克，相当于20～25支香烟尼古丁的含量。如果将一支雪茄或三支香烟的尼古丁一次注入人的静脉内，3～5分钟人即可死亡。另外，香烟焦油中还含有很多其他致癌物质和有害化学物质。因此，有人说“吸烟等于吸命”。英国“烟草致癌发现者”和“流行病学之父”理查德·多尔根据英国“皇家癌症研究基金会”1951～1991年对3.44万名英国男医生抽烟追踪调查后得出结论：吸烟会破坏人体免疫系统，可导致40种致命的疾病。另外，吸烟者在吸烟时，周围环境会被污染，使周围的非吸烟者吸进一些烟内的有害物质，影响他人的健康；吸烟时的星火有可能会掉到周围的易燃物品上，引起火灾；吸烟会影响个人形象，如牙齿变黄、变黑，手指甲变黄。

(1) 吸烟对身体组织的具体影响

① 肺部。吸烟会导致肺气肿，使肺部支气管内积聚有毒物质，阻碍人体吸入的空气正常呼出，令肺部细胞膨胀或爆裂，导致患病者呼吸困难。烟雾中的致癌物

质之一"苯并芘"能直接损害肺细胞内的抗癌基因 p53,引发肺癌。吸烟 20 年的人,得肺癌死亡的危险性增加 20 倍,一个人每天吸食 10 支烟,其患病率是非吸烟者的 10 倍。

② 脑部。吸烟后的尼古丁只需 10 秒钟就可进入大脑,阻碍脑部氧气及血液的循环,使血液容易凝结,引起脑部血管出血或闭塞,从而导致麻痹、智力衰退及中风。有关研究结果表明,吸烟者中风几率较非吸烟者高两倍。

③ 心脏及血管。吸烟会使血管收缩、血管闭塞,导致血管壁变厚,减慢血液及氧份循环,使心跳加速。烟雾中的一氧化碳会损害血管内壁,导致动脉粥样硬化加重,脂肪沉积在血管中,最终诱发心脏病。50 岁以上吸烟者的患病率提高两倍,50 岁以下吸烟者的患病率提高 9～14 倍。

④ 肠胃。吸烟能刺激神经系统,加速唾液及胃液的分泌,尼古丁会使胃肠黏膜的血管收缩,使胃肠时常出现紧张状态,导致食欲不振,加重胃炎、溃疡病的病情。吸烟会导致结肠癌,患此癌的风险与吸食烟草的量成正比。

⑤ 骨骼。吸烟者的断骨康复期要比不吸烟者长,因为尼古丁使血管收缩,降低了流到新生骨骼的血量。吸烟会伤害骨髓及腰椎间盘,有严重背痛的人大部分都有很大烟瘾,这是因为吸烟会使流向关节盘的血液减少,关节盘因而提早退化。吸烟会引发关节炎,导致骨质流失快,步入更年期后吸烟者的骨质流失更快。

⑥ 支气管。吸烟能引致支气管上皮细胞的纤毛变短和不规则,容易受感染,引发气管疾病。

⑦ 肝脏。吸烟会影响肝脏的脂质代谢作用,使血中脂肪增加,良性胆固醇减少,恶性胆固醇增加,增加肝脏负担。

⑧ 生殖系统。吸烟对脊髓的神经中枢起抑制作用,使吸烟男人性欲变弱,影响精子的活力,并能导致阳痿。另外,吸烟者子女易染烟瘾,胎儿期接触香烟是促成青春期吸烟的危险因素之一。

(2) 烟瘾与戒烟

由于尼古丁直接进入人的大脑,所以它对人的心理和生理上都有很大的影响。尼古丁会刺激人的脑部,释放一些让人有快感的化学物质,但这种感觉不会持久,只是暂时性的。过后为了得到这种感觉又得点燃下一根烟,长久下去,烟瘾就形成了。

为了减少吸烟对自己和他人的危害,吸烟者要尽快戒烟。提高认识,增强戒烟的毅力,才能达到快速且无反复的戒烟效果。一般认为,利用如下方法可以提高戒烟成功率:消除工作紧张情绪,增强戒烟意识,拿走吸烟用具,改变工作环境,参加体育活动,转移注意力。在工作场所放一些无糖口香糖、水果,多喝茶水,多到室外运动。

2. 饮酒

(1) 酒的化学成分

白酒的主要成分是酒精和水，占总重量的98%。其他微量成分包括高级醇、多元醇、有机酸、酯类、醛类等。白酒的种类不同，微量成分不同，微量成分决定酒的香气、口味、风格。另外，白酒中还含有少量甲醇、杂醇油、氰化物、铅等有害成分，国家食品卫生标准中明确规定了这些有害物质的限量，其中杂醇油的含量每100毫升不得超过0.2克。白酒的度数是以酒精含量来定的，50度以上为高度酒，40～50度为中度酒，40度以下为低度酒。米酒、果酒等其他酒类还含有糖类、氨基酸、维生素等化学物质。

(2) 酒的营养

酒精主要在肝脏中进行代谢，先由酒精变成乙醛，再氧化成醋酸，最后分解成二氧化碳和水，同时放出热量。因此，喝酒使人感到暖和。白酒的营养成分较少，适量饮用，可以扩张皮肤血管、加速血液循环、预防心血管疾病，可以使人体温升高，引起发汗，从而防止和治疗伤风感冒。在制作腌、腊、卤味菜时，加少许白酒能使菜色鲜味美，且可防止霉烂。用白酒浸泡中草药，可以发挥其医药作用。黄酒中的酒精含量在18%以下，含有糖分、甘油、氨基酸、脂类、醇类、维生素等，是一种很有营养价值的饮料，可以提供人体需要的17种氨基酸。葡萄酒的酒度为8～12度，每升酒液含葡萄糖及果糖40～220克，可直接被人体吸收，尤其是维生素含量丰富，除维生素B_1、B_2和C之外，还有可以治疗贫血的维生素B_{12}。适量饮用葡萄酒，不仅能补血，还能增进食欲，帮助消化，促进人体新陈代谢，并有抗病毒的作用。啤酒具有特殊的香味，酒度低，被人们称为“液体面包”，含有丰富的维生素、硫胺素、核黄素、泛酸、叶酸等，还含有充足的二氧化碳，可作为清凉饮料。啤酒的主要原料大麦芽中含有消化酶及维生素B，啤酒花可以健胃消食、利尿安神。另外，啤酒对结核、高血压、脚气病等也有疗效。果酒种类很多，除葡萄酒外，还有苹果酒、梨酒、梅酒、广柑酒、荔枝酒、山楂酒等。他们都具有原料果实的香、味和营养成分。

从古到今都有饮酒可治病强身的观点。适量饮酒，可以补充体内营养，增加食欲，促进消化液的分泌，调节和改善机体内的生物化学代谢和神经传导，加速血液循环，防止心血管疾病。哈佛大学医学院2003年1月的一项大规模流行病学研究指出，每周饮酒三到四次，每次45克以下，可以大幅度降低患心肌梗塞的几率。

(3) 酒精的吸收与醉酒

饮酒后，少量酒精被口腔黏膜吸收，大量酒精由胃壁、肠壁吸收，胃大约吸收25%，肠大约吸收75%。酒精被吸收后，通过静脉进入肝脏，再通过血液均匀地渗入各内脏和组织。另外，在通过口腔时微量酒精受热气化由气管、肺部溶入血液进行全身循环。酒精进入人体，吸收速度相当快，空腹饮酒，1个小时内可吸收60%。

但酒精在体内代谢较慢,因此,大量的酒精会积累在血液或组织中。

醉酒是服用过量酒精后所引起的一种中枢神经系统兴奋或抑制的状态,实际上是急性酒精中毒。酒精本身对中枢神经系统、呼吸中枢、心脏、肝脏功能等都有抑制和毒害作用。酒精首先作用于脑干网状体,使网状体麻痹,大脑皮质的机能亢进,人就显得活跃,爱说话,甚至由于兴奋而变得暴躁和蛮横,不能控制自己的语言和行动,这都是醉酒的表现。当脑中酒精浓度增加到一定量时,大脑皮质就产生睡觉的意识,最后发生麻木性昏迷。醉酒的整个过程可分为兴奋期、失调期、昏睡期。如果人体血液中的酒精浓度达到 4～5 克/升时,呼吸中枢就会受到麻痹,并可能导致死亡。

有关研究表明,长期过量饮酒有如下危害:使脂类代谢发生障碍,造成肝内脂肪堆积,导致酒精性肝硬化;损害心脏,导致心功能异常;影响消化系统,导致营养不良和贫血;导致视神经炎或晶状体混浊,对近视眼、青光眼影响更大,特别是酒中的甲醇对视网膜有明显毒副作用;造成精神错乱,记忆力、学习能力减退。另外,酒精还是一种致畸物质,它可以通过“胎盘屏障”从母体进入胎儿体内,影响胎儿脑细胞分裂及组织器官的细胞发育。

(4) 饮酒注意事项

饮酒除了不要过量外,还应注意以下几点:

肝炎、高血压、心脏病、胃溃疡、胃炎、肠炎、肾炎及眼病患者不宜饮酒。

生气、发怒时饮酒,尤如火上加油,容易失去理智,铸成大错。

忧愁时不宜饮酒。

尽可能饮热酒,这样既可使酒芳香可口,又可挥发掉一些沸点底的醛类有害物质,葡萄酒热饮还能治感冒。

空腹时不要饮酒,因为空腹时酒在胃内停留的时间短,酒精很快在十二指肠和小肠内被吸收,易醉酒。

不要多种酒混合饮用,因为各种酒成分、含量不同,互相混杂,会起变化,使人饮后不舒适。

饮酒后不要洗澡,这是因为洗澡时会消耗掉大量体内贮存的葡萄糖,而酒精抑制了肝脏正常的活动,不能及时补充血糖,因此会引起血糖快速减少,体温急剧下降,以致危及生命。

不要边吸烟边饮酒,这样会增加两者对身体的危害。

3. 喝茶

茶是风靡世界的三大无酒精饮料(茶、咖啡和可可)之一,全世界有五十多个国家、地区产茶。有关研究表明,喝茶有明目、减肥降脂、利尿排毒、除脂解腻、促进消化、消除疲劳、消炎抑菌、预防龋齿、抗癌、抗辐射、抗衰老、防止高血压等功效。另外，饮茶还可减轻吸烟的危害。

（1）茶叶的化学成分及作用

茶叶是由 3.5%～7.0% 的无机物和 93%～96.5%的有机物组成。茶叶中的无机元素约有 27 种，包括磷、钾、硫、镁、锰、氟、铝、钙、钠、铁、铜、锌、硒等，能补充人体正常需要的微量和常量元素。茶叶中主要有机成分及其作用见表 4-3。

表 4-3　茶叶中主要有机成分及其作用

成分种类	含量	具体成分	作用
茶多酚	20%～35%	儿茶素、黄酮类、花青素和酚酸等，其中儿茶素约占 70%。大部分溶于茶汤中	使茶汤有涩味。抗氧化、清除自由基、消炎抑菌、防龋、消臭、降血脂、降血糖、抗心血管疾病、防辐射、抗癌、抗突变等
生物碱	2%～5%	以咖啡碱的含量最多。茶越好，咖啡碱含量越多，能溶于茶汤	使茶汤味苦。兴奋中枢神经、增进思维、促进血液循环、提高胃分泌、增进食欲、消除疲劳、利尿、降胆固醇、防止动脉粥样硬化
氨基酸	1%～4%	茶氨酸、谷氨酸、精氨酸、丝氨酸、丙氨酸等二十多种，其中茶氨酸的含量占 50%以上。易溶于茶汤	使茶汤有香气和甘醇味。是人体必须的营养成分，能调整脂肪代谢，增强人体抵御细菌病毒和寄生虫感染，防止早衰
类脂类	8%	脂肪、磷脂、甘油脂、糖酯和硫酯。部分溶解	形成茶叶香气。对进入细胞的物质渗透起调节作用
维生素	0.6%～1%	有水溶性和脂溶性维生素，包括维生素 A、B、C、D 等。其中维生素 A 含量较多	保护视力；增加抵抗力；抗坏血病，抗氧化，抗衰老
糖类	25%～30%	单糖和双糖总含量为 0.8%～4%，可溶。淀粉、纤维素、半纤维素、木质素不易溶	组成茶叶滋味的物质之一。调节免疫功能、降血糖、防治糖尿病
茶蛋白	20%～30%	包括多种蛋白质，能溶于茶汤的只有 3.5%左右	营养保健
色素	1%	脂溶性的有叶绿素、叶黄素、胡萝卜素，水溶性的有黄酮类、花青素、茶黄素、茶红素和茶褐素等	形成茶色泽，营养保健

（2）茶叶变质与贮藏

① 茶叶变质机理

茶叶在贮藏运输过程中，容易受到周围环境的影响，使所含化学成分发生变化，引起陈化变质，从而影响茶叶的色、香、味，具体表现为茶叶色泽由鲜变枯，香气由重变轻，汤色由亮变暗，滋味由甘浓变淡。这是因为茶多酚、氨基酸、脂类、色素、芳香物质等大多不稳定，易在空气中吸潮、氧化。下面讨论茶叶中主要成分的性质变化。

(a) 茶多酚

茶多酚容易被氧化，氧化的速度虽然缓慢，但长时间贮藏，特别是在茶叶含水量高、贮藏温度高、空气湿度大的情况下，茶多酚的氧化十分显著。例如，茶多酚中的儿茶素，首先脱氢形成醌，进一步氧化聚合形成褐色物质，从而破坏茶汤滋味结构的相互协调，使茶汤滋味变得淡薄而缺乏收敛性和鲜爽感，茶汤色泽变深、变暗，逐渐从固有的本色向橙黄、红和褐色方向转化。在一般储藏条件下，绿茶贮藏12个月后儿茶素减少40%。

(b) 氨基酸

氨基酸能与茶多酚的氧化物醌类结合形成暗色聚合物，影响绿茶的色泽和茶汤的明亮度。氨基酸自身在一定温度、湿度条件下会发生分解和转化，从而使游离氨基酸的含量减少。

(c) 维生素

在有氧环境下的茶叶贮藏过程中，维生素(特别是维生素C)会因发生水解、氧化等化学变化而减少，从而降低茶叶的营养价值。据研究，在有氧环境下绿茶贮藏4个月后，维生素C下降38%，贮藏12个月后，下降46%。研究指出，维生素C下降40%以上时可感觉茶叶显著变质。

(d) 芳香物质

在有氧环境下随着贮藏时间的延长，茶叶香气逐渐减弱，甘美口感逐渐丧失，直至质量完全变劣，失去饮用价值。茶叶中含有较多的脂类物质，特别是一些游离的不饱和脂肪酸，这是很不稳定的成分，在温度较高和有氧的条件下会发生水解生成游离脂肪酸，进一步氧化分解会产生具有不良气味的低分子醛、酮、醇等挥发性物质，引起贮藏茶叶香气变化。

(e) 色素

色素是不稳定物质，贮藏过程中在水、光和温度的作用下容易发生反应。例如，绿茶经过12个月的贮藏后，叶绿素由于脱镁反应减少15%，使绿茶的翠绿色泽消退，色泽变暗、变褐。

② 茶叶贮藏方法

根据茶叶具有易氧化、吸潮和吸附的特性，可以采用如下贮藏方法保鲜防变质。

(a) 干燥贮藏

茶叶首先进行干燥(含水量6%以下)。为了防止返潮，用防潮包装材料聚酯/聚乙烯、玻璃纸/聚乙烯等包装，放置在阴凉干燥的环境中。也可以再结合生石灰、木炭等干燥剂防潮(干燥剂每隔两个月更换一次)。

(b) 低温贮藏

茶叶在低温时质变缓慢，茶叶应在低温通风处贮存，有条件的可把茶叶密封后放入冰箱或冷库的冷藏室或冷冻室中贮存(5 ℃以下可储存一年以上)。

(c) 避光贮藏

避免在强光下贮存茶叶,避免用透光材料包装茶叶。

(d) 密封贮藏

用铁罐、陶罐、食品袋、热水瓶等密封容器贮藏茶叶,尽量少开容器口,有条件的可用抽氧充二氧化碳或氮气袋贮茶叶。也可以选用阻气(阻氧)性能好的铝箔等包装材料,用真空包装机将茶叶袋内空气抽出后立即封口。

(e) 单独贮藏

因茶叶具有极强的吸附性,茶叶应单独贮藏,也不要用有气味的容器贮藏茶叶,避免茶叶吸附其他物品的异味。

(f) 茶叶长期贮存再处理方法

茶叶最适贮存期届满时,可以取出再焙火:将洗净无味的电饭锅干燥后,倒茶叶于瓷盘上置入电饭锅内,锅盖半掩,在保温开关位置,约半天时间,适时翻动,茶叶则由陈旧味转清香,以食指、拇指捏之即碎为宜,降温后可再包装贮藏。

③ 饮茶注意事项

饭前饭后、临睡前、服药后、酒后不宜饮茶。饭前饮茶会冲淡唾液,使饮食无味,还能暂时使消化器官吸收蛋白质的功能下降。饭后立即饮茶,茶中的鞣酸会与食物中的蛋白质、铁等发生凝固作用,影响人体对蛋白质、铁元素的吸收。茶叶里含有咖啡因、茶碱等,它们具有兴奋神经中枢的作用,导致不易入眠。茶叶里含有鞣酸,它可以与药物中的蛋白质、生物碱、重金属盐等物质起化学反应而产生沉淀,这不但影响药物的疗效,还会产生一些副作用。用茶解酒会加重心脏负担,因为酒精对心血管有很大刺激,浓茶同样具有兴奋心脏的作用。

不要用滚开水泡茶,不要饮烫茶、冷茶、浓茶。用滚开水泡茶茶不香,还会严重破坏维生素等有益成分,并把茶叶中的无益成分鞣酸大部分浸泡出来。因此,应把开水灌入暖瓶放 1~2 小时后再泡茶,即用 85 ℃左右的水冲泡。饮烫茶对人的咽喉、食道和胃刺激太强,长期饮用太烫的茶水,可能引起这些器官的病变。饮茶温度宜在 55 ℃以下。但如果饮太冷茶,则对身体有滞寒、聚痰的副作用。浓茶含茶碱多,含氟多,会强烈刺激神经和凝固食物蛋白,易引起头痛、失眠,妨碍消化,还会引起氟中毒。

不要饮放置太久的茶。如果冲泡时间过长甚至隔过夜,茶叶中的茶多酚、维生素 C 等会自动氧化,不仅茶汤色暗、味差,失去品尝价值和营养价值,而且由于茶汤放置时间太久,易受周围环境的污染,茶汤中的蛋白质、糖类等会成为细菌、霉菌繁殖的养料,此类微生物会大量繁殖,饮用后影响健康,易导致细菌感染及胃肠疾病等。但是,未变质的隔夜茶在医疗上却有妙用。隔夜茶中含有丰富的酸素、氟元素,可阻止毛细血管出血。如患口腔炎、舌痛、湿疹、牙龈出血、疮口脓疡等,可用隔夜茶治疗。眼睛出现红丝或常流泪,每天用隔夜茶洗眼多次,可有疗效。每天早上刷牙前后或吃饭以后,含嗽几口隔夜茶,不仅可以使口气清新,还有固齿的作用。

茶叶不要冲泡太多次数。茶叶一般在冲泡3～4次后就基本上没有茶汁了。据有关测定,头道茶汤可浸出水溶物总量的50%,二道茶汤浸出30%,三道茶汤浸出10%,四道茶汤只浸出1%～3%,再多次冲泡就会使茶叶中的某些有害成分也被浸出。

不宜喝茶人群如下:

患有神经衰弱或失眠症的人不宜喝茶。由于茶叶中的咖啡因对大脑皮质有明显的兴奋作用,这类病人饮茶会使大脑处于极度兴奋状态,影响休息。

患有严重高血压的病人不宜喝茶。在茶叶咖啡因的刺激下,会使血压升高。

患有便秘的人不宜饮茶。因为茶叶的多酚类物质对肠胃黏膜具有一定的收敛作用,因此便秘患者饮茶会加重便秘。

患有缺铁性贫血的人不宜饮茶。因为茶叶中的鞣酸会使食物中的铁形成沉淀物,不易吸收,会加重贫血。

缺钙或骨折的人不宜饮茶。因为茶叶中的生物碱类物质会抑制十二指肠对钙质的吸收。

患有溃疡病的人不宜饮茶。因为茶叶中的茶碱会降低磷酸二酯酶的活性,使胃壁细胞分泌大量胃酸,从而影响溃疡面的愈合,并影响某些药物的疗效。

患有泌尿系统结石的人不宜饮茶。由于茶叶中含有较多的草酸,饮茶将会促进结石的生长。

发烧时不宜饮茶。因为茶叶中所含茶碱能刺激体温中枢,加剧发热。

五、树立饮食新观念

身体是一个精密的整体,只有善待它、爱护它,为它提供优质营养,它才能和谐运转。如果我们吃不应该吃的食物,如果我们只是为舌头而吃,不是为身体而吃,那么我们吃进去的食物当中,可能大多数是身体的毒素,而不是身体的营养,食物是在体内糟蹋机体,而不是在增进健康。最终,是为医生而吃不是为自己而吃,病从口入,把自己吃进了医院。可怕的癌症疾病的“癌”字里就有三个口,这似乎在提醒我们注意这三个口:第一个口代表吃错了东西,第二个口代表喝错了饮品,第三个口代表抽烟太多。

疾病与饮食有关,无数事实已证明这一点。因此,我们要十分注意从嘴巴吃进去的任何一个食物跟我们身体健康的关联性,要了解饮食结构对我们的身体将会产生什么样的影响。要破除肉类比植物有营养、吃饱身体才健康的旧观念,树立食物多样、平衡饮食、素食为主的健康饮食新观念。如果已经习惯肉食,要尽快转变到以素食为主的饮食。因为这种转变有利于身体健康,可以根治许多疾病。在饮食中,可以慢慢实现这种转变:先不吃四条腿的,吃两条腿的;过一段时间再不吃两条腿的,吃一条腿的(蘑菇);最后,再从一条腿的过渡到没有腿的。

另外,健康还与心情有密切关系,对人生的态度决定着对身体的态度。因此,生命公式为:开心+素食=健康长寿。

第五节 基因与遗传

一、人类基因研究史

19 世纪,遗传学家提出了"基因"的概念。基因(Gene)是决定生物性状的遗传物质基础。

1865 年,孟德尔(G. Mendel)发表了《植物杂交试验》论文,揭示出性状分离和独立分配的遗传规律。20 世纪初,生物化学家发现植物和动物细胞中普遍存在核酸,并证明了存在两类核酸,一类是核糖核酸,另一类是脱氧核糖核酸。当时大多数科学家都认为基因是由蛋白质组成的,DNA 只是在遗传过程中发挥某些辅助作用。1944 年,美国细菌学家艾弗里(O. T. Avery)在纽约洛克菲勒研究所的实验表明,纯化的 DNA 分子能够将一种细菌的遗传特性传递给另一种细菌。

最先取得结构生物学巨大成果的是美国的鲍林(L. Pauling)。1951 年他利用立体化学知识及肽分子中键长、键角数据,提出了蛋白质 α-螺旋结构模型。后来,鲍林等人用研究蛋白质的方法,又提出 DNA 是以糖和磷酸为骨架的三螺旋结构。此时,英国晶体学家威尔金斯(W. H. F. Wilkins)和富兰克林(R. E. Franklin)拍摄到 DNA 的 X 射线衍射图,其质量远远超过了 1938 年阿斯伯累(Astbury)所得数据的结果,从而揭示了 DNA 是螺旋形的,但尚不能确定是几条 DNA 以及螺旋的细节。

1951 年,美国科学家沃森(J. Watson)刚获得博士学位,年方 23 岁,他受到鲍林建立的 α-螺旋蛋白模型的鼓舞,与威尔金斯的偶然交谈激发了他研究 DNA 分子结构的热情,他来到 X 射线衍射测定分子结构的圣地——剑桥卡文迪什实验室。在这里工作的英国科学家克里克(F. H. C. Crick)受薛定谔《生命是什么》一书的影响,除研究蛋白质结构外,对 DNA 也很有兴趣。沃森和克里克决定合作探讨 DNA 的奥秘。他的主要方法是应用分子模型,探讨原子之间的相互关系,经过两年的努力，终于提出了DNA双螺旋模型，开辟了分子生物学的新纪元。1953年《自然》杂志发表了美国沃森和英国克里克的DNA双螺旋结构的分子模型，通过X-射线结构分析确定了生命物质——核酸的空间结构。为此，他们荣获了1962年诺贝尔生理学与医学奖。威尔金斯因提供X射线数据证实DNA结构也分享了此项殊荣。

DNA结构模型主要内容包括：①在DNA分子中，两股DNA链围绕一假想的共同轴心形成一右手螺旋结构，双螺旋的螺距为3.4 nm，直径为2.0 nm。②链的骨架(Backbone)由交替出现的、亲水的脱氧核糖基和磷酸基构成，位于双螺旋的外侧。③碱基位于双螺旋的内侧，两股链中的嘌呤和嘧啶碱基以其疏水的、近于平面的环形结构彼此密切相近，平面与双螺旋的长轴垂直。一股链中的嘌呤碱基与另一股链中位于同一平面的嘧啶碱基之间以氢键相连，称为碱基互补配对或碱基配对(Base Pairing)，碱基对层间的距离为0.34 nm。碱基互补配对总是出现于腺嘌呤与胸腺嘧啶之间(A＝T)，形成两个氢键；或者出现于鸟嘌呤与胞嘧啶之间(G≡C)，形成三个氢键。④DNA双螺旋中的两股链走向是反平行的。两股链之间在空间上形成一条大沟(Major Groove)和一条小沟(Minor Groove)，这是蛋白质识别DNA的碱基序列，与其发生相互作用的基础。DNA双螺旋结构模型如图4-8所示。

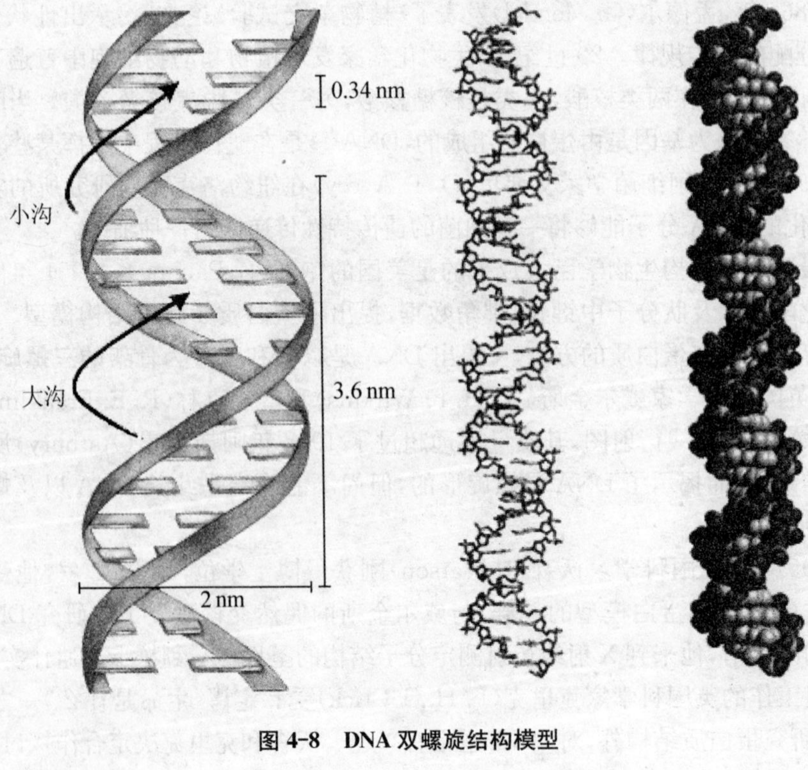

图4-8 DNA双螺旋结构模型

基因研究过程中的另一个重要发现是遗传密码的破译。M. W. Nirenberg 和 H. G. Khorana 将遗传物质核酸和决定细胞功能的蛋白质联系起来，第一个用实验确定遗传密码 RNA 上的尿嘧啶。这一结果震撼了科学界。1963 年，他做成了完整的密码子表。这个表在生物学上的意义同元素周期表在化学上的意义一样，具有普遍性。蛋白质生物合成的遗传密码代表着生命现象所必需的基本条件，进一步从本质上证实基因是决定人类生、老、病、死和一切生命现象的物质基础。基因是有遗传效应的 DNA 片段，是具有遗传功能的结构单元。

二、人类基因组计划

1. 人类基因组计划研究内容

每种生物都有自己一套独特的遗传系统，其化学基础则是 DNA 分子，它是由许多核苷酸按照严格顺序连接起来的长链。测定基因位置，并最终确定各个核苷酸的排列顺序，是了解生命本质的重要工作。

1984 年，美国科学家首先提出全面研究人类基因组的问题。1988 年，美国国会批准了“人类基因组作图和测序计划”，即“人类基因组计划”（Human Genome Project，简称 HGP）。1990 年 10 月 1 日，HGP 正式启动，预计耗资 30 亿美元，计划在 2006 年 9 月 30 日以前完成对人类大约十万个基因序列的测定工作。该计划旨在对人类基因组进行作图和测序，进而解读和破译生老病死以及语言、记忆和疾病发生的遗传信息。HGP 出台后，引起强烈反响。西欧、日本、俄罗斯及印度等国也制订了自己的计划。经磋商，1988 年，美、日等 23 国联合成立“人体基因组组织”，共有四百多位科学家参加。1999 年 12 月 1 日来自英国、美国和日本的研究人员公布了已经绘出的染色体 22 的蛋白编码基因（包括 3300 万个碱基对）的完整序列。

我国是一个“基因大国”，对基因研究非常重视，1993 年我国的“人类基因组计划”启动。我国的研究重点是功能基因组学，包括致病基因、疾病相关基因以及具有重要生物功能基因的分离、克隆及功能研究。近年来，我国在遗传病致病基因，白血病、肝癌、鼻咽癌等肿瘤相关基因，心血管、神经系统等组织的 DNA 方面做出了国际前沿性的工作，共发现 DNA 一千多个，为深入开展基因功能研究奠定了基础。另外，在高血压等多基因病的基因组扫描、定位及遗传资料收集方面也取得了一定成果。

2000 年 6 月 26 日上午 10 时，美国总统克林顿在白宫正中宣布：由美、英、德、法、日、中等六国的一千多名科学家共同承担的“人类基因组计划”这项宏伟的工程，由于测试技术不断改进，已完成了基因组草图。该草图破译了人体 97％基因的遗传密码，精确测定了85%基因的碱基对序列，解析了31亿个DNA"化学符号"。我国承担了1%(3000万个碱基对)的测序任务。2001年2月12日，人类基因组计划负责人又公布了测定的最新结果：人类基因由31.647亿个碱基对组成，共有3万～3.5万条基因，远小于原先估计的10万条基因。2003年4月15日，参加研究的六个国家共同宣布人类基因组序列图全部完成。

2. 人类基因组计划的意义

(1) 医学领域

理论上讲，随着"人类基因组计划"的完成，所有关于人类生长、发育、衰老、遗传病变的秘密都将揭开，并将从本质上揭示各种遗传病、癌症、心血管病以及神经病和精神病的病因、发病机制、诊断和防治途径，使医学发生继微生物学的建立和细菌致病及其防治的重大发现以来的第二次革命，科学家将拥有新的工具征服癌症、艾滋病、肝炎和肺结核等。医生将可以给病人植入正常的基因，替代引起疾病的变异基因，使病人恢复健康。医生将拥有DNA探针和引物等医疗高新技术，可以通过国际互联网直接索取相应的DNA序列，以诊断疾病根源。第一次医学革命使人类的平均寿命从30～40岁提高到70多岁。本次革命的完成，有可能使人的平均寿命进一步提高到120～150岁。

(2) 生物学领域

DNA分子结构的发现标志着生物学进入分子生物学水平。未来生物学将在弄清人类和其他生物基因组结构及"遗传语言"破译的基础上，阐明控制发育的遗传程序及其进化，并进一步从发育机制的进化阐明形态进化，最终将在分子水平上实现遗传、发育和进化的理论大综合。这种理论大综合将使人类进一步遵循物种进化的规律，真正有效地改造物种、保护物种，在人工参与下实现物种的全面改良与进化。

(3) 农业领域

"人类基因组计划"带动了动植物基因组的研究。如在水稻方面，1994年7月国际上建立了水稻基因组全库，1997年又完成水稻基因组物理图的构建并进一步开始整条染色体测序工作。中国从1992年开始实施"水稻基因组作图和测序计划"，计划在10～15年内完成水稻基因组全序列的测定，并把阶段性成果应用于水稻育种上。

(4) 信息技术领域

基因能够携带生物体内各细胞拥有的大量遗传物质，蕴含着巨量的信息。从中得到启示的计算机专家正同数学家、分子生物学家、化学家们通力合作，研制DNA计算机，即基因计算机或分子计算机。

总之，基因组是遗传信息的"总词典"，每种基因都携带着告诉细胞如何制造某种特定蛋白的命令，是动物发育和细胞功能活动的“总程序”和生物进化的“总档案”。掌握了遗传语言就等于掌握了开启基因组信息宝库的钥匙。

3. 人类基因组计划的发展

在某种意义上讲完成基因组图谱只是一个开端，研究各个基因在人体中的作用将是一个更加庞大的工程，目前科学家只了解极少数基因的作用。另外，对基因的测定研究只是对遗传系统化学本质认识的第一步，现在蛋白质组的工作已经提出，它的工作量和影响面可能大于基因组。

(1) 结构基因组学研究

① 完成人类基因组全序列图；②完成不同种族 SNP(单核苷酸多态性)图；③对基因序列的识别；④建立结构信息学和结构-功能关系信息学。

(2) 医学基因组学研究

医学基因组学领域的研究十分活跃，已衍生出许多新的分支，例如专门鉴定机体暴露在特定环境下的那些显示易感或抵抗性基因的 DNA 多态性的环境基因组学，研究不同个体的药物反应差异与 DNA 多态性关系的药物基因组学等。今后研究方向是病理基因组学、生殖基因组学和群体基因组学等。

(3) 蛋白质组学研究

蛋白质组学提供了一套在蛋白质水平大规模研究基因功能的有用工具。它分为三个主要的领域：①规模化的蛋白质微量鉴定和它们翻译后的修饰分析，双相凝胶电泳分离蛋白质谱的应用；②“差异显示”蛋白质组学及其在医学研究中的应用；③应用质谱技术或酵母双杂交方法研究蛋白质与蛋白质的相互作用。由于蛋白质与功能相关程度更高，所以，对蛋白质的研究更有可能导致生物学的新发现。

(4) 基因调控研究

基因表达调控是功能基因组学研究的主要内容之一。不同条件下基因表达谱的变化是基因组调控的结果。许多模式生物基因组虽然在长度上比人类的短，但所包含的基因数基本一致，只是少了一些非编码序列及在基因组中所处位置不同而已，这种差异造成它们表达谱的很大不同，因此，基因表达谱的差异源自基因调控的不同。

(5) 发展新技术新方法

人类基因组研究在技术上最突出的特点是高通量、大规模。基因组测序、医学基因组学研究、基因表达调控研究、人类疾病的动物模型建立等主要研究领域，均需建立相应的符合上述技术特点的技术方法平台。当理论研究深入到一定程度后，往往“技术发展”成为“瓶颈”和继续发展的关键。因此，技术发展在人类基因组研究中始终是科学家和决策者重点考虑的一个方面。这方面包括 DNA 测序新技术、生物信息高效分析方法、高通量 SNP 检测技术、突变检测新技术、cDNA 微阵列和基因芯片技术、质谱新技术等。

第六节 化学与药物开发

第一次世界大战前，医生能够使用的重要药物仅十来种，如乙醚、鸦片及其衍生物、毛地黄制剂（强心针）、白喉抗毒素、天花疫苗、汞、酒精、碘剂、奎宁和铁制剂。而第二次世界大战之后，一系列新药排列于药物之首，如磺胺药、阿司匹林、抗生素、麻醉药、强心剂、抗毒素等，此外还有疫苗、荷尔蒙、维生素等。

化学是药物研究的基础，任何药物均可通过生化或化学合成的方法来获得。化学家可以根据医疗需要合成各种目标药物，也可以从天然药物中提取有效成分，还可以研究药物的组成、结构、性质、生物活性以及医疗作用机理，根据构效关系开发出多种新药。

下面举一些药物研究实例说明化学在其中的作用。

一、止痛药（Anodyne）

这是一类最常用的药。当我们头痛时，就会想到阿司匹林（Aspirin）；当我们补牙或抽去牙神经时，医生会用奴佛卡因（Novocaine）；当有更厉害的疼痛时，就可能使用可待因（Codeine）或吗啡（Morphine）。为了解决可待因或吗啡上瘾的弊端，后来研制出密波瑞定（Meperidine），它的上瘾性要比吗啡小得多，现已成为叫做地美露（Demerol）的药物。在止痛药的发展过程中，人们对止痛机理进行了深入研究。1973 年斯尼达等发现，人的大脑和脊柱神经上有许多特殊的部位，麻醉药剂的分子正好进入这种位置，正如钥匙插入锁中一样，把传递疼痛的神经锁住，于是疼痛就消失了。1975 年休斯和科斯特立兹发现，脊椎动物自身会产生麻醉物质，当人们处于疼痛状态时，就会产生麻醉物质去占据神经中的特殊部位，于是疼痛就缓解了。如在疼痛时服用海洛因，也是因为这些分子到了神经部位而起到了止痛效果。根据这种机理，人们开发了许多有效的药物，如可卡因（Cocaine）、利度卡因（Lidocaine）等。

所有上述药物都是一种疼痛神经传递的阻断物质。然而，人们却仍然偏爱着一种作用缓和而通用性较强的止痛药——阿司匹林。它不仅是止痛药，而且还是很好的退热药。阿司匹林的最大危害性是对胃壁的伤害，当未溶解的阿司匹林停留在胃壁上时会引起胃出血。因此，在服用阿司匹林前先将药片粉碎大为有益。目前生产的肠溶阿司匹林药配方已能使其迅速溶解。

二、杀菌剂(Bactericide/ Germicide)和消毒剂(Disinfector)

杀菌剂为阻止微生物生长或杀灭微生物的药剂,而消毒剂则是消灭致病细菌或微生物的药物。通常它们本身有毒性,所以一般都是外用。常用的消毒杀菌剂有卤素、次氯酸钠、过氧化氢、高锰酸钾等氧化剂,它们的强氧化性可破坏细胞。因此,它们常用于非活体物质的消毒杀菌。酚类极易为细胞所吸收,因此也是一种通用性毒物。季胺盐是表面活性物质,它们的杀菌机理可能与弱化细胞壁的能力有关,使细胞不能维持细胞内物质活性而被破坏。过去常用的碘酒也是消毒杀菌剂,但对伤口的强烈刺激使人难以忍受,为此近来开发了一种新型的碘制剂——含碘高聚物。这是一种被称作为聚乙烯基吡咯烷酮的高聚物,它有将碘络合其中的能力。该产品能溶解于水,因此是一种非常有效的无痛消毒剂。在消毒漱口液及餐厅玻璃器皿消毒液中,这种含碘高聚物是主要活性成分。由于这些药剂对生命体都是有毒的,所以通常都使用它们的稀溶液,而且局限于在皮肤上使用。尽管它们有杀菌作用,可以防止疾病的传染,但它们绝对没有治疗作用。

三、抗生素(Antibiotic)

抗生素是由微生物产生的一种物质,它们的功能通常是帮助白血球阻止细菌的繁殖。当一个人得了重病或者因此而死亡,这可能意味着,侵入人体的细菌的繁殖速度超过了白血球吞噬它们的速度,即细菌的毒素增长速度比抗体增长速度来得快。而白血球、抗体再加上抗生素的作用,就有可能挫败致病细菌的攻击。

1. 青霉素(Penicillin)

青霉素1928年首先被伦敦大学细菌学家Alexander Fleming(弗莱明)发现。当时他正在研究葡萄球菌的培养,这种菌会引起脓肿或者其他感染。为了用显微镜检查培养情况,他需要把培养皿的盖子移开一会儿。有一天当他开始工作时,突然注意到培养基被一种蓝绿色的霉菌所污染。而在这个霉菌繁殖地点周围一定距离内,所有的葡萄球菌全被摧毁了。怀着极大的兴趣,弗莱明进行了深入的研究后发现,长霉菌的培养基也具有阻抑或杀灭许多致病病菌的能力。后来证实这种霉菌就是Penicillin(因形状像铅笔而得名),这也就是青霉素被称为盘尼西林的原因。青霉素G对动物细胞是无毒的,它的活性也是有选择性的。目前有许多种类的青霉素,G型是应用最广泛的一种。青霉素的生产目前仍是以生化方法即发酵制备为主。杀菌的机理与抑制细菌细胞壁的合成有关。

2. 氯霉素(Chloramphenicol)

氯霉素是世界上第一个用化学全合成方法制得的抗生素。氯霉素对革兰氏阳性、阴性细菌和立克次体以及衣原体等微生物均有抑制作用，临床上主要用于治疗伤寒、副伤寒等。

3. 四环素(Acheomycin/ Tetracycline)

1945 年 B. M. Duggan(达干)从一种金黄色的土壤真菌中发现了一种新抗生素，称为 Aureomycin (金霉素)，这就是被发现的第一个四环素族的抗生素。随之而来的是研究此类物质的高潮迭起。比萨实验室曾不遗余力地试验了十一万六千个土壤样品，最后得到了第二个四环素。四环素是一类抗生素的总称，之所以称其为四环素，是因为这些抗生素中都有四个环相连。四环素能抑制微生物蛋白质的合成，对革兰氏阳性、阴性细菌和立克次体、螺旋体以及一些大型病毒均有抑制作用，常用于治疗肺炎、败血症、尿道感染、细菌痢疾等。四环素也有副作用，那就是它也会杀灭正常存在于人体肠内的寄生细菌，从而引起腹泻，还有四环素牙，即儿童时期服用过多会使牙齿发黄。

四、心脑血管药(Heart Cerebrovascular Drug)

据有关统计，美国人中死于心脑血管病的最多，其次是癌症。而引起这种疾病的最危险因素就是高血压。为了对付高血压，已经发明了许许多多的降压药物。然而，有些病人的血压并不能被现有的这些药物所降，是一种顽症高血压。如何攻克这种顽症高血压是科学家们的主攻目标之一。人类维持生命需要有正常的血压，一旦出现不正常，人体会自动进行调节。如果血压过低，人体内有一种称为“血管紧张素-2”的物质就会将血压调高。如果血压过高，人体内还有一种称为“舒缓激肽”的物质会被激活而去降低人体的血压。20 世纪 60 年代巴西科学家们对南美颊窝毒蛇的研究结果引起了科学家们的注意。他们发现，小动物一旦被这种毒蛇所咬，血压会降到零，立即全身瘫痪而不能动弹。生物化学的研究表明，在蛇毒中有一种多肽物质可以激活舒缓激肽、干扰血管紧张素-2 的产生，因而可以使血压很快降低。科学家们从蛇毒的启迪中，设计和合成了一系列有降低异常高血压能力的多肽物质。

五、抗癌药 (Anticancer Drug)

第一种人工合成的抗癌药是氮芥气，它可使 DNA 烷基化，减少细胞分裂。后来相继出现了环磷酰胺、亚硝基脲衍生物、含铂配合物、氟尿嘧啶、巯基嘌呤、光辉霉素、橄榄霉素、博莱霉素等抗癌药物。天然抗癌药物有蚕产生的干扰素、蟹壳纤维、乌贼黏多糖、喜树碱、紫杉酚等。1997 年的国际癌症会议上证实了感冒病毒——ONYX-015 可摧毁癌细胞。

目前市场上的常用抗癌药品如下：

伯尔定：卡铂，第二代铂类抗癌药。金复康口服液：肺癌首选药。回生口服液：抑制肿瘤癌细胞的增殖和转移，提高机体免疫功能。紫龙金片：抑制肺癌，提高 T 淋巴细胞的增殖能力。鹌蟾片：配合化疗、手术、化疗加放疗用药，对肺癌疗效好。西艾克：植物类抗肿瘤药，为细胞周期特异性药物。盖诺：长春碱半合成衍生物，为植物类广谱抗肿瘤药。

六、基因药物(Gene Drug)

基因药物也是今后人们研究的热点。从发现癌基因开始，人们逐渐认识到人类发生的疾病可能都与基因有关。研究基因药物的思路是在发现基因变异的基础上，利用向细胞释放 DNA 片段的方法来修复或代替有缺损的部分，从而达到治疗的目的。

七、中成药(Chinese Traditional Medicine)

中成药有两种概念：一种是狭义的中成药，它主要指将中药材按一定治病原则和配方制成、随时可以取用的现成药品，如中成药中的各种丸剂、散剂、冲剂，这便是生活中人们常说的中成药；另一种是广义的中成药，它除包括狭义中成药外，还包括一切炮制加工而成的中药材。成药经过一定加工浓缩而成，服用前不需煎煮，使用方便，且消除了异味产生的不良刺激。

众所周知，我国传统的中药有奇特的药效。此领域急需化学家介入，将其有效成分剖析出来，进行人工合成，以加快中药发展。例如，云南地区有一种海桐树，它的皮可以治疗老年慢性支气管炎。但是这种树是有限的，不能满足人类对付这种疾病的需要，需要人工合成。在中药研究中，最成功的例子是青蒿素的开发。青蒿是我国传统中药，在长沙马王堆汉墓中就有用青蒿作药物的文字记载。20 世纪 70 年代我国科学工作者从青蒿中提取了它的抗疟有效成分(命名为青蒿素)，此后又制造了一系列现已作为正式抗疟药物的青蒿素衍生物。当时疟疾是全球最严重的传染病之一，每年有 2 亿～3 亿病人，死亡 200 万～300 万人。我国研制的青蒿素类抗疟药以高效、速效、安全、对抗药性疟疾有特效而风靡全球。1995 年蒿甲醚被 WHO 列入国际药典，这是我国第一个被国际公认的新药。青蒿素的化学结构十分独特，自上市至今，尚未发生抗药的疟疾病例。目前，上海有机所在多年青蒿素工作的基础上，正从分子水平上研究青蒿素抗疟作用机制以及抗癌作用机制。

第七节　化学与临床诊断

分析化学对于揭示生命起源、疾病及遗传奥秘等具有重要意义，不仅在欧洲的“尤里卡计划”、美国的“人类基因图”、日本的“人体研究新前沿”等规模宏大的生命科学研究规划中发挥了重要作用，而且在生物分析、临床诊断中也发挥了重要作用。

一、临床诊断中的电化学分析

生命过程最基本的运动是电荷运动，生命科学最基础的学科是电化学。因此，分析化学与电化学的结合（电化学分析）是揭示生命奥秘最有力的工具之一。电化学分析不但在生物体及有机组织的整体水平上，而且在细胞水平、分子水平上都有很好的应用。利用电化学分析可以研究电子、离子、分子在生物体系中的含量、分布及其传输、转换、转化过程及规律。

1. 伏安分析

伏安分析法可用于检测生物大分子。利用胆红素、卟啉等与金属离子配合物的极谱波可测定胆红素、卟啉等物质。利用线性扫描伏安法可同时测定次黄嘌呤、黄嘌呤、尿酸等，利用循环伏安法可快速测定肾上腺素、去甲肾上腺素等，利用差示脉冲伏安法可快速测定细胞色素 C。对于无电活性的氨基酸，可将其与醛反应产生电活性物进行测定。刀豆球蛋白在 α，α-联吡啶溶液中可产生极谱波，加入的葡萄糖与刀豆球蛋白发生的免疫反应，可用示波极谱法进行测定。采用亚硝化反应吸附溶出伏安法测定衍生化后的雌二醇、雌三醇、黄体酮等激素，灵敏度可达 10^{-10} $mol \cdot L^{-1}$。单扫描示波极谱法与免疫反应结合可测定乙型肝炎表面抗原，灵敏度为 $0.5\ \mu g \cdot L^{-1}$。

2. 电化学传感器

生物传感器是最高级的传感器，选择性好，噪声低，在临床医学研究中占有重要地位。目前，人们已研制出糖、氨基酸、蛋白质、DNA、抗原及抗体、激素及激素受体、酶免疫、细胞器等生物传感器，这些传感器可以与流动注射分析、微机处理技术、微电极技术等结合。酶传感器是利用酶在生物化学反应中特殊的催化作用，使糖类、尿素、有机酸甚至三磷酸腺苷（ATP）等生物分子在常温下分解、氧化，从而检测反应过程中消耗或产生的化学物质，以测定生物分子。微生物传感器是将微生物膜修饰在氧电极或其他电极上组成的传感器，可用于测定各种微生物，如 BOD

(生物耗氧量)传感器,变异原传感器。免疫传感器是利用抗原与抗体间的专属性反应制备出的高选择性、高灵敏度的传感器,如 HCG(绒毛膜促性腺激素)传感器可方便地用于怀孕与否的检查,AFP(α-甲胎蛋白酶)传感器可用于肝癌诊断。纳米负载生物传感器的组装过程及工作原理如图 4-9 所示。

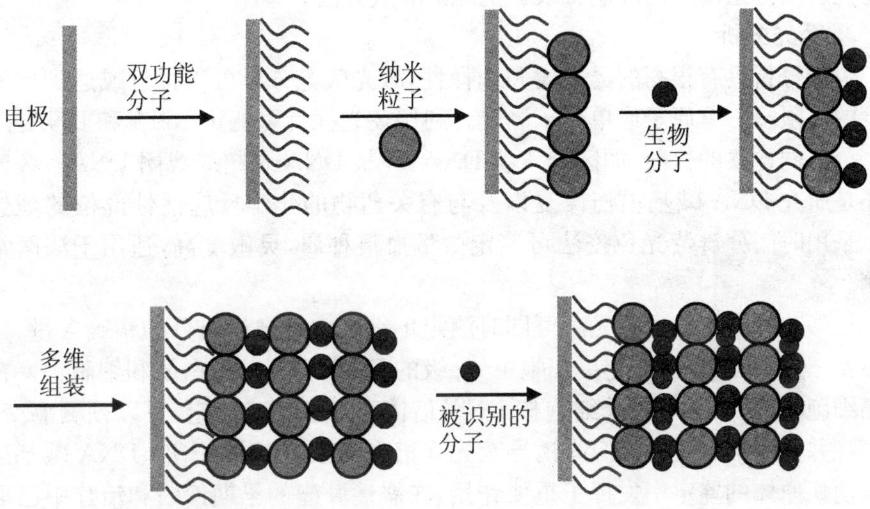

图 4-9　纳米负载生物传感器的组装过程及工作原理

微电极用作电化学探针,可检测动物脑神经传递物质的扩散过程。在电化学免疫分析中,用 20 μL 样品可测定 10^{-18} mol·L^{-1}的免疫球蛋白 G,采用微电极可将样品量降低至 nL 级,可测量 10^{-20} mol·L^{-1}的物质。用微电极还可测定单个细胞中的神经递质、pH 变化等。人们已研制出可测量温度、pH、氧压的三维传感针,由于人体在不同状态下的三维坐标区域不同,借此可区分正常区和疾病区。

另外,利用化学修饰电极的方法可将生物大分子牢固地固定在单晶基体上,再采用 STM(扫描隧道显微镜)和 AFM(原子力显微镜)技术,可以在生命的天然或准天然条件下对生物样品的构型进行不同视野的观察,从而可分别获得接近分子水平、超分子水平、亚分子水平及原子水平的图像,这对研究生物大分子的形貌及变性、失活过程,以及揭示生命过程的本质具有重要意义。

二、临床诊断中的光化学分析

1. 发光分析

生命活动过程中具有弱发光现象,发光强度与生物体内的某些生化反应具有内在联系,和环境也有相关联系。利用发光分析可研究生命过程,测定生命物质。

例如,发光分析与免疫反应相结合产生了发光生物传感技术,使生物体内的信息在体外获取成为可能,运用发光标记技术制备基因探针,在基因工程、遗传工程中发挥了重要作用。发光分析的具体应用有:ATP(三磷酸腺苷)的测定,酶活力的测定,吞噬发光与机体免疫功能的测定,血清发光诊断炎症及肿瘤。发光免疫分析与流动注射结合是测定乙肝病毒表面抗原的有效方法。

2. 荧光分析

荧光分析具有很高的灵敏度和选择性,激光荧光分析可以接近或达到检测灵敏度的极限——单原子或单分子测定。利用荧光探针可测定 RNA 和 DNA,还可以区分不同构象的核酸,如区分线状 DNA,环状 DNA 及超级线团 DNA。荧光分析还是研究 DNA 碱基损伤修复以及与有关药物的化学反应活性部位的理想工具。采用时间分辨荧光免疫法可鉴定微量血痕种属,灵敏度高,适用于法医常规检测。

用阿达玛变换分子荧光法可同时测定单细胞中各微量组分的精确含量、区域分布及三维图像,还可测定单细胞中 ng 级的 DNA、RNA、蛋白质和细胞钙。在进行癌细胞病理研究中,对单细胞核 DNA 倍体和形态精确测定,可以预测癌变,确诊癌症并监测治疗效果。激光诱导荧光光谱在活细胞、活体体液、DNA 碱基序列和细菌病原体的鉴定中发挥了重要作用,在恶性肿瘤的早期诊断和治疗中已取得可喜的进展。流式细胞计就是利用激光诱导荧光光谱法设计的细胞定量分析仪器,它可提供生物细胞的基本信息,在肝细胞倍体以及混合细胞群中各亚群细胞的 DNA 含量的测定、癌细胞动力学研究和化疗癌病患者治疗的监测等方面已获得了广泛应用。

三、临床诊断中的质谱分析

质谱分析以其高灵敏度、超微量、测定快速,特别是能有效地与色谱联用而成为解决生命科学分析问题的重要手段。质谱法用亚微克级试样就能准确地给出分子量、分子式及其他结构信息,既可定性又可定量。为了适应生命科学研究的需要,质谱技术研究热点主要集中在两个方面:其一是发展新的软离子技术,以便分析强极性、不稳定、难挥发的生物大分子(如蛋白质、核酸、聚糖);其二是液相色谱与质谱联用,以便分析复杂生物体系中的痕量成分。

四、临床诊断中的色谱分析

1. 高效液相色谱(HPLC)

借助于新型取样技术——微透析,用 HPLC 法可直接测定病人血清中肌肝含量，利用微型柱 HPLC 可测定肾上腺素、去甲肾上腺素，利用非多孔填料的 HPLC 可对各种蛋白质进行分离。利用反相 HPLC 可分离核苷酸、核苷、脱氧核苷酸、脱氧核苷和碱，可测定重组人肿瘤坏死因子衍生物。HPLC 法及 HPLC-MS 联用技术也可用于人体体液中代谢产物的测定。

2. 毛细管区带电泳(CZE)

CZE 可分离人体血清蛋白，可分析人体血红蛋白、同工酶，可分析重组人胰岛素原，可分离血红蛋白变异株，CZE 与免疫消去法结合还可分析免疫球蛋白。Kim 用 CZE 分析了患有肝硬化、肾病综合症、多克隆 g 病患者的血清，Matsubara 在 CZE 中使用非离子表面活性剂，分离了 24 种丹磺酰氨基酸。目前已可根据电荷和分子形状的差别分离生物聚合物，测定 DNA 顺序和 DNA 合成中产物的纯度，甚至可进行单个细胞的研究。

五、临床诊断中的核磁共振成像

核磁共振成像(Nuclear Magnetic Resonance Imaging，简称 NMRI)是利用核磁共振(Nuclear Magnetic Resonance，简称 NMR)原理，依据所释放的能量在物质内部不同结构环境中不同的衰减，通过外加梯度磁场检测所发射出的电磁波，测得构成这一物体原子核的位置和种类，据此可以绘制物体内部的结构图像。将这种技术用于人体内部结构的成像，就产生了一种强有力的临床医学诊断工具。

核磁共振成像是随着计算机技术、电子电路技术、超导体技术的发展而迅速发展起来的一种生物磁学核自旋成像技术。它是利用磁场与射频脉冲使人体组织内进动的氢原子核(即 H^+)发生振动产生射频信号，经计算机处理而成像的。原子核在进动中，吸收与原子核进动频率相同的射频脉冲，原子核就发生共振吸收，去掉射频脉冲之后，原子核磁矩又把所吸收的能量中的一部分以电磁波的形式发射出来，称为共振发射。共振吸收和共振发射的过程叫做“核磁共振”。用适当的电磁波照射磁场中的物体，就会产生核磁共振，然后分析它释放的电磁波，就可以得知构成这一物体的原子核的位置和种类，据此可以绘制物体内部的精确立体图像。临床医学中的核磁共振成像的“核”指的是氢原子核，因为人体的约 70% 是由水组成的，因此 NMRI 可以利用水中氢原子产生核磁共振。例如，通过一个磁共振成像扫描人类大脑获得的一个连续切片的动画，可以观察整个大脑的组织结构。

第八节　生命科学的未来

20 世纪是生命科学迅猛发展的时代，尤其是最后 20 年，其发展速度令人瞩目。利用基因技术培育的转基因食品已经摆上了普通百姓的餐桌;基因方法已经开始挽救患者的生命;克隆技术的重大突破,已使动物的复制成为可能。人类数千年来的梦想正随着生命科学发展逐一实现,随着化学与生命科学更加紧密地结合,世界还将会有更多的奇迹出现。

在21世纪,生命科学将成为自然科学的带头学科。分子生物学将在生命科学中保持主导地位;细胞生物学还将作为生命科学的基础科学继续发展;脑科学将代表生命科学发展的一个高峰;基因组计划、基因工程、细胞工程、酶工程、蛋白质工程将带来农业、食品、医药和化工等领域的革命,产生难以估量的社会效益和经济效益。

一、人体革命

随着劳动强度减少和生命科学发展,人的寿命不断延长。我国人均寿命1957年为57岁,1981年为68岁,目前为76岁。美国普林斯顿大学分子生物学教授西弗尔认为,再过20年,人们不仅能弄清楚人的全部遗传基因,还可知道不同基因的不同功能。届时,可以在人工授精中心,通过对基因的修正,使孩子先天就有抗心脏病、糖尿病、中风、癌症、老年痴呆症等疾病的能力,从而使寿命进一步延长。在21世纪,人活百岁将成为比较平常的事情。人均寿命将有可能延长到125岁、150岁,科学家们迄今还没有发现人类自然寿命的最高极限是多少。美国哈佛医学院基因诊断研究室主任吴伯林研究员在其编著的《人体革命》一书中指出,从基因科学角度分析,人的寿命可达167岁。

21世纪科学家将在人体的器官和组织"重造"及修复方面取得巨大进步。在人身上进行转基因动物器官移植将成为可能。科学家还打算研制生物-人工器官,即研制能置于抗排异膜内的人体或动物的假器官,这种生物-人工器官将取代人造器官,实现为人体更换"零件"——心脏、肝脏、肾脏等人体器官的梦想。借助在实验室培养细胞,等其长到一定规模时,再做植入手术。那时,患者对用源细胞培养的器官不产生排异反应。专家们指出,到2030年,"试管婴儿"将越来越多,年轻妇女可以先将自己的卵子存放起来,然后开创一番事业,如果想要孩子,可以到精子库按捐献者的智力、长相和受教育程度等设计自己的孩子。

二、基因革命

人类基因组计划完成之后,人的复制以及通过有目的的生成和改变基因可能在21世纪30年代成为现实。引起一种疾病的基因,可以用"健康"的基因来代替。

对于因免疫系统缺损而出现的疾病，未来基因学将给予很好的治疗。专家们认为，人在那个时候虽然可以复制，但是无法复制智力特征。

基因工程将引发一场新的绿色革命，农业的生产效率将获得全面提升。未来的基因工程作物不但可以在恶劣的环境里茁壮成长，而且还会含有更高的营养成分。未来的农民将利用基因工程培育可以生产疫苗、化学药品以及可进行生物降解的塑料等作物。

生物技术还有可能为计算机领域的研究带来突破。目前采用的硅芯片上集成的电子器件数量已逐渐接近极限，因此计算机的处理能力也就接近极限。以DNA计算机为首的生物计算机也许将会成为传统计算机的理想的终结者。各种生物计算机可彻底实现现有计算机无法真正实现的模糊推理功能和神经网络运算功能，这是模拟人工智能的一个突破口。

在人类从猿猴中分离出来后的500万年里，人类DNA的发展变化不到2%，但是在21世纪里，人类将能够从根本上改变自己的DNA，在创造出新生命的同时把我们的幻想和虚荣心编成代码。人类将能克隆自己，可以按需要克隆在世的某一个人，也可以克隆死后多年的某一个人，到那时，人类将建立起新的道德观念。到21世纪末，人类将能绘制自己大脑中的300亿或更多的神经元。掌握这一信息后，人们就能创造出与人脑一样的有思想、有意识的人工智能，就能以机器的形式复制自己的思想，从而使人类得以在没有生物意义的大脑和身体的情况下生存。

三、干细胞研究

干细胞是一类具有自我复制能力(Self-renewing)的多潜能细胞，在一定条件下，它可以分化成多种功能细胞。医学界称之为“万用细胞”。干细胞有两种分类方法，一是根据干细胞所处的发育阶段分为胚胎干细胞(Embryonic Stem Cell)和成体干细胞(Somatic Stem Cell)。第二种分类方法是根据干细胞的发育潜能分为三类：全能干细胞(Totipotent Stem Cell)、多能干细胞(Pluripotent Stem Cell)和单能干细胞(Unipotent Stem Cell)。胚胎干细胞的发育等级较高，是全能干细胞，而成体干细胞的发育等级较低，是多能或单能干细胞。

2007年11月，日本和美国威斯康星州的两个科学家小组宣布，他们发现了一种重新编排人类皮肤细胞和使其像胚胎干细胞那样运作的方法，他们成功地将人体皮肤细胞改造成了几乎可以和胚胎干细胞媲美的干细胞。这一成果有望使胚胎干细胞研究避开一直以来面临的制造或者摧毁胚胎的伦理争议，从而大大推动与干细胞有关的疾病疗法研究。这一新的发现将有助于人们避开伦理争议，为医学进步铺平道路。

四、破解生命之谜

尽管生命科学已经取得巨大成就,但未知世界仍是广阔无边,等待人们去开发。

1. 生命起源之谜

最早的生命从何而来？有人认为来自于“宇宙胚种”,有人认为起源于化学物质,但始终不得要领。这个“自然历史上最复杂、最难以解决的疑问”,今后仍是科学研究的焦点,将长期吸引学者的注意。

2. 大脑之谜

大脑,这个“大自然创造的最神秘黑箱”,有着无比奇妙的特点。诺贝尔奖获得者克里克曾风趣地写道:“你本身,你的喜怒哀乐,你的记忆,你的雄心,你的个人感觉,你的自由意志,事实上不外乎是大量细胞及其相关分子的行为。”正如勒维司所描述的那样:“你什么都不是,仅仅只是一堆神经元。”但这堆神经元究竟是怎样开展工作的,至今却知之甚少。

3. 演化之谜

生命是如何演化的？尽管达尔文“物竞天择”理论对此作了颇为精彩的解释,但近年来的一系列发现,却使这个领域重新充满疑团。例如,“寒武纪生物大爆炸”就是其中最具挑战性的事实,在距今5亿多年前的寒武纪后期,在非常短促的历史时期内,地球上突然冒出了许多新的动物类型,包括海绵动物、腔肠动物、腕足动物、节肢动物等。总之,大多数“门类”都在此时同时出现,而之前根本并不存在,之后则基本上没有增加。这一事实和所谓“渐进式演化”、“系谱树”等理论很难协调。此外有人在分子水平研究进化问题上,也发现许多难以用自然选择理论解释的事实。看来“生命如何演化”,仍然是值得继续探索的大课题。

4. 地外生命之谜

尽管直至今天还没有找到任何地外生命存在的踪迹,但由于宇宙中星体太多了,要否定它几乎是不可能的事,所以寻找还必须继续进行下去。一旦有所发现,由于它们所处的环境和地球截然不同,其元素组成、结构方式、遗传密码、新陈代谢类型,肯定和地球型生命有很大差别,研究它们之间的异同,必然会导致生命科学的重大进展。

可以预料,化学及生命科学的结合必将对21世纪产生重要的影响,它能促进人类社会的文明与进步,也会带来一系列环境问题和严重的伦理问题,科学家们应树立起保护自然资源、生物多样化和人类生存系统的责任心,维护人类的尊严和人类生存的基本权利。早在1999年世界科学大会上,来自世界各国的科学家就通过了《科学和利用科学知识宣言》，制定出科学与社会之间的新契约。相信在 21 世纪，化学及生命科学将同其他各领域的科技一道，为人类更好地生存作出前所未有的贡献。

第五章　化学与新型能源

能源是社会发展的动力资源。

社会发展在加速，能源危机在加剧。

能量与物质共存，物质变化总伴随着能量变化。作为掌管物质变化的学科，化学既是创新物质的能手，也是开发能源的专家。化学不仅在传统能源的有效利用中发挥了重要作用，还在开发新能源方面做出了重大贡献。

第一节　概　　述

能源是指能为人类提供热、光、动力等有用能量的物质或物质运动的统称。经济的发展和社会的进步，能源先行。社会越发展，生产力水平越高，人类对能源的依赖程度也越高，同时对能源的利用水平也越高。能源利用的广度和深度是衡量一个国家生产力水平的重要标志。

现在地球上人口有六十多亿，到21世纪中叶，预计将达到一百亿。单从人口增长来看，能源消费的增加将是惊人的。因此，新能源的开发与利用是急需解决的问题。科学家预言，化学学科在解决能源问题方面将发挥越来越重要的作用。

一、能源利用的历史进程

人类历史上每次能源技术的重大突破都引发一次生产力的飞跃。人类文明的每一步前进，都和能源的利用息息相关。人类社会的发展历史就是一部不断向自然界索取能源的历史。

1. 柴薪时代

柴薪是人类第一代主体能源。人类学会用火之后，首先用树枝、杂草等作为燃料，用于煮食和取暖。火还给人类以光亮，使人能在夜间活动。火还可以冶炼金属、制造工具。恩格斯在评价火的作用时说："摩擦生火第一次使人支配了一种自然力，从而最终把人同动物分开。"

2. 煤炭时代

公元前500年我国古人就发现了“黑石头”(煤)。17世纪中叶，人类能源消费逐步由木炭转向煤炭。煤气灯的使用、蒸汽机的发明使煤炭一跃成为第二代主体能源，并开创了18世纪的工业文明。19世纪以来，随着电磁感应现象的发现，以蒸汽轮机作动力的发电机开始出现，煤炭作为一次能源被转换成更加便于输送和利用的二次能源——电能。至1900年世界能源消费总量达12亿吨标准煤，其中煤占80%。

3. 石油时代

公元前250年，中国人就发现石油是一种可燃的液体。从1782年瑞士人发明煤油灯到1853年全球普遍使用，石油发挥的功能几乎全是照明。1854年，美国宾夕法尼亚州打出了世界上第一口油井。19世纪末，人们发明了以汽油和柴油为燃料的奥托内燃机和狄塞尔内燃机。1908年，福特研制成功了第一辆汽车。此后，汽车、飞机、柴油机轮船、内燃机车、石油发电等将人类推进到现代文明时代。石油以及天然气的开采与消费开始大幅度增加，并以每年2亿吨的速度持续增长。虽然经历了多次石油危机，石油价格高涨，但石油的消费量却没有减少的趋势。1965年，全球石油的消费量首次超过煤炭，在能源消费总量中所占比重达39.4%(煤炭为38.7%)，成为第三代主体能源。此后石油所占的比重不断提高，世界进入了“石油时代”。由于石油需求量的急速提高，20世纪70年代世界上出现了两次“石油危机”。

4. 核能开发

20世纪30年代人们开始了从原子核获得能量的研究，40年代建成核反应堆，50年代建成核电站，以后核能开发技术日趋成熟。受石油危机的影响，核能利用在20世纪80年代发展最快，据统计，1980～1985年世界核能消费量增长了90%，前苏联增长了121%。截至2007年12月，全世界正在运行中的反应堆有439座，总发电量达到37117 GW，全世界核电供应已经达到总供电量的16%，许多国家达到总供电量的1/3。

人类在能源开发过程中，还逐渐发现和利用了水能、风能、太阳能等。

二、能源分类

能源家族从不同的角度可以做不同的划分，从其产生的方式以及是否可再利用的角度可分为一次能源和二次能源，可再生能源和不可再生能源；根据能源消耗后是否造成环境污染可分为污染型能源和清洁型能源；根据使用的性质又可分为常规能源和新型能源。

一次能源中有可再生的水力资源和不可再生的煤炭、石油、天然气资源。另外,一次能源中也列入了太阳能、风能、地热能、海洋能、生物能以及核能。二次能源中包括电力、煤气、汽油、柴油、焦炭、洁净煤、激光、沼气等。

污染型能源包括煤炭、石油等;清洁型能源包括水力、电力、太阳能、风能和核能等。

常规能源包括一次能源中的可再生水力资源和不可再生煤炭、石油、天然气等资源;新型能源包括太阳能、风能、地热能、海洋能、生物能以及用于核能发电的核燃料等。

三、能源危机和环境污染

20 世纪人类使用的主要能源是石油、天然气和煤炭。随着全球人口的急剧膨胀和社会生产力的发展,人类的能源消费大幅度增长。众所周知,石油、天然气和煤炭均为矿物能源,是古生物在地下历经数亿年沉积变迁而形成的,不可再生,储量有限。根据国际能源机构的统计,假使按目前的需求或消耗势头发展下去,那么,地球上这三种能源能供人类开采的年限分别只有 40 年、60 年和 240 年。所以,开发和利用清洁而又用之不竭的新能源替代上述三种传统能源,迅速降低它们的消耗量,已经成为人类发展中的紧迫课题。另一方面,大量矿物能源的燃烧,是造成大气污染、“酸雨”和“温室效应”加剧的罪魁祸首,其中煤炭燃烧对环境的污染最严重。在开采石油、天然气和煤炭时也会产生环境污染,据统计,每开采 1 吨煤需排放 2 吨污水。所以,传统能源造成的环境污染也是人类面临的重大问题。

四、世界能源概况

目前世界广泛利用的五大能源是石油、煤炭、天然气、核能、水力。有人认为 21 世纪的能源格局将逐渐变为核能、水能、燃气能“三足鼎立”。

能源消费存在很大的南北差异,发达国家使用量占消费总量的 3/4 以上,人均消费以美国最高,是世界平均水平的 5 倍,是我国的 10 倍。主要能源储量也存在很大差异,例如,地球上石油的估计储量为 1600 亿吨,但有 63.3%分布在中东地区,我国只占 2.1%;天然气估计储量为 180 万亿立方米,中东占 40.8%,俄罗斯占 26.7%,我国仅占 1%。当前的世界能源结构如图 5-1 所示。

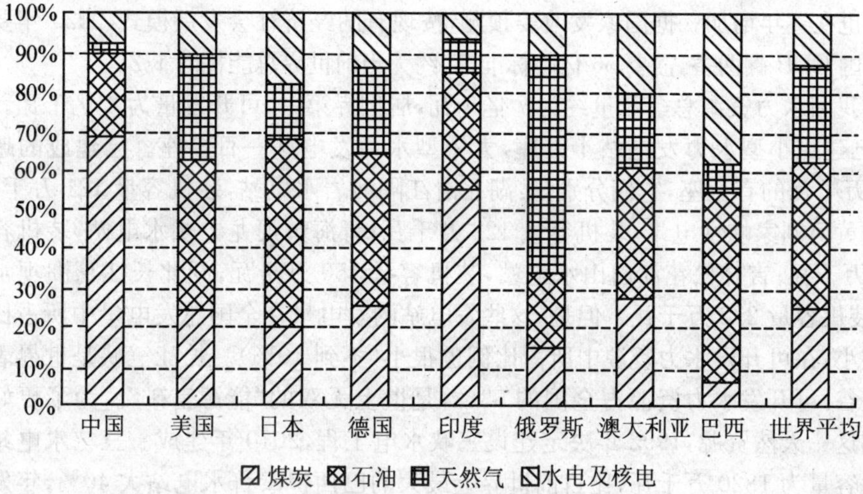

图 5-1　世界能源结构图

五、我国能源概况

我国能源资源蕴藏量较为丰富。据统计，我国有世界第 1 位的水能资源蕴藏量，第 3 位的煤炭探明储量，第 11 位的石油探明储量和第 18 位的天然气探明储量。我国拥有的能源总量在世界上属于中等水平，约占世界能源总量的 1/10，但人均能源可采储量则远低于世界平均水平。据英国石油公司 2003 年的世界能源统计报告，我国的煤炭、石油、天然气的储采比（已探明的储量与当年的开采量的比）分别为 82 年、15 年、46 年。我国的能源分布也不尽合理，能源的地区分布是北多南少、西富东贫，经济发达、人口集中的沿海地区缺少常规能源。能源品种分布是北煤、南水、西油气，其中，煤炭资源总储量的 71％分布在华北地区，南方除贵州外均为贫煤省。石油资源主要分布在东部和西部。天然气资源主要分布在塔里木盆地和四川盆地。

20 世纪 80 年代，中国能源供求关系极为紧张，能源产业是制约国民经济发展的瓶颈产业。进入 90 年代，能源供求矛盾逐渐缓解。在能源需求总量和供给总量增长的同时，能源利用效率也得到了大幅度的改善。到 2005 年，能源供求矛盾基本消除，一次能源生产总量达到 22.6 亿吨标准煤，是新中国成立初期的 87 倍、改革开放初期的 3.3 倍。其中，煤炭产量达 21.9 亿吨，仍居世界第一。石油产量1.81 亿吨，居世界第六位。但是，随着人民生活水平的提高，对优质能源的需求越来越大，国内生产已供不应求。我国从 1993 年起由石油净出口国变成了石油净进口国，当年净进口石油 905 万吨。2003 年我国进口石油达 8400 万吨，成为居美国之后的第二大石油进口国。目前，石油净进口量已占我国石油总消费量的 20％以上。另外，进口的天然气量也在逐年增加。据国家发改委预测，按现有的经济社会发展模式，2020 年要实现我国 GDP 翻两番，需要 56 亿吨标准煤，约为当前世界总能耗的 1/2。

我国水力资源总蕴藏量约为 7 亿千瓦，居世界第一，可开发量为 4 亿千瓦。目前，已建成小型水力发电站十万座，大中型水力发电站一百多座。已建成的超过 100 万千瓦的有五座，它们分别是：湖北清江隔河岩水电站，装机容量 121 万千瓦；甘肃黄河刘家峡水电站，装机容量 122 万千瓦；青海黄河龙羊峡水电站，装机容量 128 万千瓦；吉林松花江白山水电站，装机容量 150 万千瓦；湖北长江葛洲坝水电站，装机容量 272 万千瓦。但是，这些发电站的发电量在全国总发电量中所占比例仍很小，在可开发水力资源中所占比例也很小（不到 10%）。长江三峡是世界著名大峡谷，可开发水力资源占全国的 53%，是世上无双的“能源富矿”。为了更好地利用这一天然资源，1992 年决定建设三峡水电工程，2010 年建成。三峡水电站总装机容量为 1820 万千瓦，比目前世界上最大的巴西伊泰普水电站大 40%，年发电量 840 亿度，为目前全国发电量的 1/8。其输电范围 1000 公里，可把全国七大电网联结起来，充分发挥跨流域的调节和调度作用，全国各水电站每年可因此增加发电能力 300 万～500 万千瓦。

在核能利用方面，中国自主设计建设的第一座核电站——秦山核电站于 1991 年建成投产，结束了中国内地无核电的历史。1994 年建成投产的大亚湾核电站是中外合作建设核电站的成功范例。1996 年开始，中国又自主设计建设了秦山二期核电站；与国外合作建设了岭澳核电站、秦山三期核电站和田湾核电站。截至 2007 年 8 月，共有 11 台核电机组投入运行，总装机容量 911 万千瓦（如表 5-1 所示）。

表 5-1 我国已商用发电的核电机组

电站名称	额定电功率（千瓦）	堆型
秦山一期	31 万	压水堆
秦山二期	2×65 万	压水堆
秦山三期	2×72 万	重水堆
大亚湾	2×98 万	压水堆
岭澳一期	2×99 万	压水堆
田湾	2×106 万	压水堆
合计	911 万	

第二节 化学使古老的能源焕发青春

一、石油深加工

石油从发现至今，主要用作液态燃料，其产品主要有汽油、煤油和柴油。从地下开采出来的石油也称之为原油，是一种有色、有味的黏稠液体。它是各种化合物的混合物，主要成分是碳氢化合物。原油经加工后才能用作燃料。目前，世界上的7.5亿辆机动车每年消耗的9亿吨汽油和10亿吨柴油都来自于石油深加工。石油化工厂如图5-2所示。

图5-2 石油化工厂一角

1. 分馏(Fractionation)

利用原油混合物中不同分子沸点各异的特性，通过蒸馏的办法可以得到不同沸点的产物。沸点一般随碳原子数的增加而提高，因此给原油加热时，碳原子较少的烃(碳氢化合物)先气化,经冷凝后分离出来。随着温度的升高不同组分的烃可相继气化、冷凝而被分离出来。这种方法就叫做分馏。对于石油 360 ℃以下的各种组分(汽油、煤油和柴油)可进行常压分馏,对于沸点在 360 ℃以上的组分(重油)需采用减压分馏,减压的目的是降低烃类气化温度,以免分馏温度过高而使化合物发生分解或碳化。从减压塔分馏出各种润滑油、石蜡等产品,最后留下的就是沥青。

直接从原油中通过蒸馏而制得的汽油称为直馏汽油,其数量仅为原油的 10%左右,而且由于质量不好很少直接用作动力燃料油。

汽油发动机在运转时要经过进气、压缩、点火和排气 4 个冲程。在汽缸中,汽油蒸气只有在点火燃烧时才能跟活塞的运动协调,若汽油质量不佳,在焰峰到达之前已发生自燃会造成压力骤增而形成冲击波,称为爆燃现象。压力的严重不均衡会使发动机产生震动,同时一部分燃料因不完全燃烧而排出黑烟。显然,自燃点低的烃类成分愈多,汽油的质量也就愈差。据测定,直链烷烃的自燃点最低,支链烷烃和环烷烃次之,芳香烃最高。如正庚烷的自燃点为 223 ℃,而异辛烷的自燃点为 418 ℃。于是人们用辛烷值来衡量汽油抗震性的高低。抗震性最差的正庚烷的辛烷值被定为零,而抗震性较好的异辛烷(2,2,4-三甲基戊烷)的辛烷值被定为 100。把汽油的抗震性与这两种烃的不同成分的混合物相比较,就可得到该汽油的相对辛烷值。如一种汽油的辛烷值为 75,说明它的抗震性与 75%异辛烷和 25%正庚烷混合物的抗震性相同。商品汽油的牌号往往是以辛烷值来表示的。直馏汽油的辛烷值大约在 55 左右,这是因为直馏汽油中的烃类化合物,大部分都是直链烷烃。为了提高汽油的辛烷值或提高汽油抗震性能,就必须在汽油的成分中增加支链烷烃或者芳烃。

2. 重整(Reforming)

重整就是把馏分中的烃类分子重新排列而构成新的分子结构。重整的结果是支链异构体增加,芳烃增加,而这些新的化合物中碳原子数仍然是在汽油的组成范围之内,因此可以大大提高汽油的辛烷值。通常重整汽油的辛烷值(Octane Number) 都在 85～100,取代 55 号汽油(直馏汽油)可使飞机发动机功率提高 45%～65%。1940 年 5 月第二次世界大战时,法国空军使用的是辛烷值为 83 的汽油,结果在一次空战中败给了德国空军。时隔两个月,英国空军使用了美国环球油品公司提供的辛烷值为 100 的汽油,结果在 1940 年 7 月 10 日到 10 月 31 日这一段日子里在决定英国命运的空战中大败德国空军,使德国丧失了 1733 架飞机。

提高汽油辛烷值的另一种方法是在汽油中添加少量抗爆剂——四乙基铅。四乙基铅的抗爆作用机理是 PbO 在烃类的燃烧反应中,可以将烃类过氧化物分解成醛类等含氧有机化合物,从而减少了烃类过氧化物分解成自由基的机会。因此四乙基铅的加入使气缸内汽油-空气混合物的自燃倾向大大减少,起到了抗爆的效果。然而,四乙基铅有剧毒,含铅的燃烧废气也是大气中铅污染的主要来源。因此人们现在已基本实现汽油无铅化。近十几年来含氧化合物作为高辛烷值汽油的调和组分有了较大的发展,其中甲醇、甲基叔丁基醚(MTBE)更受人们的重视。例如,甲醇可将汽油辛烷值提高到130。

3. 裂化(Cracking)

为了提高汽油的产量,人们尝试把石油中一些非汽油组分的长链大分子烃类人为地切断,以求得到更多的汽油组分的烃分子,这就是原油加工中的裂化工艺。早期裂化工艺采用的是热裂化技术,直接用加热的方式使长链断裂,这种工艺选择性很差,往往产生许多低于汽油组分的小分子烃,因此效率不高。目前采用的裂化技术都是催化裂化,催化裂化 (Catalytic Cracking) 就是使重油在有催化剂的情况下进行裂化反应。这样就可以有选择性地多产生一些汽油组分的产品。由催化裂化生产的汽油以及重整汽油是目前商品汽油的主要来源。

除汽油之外,我们从原油中还可得到一系列的其他燃料油,如航空煤油、柴油、煤油、液化石油气、工业燃料油(重油)等。

4. 精制(Refining)

由石油得到的各种燃料油中经常混有少量含氮、硫的杂环化合物,它们在燃烧中会生成氮氧化物、硫氧化物等有害气体。为了减少环境污染,提高油品质量,常对燃料油进行催化加氢处理,使氮、硫变为 H_2S、NH_3 而除去。最近,一些发达国家提出清洁燃料的概念,对油中的芳烃、烯烃含量都有一定限制,对精制提出了更高的要求。

二、煤的综合开发

煤是最主要的固体燃料,它是由一定地质年代生长的繁茂植物,在适宜的地质环境中经过漫长的天然煤化作用形成的。根据煤化程度的不同,煤可分为泥炭、褐煤、烟煤和无烟煤4类。煤的含碳量一般为46%～97%。煤的燃烧热根据含碳量及挥发性物质含量的不同而不同,挥发物愈少,热值愈高。煤虽然可以直接作为燃料,但是综合利用煤中除碳之外的其他宝贵资源会提高煤的使用价值。

1. 煤的干馏(Carbonization)

干馏是让煤在隔绝空气下加热,使某些成分发生热分解。在干馏时可得三种状态的产品:气态为煤气,主要是氢气和一氧化碳;液态为煤焦油,主要为芳香族化合物;固态为焦炭。干馏可分高温干馏和低温干馏两种,低温干馏的最终温度仅为700 ℃,它的固体焦炭产品易碎,但可生产更多的轻油和焦油。干馏时加热到900 ℃～1200 ℃称为高温干馏,其生产的焦炭强度高,含挥发物质很少,适宜于在钢铁冶炼中使用，还可用作煤气化原料以及化工原料。例如焦炭在高温隔绝空气时，可以跟石灰反应生成碳化钙，这就是气焊中用来制备乙炔气的原料——电石。

焦油是多种芳香族化合物的复杂混合物，通过分馏可以使它们分离。170 ℃以下的馏出物是苯、甲苯和二甲苯。170 ℃～230 ℃的主要馏出物是苯酚和萘。这些化合物都带有苯环，为芳香族化合物，是重要的化工原料。

2. 煤的气化（Gasification）

气态的燃料对于民用最合适，因为它可以实现管道化，输送方便且干净。可是自然界的天然气（主要成分为甲烷）的开采量是有限的，且受地区的限制，因此将煤气化制成气态燃料不失为一个好方法。如果将煤在高温时与水蒸气作用，则可制成一种气态混合物（H_2、CO）称之为水煤气（Water Gas）或合成气。该混合气中的 H_2 和 CO 都是可以燃烧的气体，其燃烧热约为天然气的 1/3。若将煤与有限的空气和水蒸气反应，就可得到半煤气（H_2、CO、N_2），该气中 N_2 的含量为 50%左右，因此这种气体的热值仅为天然气的 1/6 左右，不适合作为燃气，反适合作为小型化肥厂中的合成氨原料，合成氨需要的 N_2 和 H_2 在半煤气中都有。

合成气、炼焦气及石油裂解气是城市煤气的主要来源。然而合成气有它另一种更有希望的用途，即作为一碳化学的原料气。

3. 一碳化学（C1 Chemistry）

20 世纪 70 年代曾因石油危机引发了化学研究中的一个重大课题，这就是一碳化学。一碳化学是以一氧化碳（含一个碳）为起始原料进行的反应。煤可以气化，制成一氧化碳和氢，而一氧化碳在催化剂的作用下可以氢化合成各种长链的烃类化合物，这个技术早在 1926 年已由德国化学家研究成功。这个反应的原料虽然只是简单的一氧化碳和氢，但反应却十分复杂，反应产物达百种以上。每一类反应都有自己相应的催化剂，如甲烷化反应的催化剂是负载在氧化铝上面的金属镍，甲醇化反应的催化剂是锌-铜氧化物催化剂，而合成汽油的烃类化反应的催化剂是铁。原料为一个碳的合成反应统称为一碳化学，现在人们正在考虑用 CO_2 作为原料进行氢化合成反应的一碳化学。

4. 洁净煤技术（Clean Coal Technology）

广义的洁净煤技术泛指比传统燃煤过程能降低二氧化硫（SO_2）、氮氧化物（NO_x）和微尘污染排放的多种先进用煤技术。狭义的洁净煤技术专指燃煤电厂更清洁、更有效的先进燃煤技术。洁净煤技术最早是在 1985 年由德鲁·刘易斯和威廉·戴维斯提出的，目的是想解决美国和加拿大两国的酸雨问题。

目前人们正在利用快速裂解和快速冷凝技术开发煤的拔头工艺。年代较少的煤种含有较多的易挥发组分，利用拔头工艺可从煤中提取 20%左右的气体和液体燃料，其中主要是汽油、柴油、高热值煤气和化工原料，提取后的半焦即为洁净固体燃料。

洁净煤技术在 21 世纪较有发展前景的原因主要有两个：①煤炭在自然界的储量很大，它是石油和天然气资源耗尽后的主要化石能源；②煤炭的使用对环境污染比较严重。

三、化学电源

化学电源是一种直接把化学能转变为电能的装置，俗称电池。1800 年意大利的物理学家伏打(A. Volta)设计出了第一个化学电源——伏打电池。当前化学家根据化学电池的原理设计、制造出了各种各样的新型电池。

1. 原电池：一次电池 (Primary Battery)

一次电池是放电后不能充电使其复原的电池。通常电池由正极、负极、电解质以及容器和隔膜等组成。原电池以物质氧化还原反应为基础，应具备两个必要条件：①必须把化学反应中失去电子的过程(氧化过程)和得到电子的过程(还原过程)分隔在两个区域中进行。②两个电极分别发生氧化反应和还原反应时，电子必须通过外线路做功。在化学电源的应用中，常使用“电池组”，即将两个或多个电池以串联、并联或串并联形式组合在一起使用，其组合方式取决于用户希望得到的工作电压和电容量。

(1) 锌锰电池 (Zinc-Manganese Battery)

锌锰电池是生活中普遍使用的电池(如 1 号、2 号、5 号等干电池)，它就是根据以上原理制成的一次电池。在实际制造中，锌片既作负极又作容器外皮，因此当电池用完时，锌皮常被蚀穿而导致电解液外溢。正极氧化锰为粉末状，其导电依靠碳棒辅助。两层隔膜中的电解液制成糊状以限制其流动，但又可让离子迁移。这种电池适宜用在间歇式放电场合，如手电筒、收录机或遥控器等处。当电池快用完时，注意及时取出电池以免电解液渗出腐蚀所用设备。根据锌和锰两种物质的电极电势可知，该电池的工作电压为 1.6 V。该电池总的化学反应式如下：

$$Zn + 2MnO_2 + 2NH_4Cl \longrightarrow 2MnO(OH) + Zn(NH_3)_2Cl_2$$

(2) 碱性锌锰电池 (Alkaline Zinc-Manganese Battery)

比上述传统干电池性能更好的是碱性锌锰电池。这种电池的电解质和结构都有较大变动。在这种电池里，电解质为碱溶液，有良好的导电性能，比糊状的氯化铵溶液导电速度快得多。此外，在这种电池里，锌皮改为锌粉，反应的面积要比锌皮大得多，因此可以做到连续大容量放电，外壳用铁皮做成封闭型，因而可防止电解液渗漏。这种电池的贮存性能也特别好，在 30 ℃下 1 年内才损失 5%～10%的电量。

(3) 锌银扣式电池(Zinc-Silver Oxide Button Battery)

锌银电池是常用的纽扣式电池。该电池的正极、负极分别由氧化银和锌构成,两极间有碱性介质,为碱性电池。这种电池的工作电压也是1.6 V。锌银电池具有很多优点,如有优越的大电流放电性能,放电电压平稳等。该电池总的化学反应式如下:

$$Zn + Ag_2O \longrightarrow ZnO + 2Ag$$

2. 蓄电池:二次电池(Secondary Battery)

蓄电池由一对可逆的化学反应组建而成。当化学反应转化为电能之后,还可用电能使该化学体系复原,然后再利用化学反应转化为电能,所以称二次电池。

(1) 铅蓄电池(Lead Storage Battery)

最常用的二次电池就是铅蓄电池,它由PbO_2(正极)、Pb(负极)、H_2SO_4(介质)构成。在放电时,正、负极都有$PbSO_4$生成。随着放电的进行,硫酸不断减少,同时电池中有水生成,这样就使硫酸浓度不断降低,当硫酸浓度降低到一定程度时,电池就不能再使用,需要充电。在充电时,会在正负极上重新生成PbO_2和Pb,同时也生成硫酸,最终恢复到原来状态。一般可以用比重计测量硫酸浓度,估计铅蓄电池的荷电状态。硫酸的比重范围应在1.20～1.28 g/cm^3。每一个单体蓄电池的正常工作电压为2.0 V,若需高电压时可将单体电池串联使用。该电池总的放电化学反应式如下(充电反应的方向与下式相反):

$$Pb + PbO_2 + 2H_2SO_4 \longrightarrow 2PbSO_4 + 2H_2O$$

(2) 碱式镉镍电池(Alkaline Nickel-Cadmium Battery)

镉镍电池以金属镉(Cd)为负极,氧化镍[NiO(OH)]为正极,氢氧化钾(KOH)或氢氧化钠(NaOH)的水溶液为电解液。因此,与锌银电池一样,它也称为碱性电池。放电时,作为负极的Cd失去电子变为二价镉,NiO(OH)中的三价镍得电子变为二价镍。其总的化学表达式为(充电反应的方向与下式相反):

$$Cd + 2NiO(OH) + 2H_2O \longrightarrow 2Ni(OH)_2 + Cd(OH)_2$$

镉镍电池具有使用寿命长(充放电循环高达数千次)、机械性能好(耐冲击和振动)、自放电小、低温性能好(可耐−40 ℃)等优点。它的额定电压为1.2 V。

(3) 氢镍电池(Nickel-Metal Hydride Battery)

氢镍电池是新型的二次电池,无论它的独特外型还是高达4 MPa的内部气体压力都使人感到新奇。其正极也为氧化镍[NiO(OH)],负极为氢电极。它的工作状态可以有三种:正常工作状态、过充电状态和过放电状态。在不同工作状态下,电池内部发生的电化学反应是不同的。其正常放电的电压为1.32 V,总化学表达式为(充电反应的方向与下式相反):

$$H_2 + 2NiO(OH) \longrightarrow 2Ni(OH)_2$$

氢镍电池的电解液为密度 1.3 g/cm^3 左右的氢氧化钾水溶液。这种电池的突出优点是循环使用寿命很长。此外，它承受过充电和过放电的能力很强。但它的自放电速度较大，有爆炸的可能性。尽管如此，氢镍电池的前景十分乐观，随着研究工作的推进，最终将在航天领域内全面取代镉镍电池。

(4) 锂电池（Lithium-ion Battery）

锂电池作为一种新颖的电池越来越受到人们的重视。锂是自然界里最轻的金属元素，比重仅为水的一半，同时它又具有最低的电负性，电极电位是 −3.045 V（以氢电极为标准）。所以选择适当的正极与其相匹配，可以获得较高的电动势，这种电池应该具有最高的比能量，也就是单位重量的电极物质能释放较大的电能量。由于金属锂遇水会发生剧烈的反应，所以电解质溶液必须选用非水电解液。正极材料常选用 MnO_2 或 CuO 等。锂电池可制成二次电池，也可制成一次电池。

人们对锂电池感兴趣的主要原因是它比电能高，有宽广的温度使用范围，放电电压平坦。以固体电解质制成的锂电池，体积小，无电解液渗漏，电压随放电时间缓慢下降，可以预知电池寿命，特别适于作为心脏起搏器的电源。锂电池的最大缺点是在短路或某些重负荷条件下，有发生爆炸的可能。

3. 燃料电池（Fuel Cell）

燃料电池是通过电化学过程将燃料反应物中的化学能直接转化为电能的电池装置。它与传统的电池不同，其工作物质不存在于电池中，而是源源不断由外部输入，因此可以长时间地不间断工作。燃料电池的基本组成为电极、电解质、燃料和氧化剂，其中正极和负极大都是用铁、镍、铂、片状陶瓷等惰性微孔材料制成，这些电极既不参与化学反应，又有利于气体燃料及空气或氧气通过。燃料电池工作期间，燃料和氧化剂不间断地分别输送至电池的两个电极上，利用燃料与氧化剂的反应产生电能。常用的有氢-氧燃料电池，两电极均由金属铂催化剂构成，负极电解液为 H_2SO_4，正极电解液为 KOH，中间用气体隔膜隔开。电池工作期间，H_2 燃料不断通入负极，O_2 氧化剂不断通入正极，电池反应产生的电流通过导线引出，将燃料的化学能直接转变为电能。该电池可获得 0.9～1.2 V 的电压。总的电池反应式实际上是 H_2 燃烧的反应式：

$$2H_2 + O_2 \longrightarrow 2H_2O$$

这种电池的难题之一是氢的储存问题，目前大多用特殊合金储氢。最近波士顿东北大学研制了一种碳纳米纤维，可储存自重 40%的氢，而且在室温下就可以释放出 80%的吸附氢。

燃料电池所用的燃料也可以是一些碳氢化合物，如甲烷（天然气）、汽油、煤油等，还可以是 CO、NH_3、H_2NNH_2（联氨）或醇类等。所用的氧化剂可以是纯氧、空气或过氧化氢等。

最近又出现了一类新的燃料电池——生物燃料电池，该电池利用从细菌细胞中提取出的甲醇脱氢酶作为催化剂，它可加速氢气的释放，加速电池反应，提高电池效率。

与燃煤、燃油等火力发电相比，燃料电池无中间的燃烧环节，直接将化学能转变为电能，因此能量转换效率可以大大提高。若实行热电联产，燃料总效率可达80%以上，比燃料燃烧的能量利用率高得多(我国燃煤电厂的能量利用率不到28%，世界先进国家的火力发电厂也不到40%)。更引人注意的是，用燃料电池发电时，没有燃烧产生的污染，被称为"绿色能源"。据估计，如果以燃料电池发电方式取代常规的火力发电方式，那么全球二氧化碳排放量可降低40%～60%。另外，燃料电池在发电的同时还可以得到优质水蒸气，能实现又发电又供热。燃料电池特别适用于航天事业，一是因为燃料电池有很高的比能量，减轻重量就等于降低向太空发射的费用。若与光电池配合，可以使飞行器在月球背面停留几个星期；二是因为燃料电池的产物是水，经过处理之后正好可供宇航员食用，可减少携带重量。

进入21世纪，人们加快了燃料电池的研发速度，除了设计成功各种大功率燃料电池外，还研究开发了适用于手机、手提电脑等装置的小型化燃料电池。2006年在该方面的研究取得重大进展，小型燃料电池突破5000小时测试大关，2008年完成了小型化燃料电池的生产准备工作，预计2009年将有大批量小型化燃料电池进入消费市场。

四、节能技术

1973年第一次世界性能源危机发生后，人们强烈地感受到经济发展越来越受到能源的制约。能源的短缺和浪费促使节能技术悄然兴起。

节能技术不是少用能技术，而是一定量的能源投入能够产生更大效用的技术。节能技术和新能源开发并举是解决能源危机的根本途径(这叫"开源节能")。节能技术可更加合理地利用能源，提高能源利用率，减少环境污染。有关研究表明，由于耗能设备和耗能方式的落后，世界能源总量的50%～70%被白白浪费掉。据统计，发展中国家的发电厂平均能耗几乎是发达国家的1.5倍，发展中国家的炼钢厂平均能耗超过发达国家的1.5倍，发展中国家的单位产品能耗是发达国家的3～4倍。

1995年我国能源终端利用效率为45.21%，略高于OECD(经济合作与发展组织)国家20世纪70年代初的水平。进入21世纪，能源浪费的问题仍然很严重。至2006年，每年电力浪费约2000亿千瓦时，这个数字相当于2.3个三峡电站的发电量。据2007年的统计，我国能源人均拥有量不足世界平均水平的1/2，但单位产值能耗却是世界平均水平的3倍。我国单位产值所耗能源是美国的4.3倍，德国、法国的8倍,日本、瑞士的11倍。因此,节能降耗刻不容缓。

节能技术研究主要有在以下几方面。

1. 减少二次能源转换中的损失

能源的最终消费,绝大部分是二次能源。从一次能源转换为二次能源将伴随着相当部分的损失,即使在发达国家,这种转换过程中的能源损失率也高达2/3。在石油炼制、精制和煤的干馏、气化过程中,损失的能量主要以热蒸汽形式散失,因此设计合理的工艺过程、综合利用余热是人们研究的重要课题。在电能转换过程中,现在使用的最先进的蒸汽涡轮机发电效率只有42%,发电效率的理论值也只有53%。要提高效率,必须从原理上改进,例如,可改用高温气式涡轮机、复合循环式发电系统等。另外,为了有效地利用发电过程中的余热,各国都在积极开发热电联产技术,即将发电机、配电站、热交换器紧密结合在一起,这样发电效率可望达到70%~80%。为了夺回电能输送配电过程中6%~7%的损失,人们正在积极研究1000~1300 kV的超高压大容量送电以及超导送电。

2. 终端能源消费过程中的节能技术

终端能源消费过程中主要靠高新技术手段节约能耗。通过改进燃烧设备、供热形式、热交换设备、加工设备等,一方面使燃料燃烧完全,另一方面使释放的热能充分利用。我国工业锅炉、窑炉耗费总能源的65%以上,是节能潜力最大的行业,要从炉形、燃气比、锅炉用水等多方面进行改进。

3. 节能中的高技术研究

(1) 燃烧过程有序化探讨

至今,人们对燃烧的详细机理还未完全搞清楚,还不能完全控制燃烧过程。从态化学角度来讲,燃烧过程中的气体分子、原子处于无序状态,总存在一定能耗,若能使燃烧过程中分子、原子的热运动像激光光束的光子那样定向有序,不仅可以节省燃料,而且可使交通运输工具的速度快得惊人,例如,利用有序燃烧,火箭的速度可从现在的16 km/s(第三宇宙速度)提高几千倍甚至上万倍(达到准光速)。这方面的研究刚刚起步。

(2) 高性能节能材料研究

为实现能量技术的飞速发展,需要具有特殊性能的材料,将其用于热能转换或动能转换的关键部位可降低能耗。如耐高温高压防腐蚀材料、高强度轻质材料等。

(3) 新型催化剂开发

在许多化工生产反应中,决定合成物和产率的物质是催化剂,催化剂的重要功能是降低反应活化能,提高反应选择性。降低反应活化能可减少能耗,提高反应选择性可减少副产物,减少分离步骤,也可减少能耗。所以,开发新型催化剂,在原子或分子水平上调控催化剂活性点,使催化剂高效化、多元化对节约能耗具有重要意义。

(4) 煤炭流体化技术

对煤炭进行改质，去除灰分等杂质，使之成为燃烧干净、操作方便的流体燃料。煤炭流体化原理是把煤中的高分子有机物进行低分子化，使之成为气体或液体。煤的液化在 400 ℃～500 ℃、100～200 个大气压下进行，高分子碳氢化合物被分解，加氢后可得柴油等液体燃料。煤的气化需 800 ℃以上高温，在水、氧气或空气等气化剂作用下，煤可完全变为气体燃料，主要成分为氢气、一氧化碳、甲烷。

另外，为了把节能融入整个社会大系统，各国正在制定一系列节能政策，这方面包括交通系统节能化、生活方式节能化以及建设节能城市等。

第三节　化学是开发新能源的源泉

随着社会发展，人们主要利用的矿物燃料不仅日益枯竭，而且对环境的污染也越来越严重。所以，20 世纪 60 年代以来，“能源革命”的呼声日渐高涨。“能源革命”的目的，是以绿色能源，包括新能源(如核能)和可再生能源(包括水电能、生物质能、太阳能、风能、地热能、海洋能和氢能等)逐步代替矿物能源。例如，自从核能得到和平利用之后，核能发电规模不断得到发展，很多国家已进入了原子能时代。20 世纪的能源革命使人类社会发生了翻天覆地的变化，绿色能源、新能源将为 21 世纪社会发展提供清洁、持久的动力。

一、核能(Nuclear Energy)

核结构发生变化时放出的能量叫原子核能，简称原子能或核能。核能又分重核裂变能和轻核聚变能。物质所具有的原子核能要比化学能大几百万倍以至上千万倍，1 千克铀-235 的核能，相当于 2500 吨优质煤燃烧时所放出的能量。人类在利用裂变所放出的能量方面已取得很大进展，现已建成各种类型的原子核反应堆和原子能发电站。轻核聚变时放出的能量要比同质量重核裂变时大几倍，目前人工控制聚变反应以利用其能量的研究正在积极进行。

1. 核裂变能

核裂变(Nuclear Fission) 又称核分裂，它是将平均结合能比较小的重核，设法分裂成两个或多个平均结合能大的中等质量的原子核，同时释放出核能。核裂变如图 5-3 所示。重核裂变，一般有自发裂变(核衰变)和感生裂变(外因引起)两种方式。最初，人们曾希望利用自发裂变来获取能量，但是却不现实，因为一块纯铀在 45 亿年里才只有半数的原子核发生分裂变化，那么若有 100 万千克的纯铀，它每天释放出的能量还不够发 1 度电。感生裂变才能获得需要的能量。

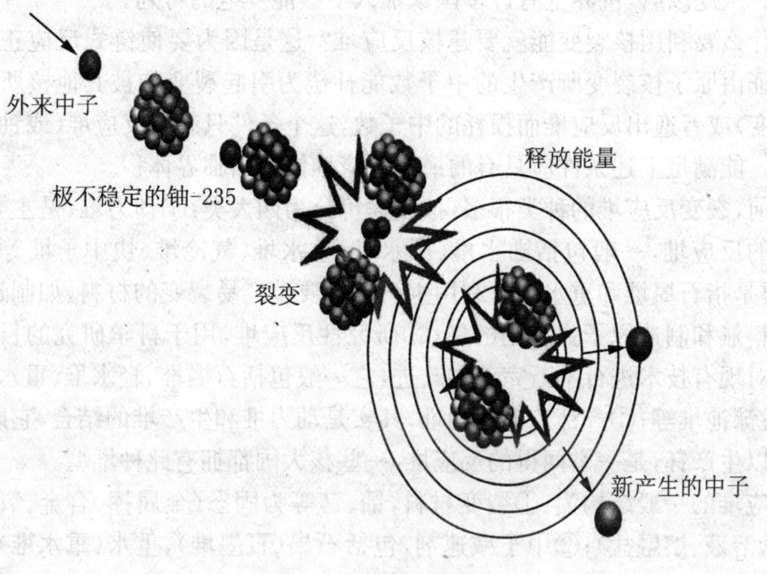

图 5-3 核裂变示意图

居里夫妇在 19 世纪末到 20 世纪初投身于寻找新的放射性元素的研究，从大量的沥青铀矿中，经过无数次的化学分离和纯制，终于发现和得到了放射性比铀强 400 倍的元素钋以及比铀强 200 多万倍的元素镭。居里夫人还测定了镭的原子量，建立了镭的放射性标准。为了纪念居里，在 1910 年的放射学大会上一致决定把放射性强度的单位定名为居里，并沿用至今。同时居里夫人制备的 20 克金属镭，存放在巴黎国际度量衡中心作为标准。

居里夫人的女儿和女婿约里奥-居里夫妇继承了父母开创的事业，从事人工放射性研究，第一次用人工方法创造出放射性元素。约里奥-居里夫妇的思路和方法为意大利原子物理学家费米(E. Fermi)所继承和发展。费米和他的同事用慢中子轰击各种元素获得了 60 种新的放射性元素，并发现中子轰击原子核后，就被原子核捕获而得到一个新原子核，该原子核不稳定，核中的一个中子将发生一次 β 衰变而变成原子序数增加 1 的元素。这一原理和方法的发现，使人工放射性元素的研究迅速成为当时的热点。

1942 年，在费米领导下成功地建造了第一座原子反应堆，就是当时的“曼哈顿计划”。凡是到过美国芝加哥大学的人，都会见到一座古老建筑物的外墙上刻写的碑文：“1942 年 12 月 2 日，人类于此完成了首次可控裂变链式反应实验，并因此开始了可控的核能释放。”令人遗憾的是，“曼哈顿计划”的最初成果是使核能应用于军事，美国在 1945 年 8 月 6 日和 8 月 9 日，分别向日本广岛和长崎投下的两枚原子弹,造成了近24万人伤亡。1954年6月27日,前苏联建立起世界上第一座核能发电站。从此以后,世界上有许多国家加入了核能发电的行列。

为什么要利用核裂变能就要建核反应堆?这是因为要使链式反应正常进行,必须保证由原子核裂变所产生的中子数能补偿为引起裂变和被其他核所俘获(不产生裂变)或者逸出反应堆而损耗的中子数,这个条件只有在反应堆(或铀块)中才能满足。能满足上述条件应具有的最小反应堆体积叫临界体积。

目前,裂变反应堆的种类很多,按用途可分为四大类:①动力堆,是主要用来产生动力的反应堆,一般包括沸水堆、压水堆、重水堆、气冷堆、快中子堆等;②生产堆,主要是指石墨堆和重水堆。利用生产堆主要生产易裂变的材料,如制造氢弹所需的燃料氚和制造原子弹所用的钚;③研究性反应堆,用于科学研究的目的,主要是为了对现有技术进行不断完善和改进,它一般包括石墨堆、轻水堆、重水堆、高通量堆、游泳池堆等;④产钚发电两用堆,其实是动力堆和生产堆的结合,它既可以发电又可以生产钚,是一举两得的反应堆,一些核大国都拥有此种堆型。

反应堆的一般结构为:①裂变材料,铀、钚等为固态(金属棒、合金、氧化物)或液态(盐溶液、熔融盐);②中子减速剂,包括石墨(石墨堆)、重水(重水堆)、普通水(轻水堆),裂变材料放置其中(由于普通水吸收热中子的几率比重水大得多,故轻水堆一般要用浓缩铀作裂变材料);③反射层,防止中子泄漏,由铍或石墨构成;④控制棒,由硼和镉构成,当中子增殖太快时插入此棒吸收中子,减缓反应;⑤冷却剂,为液态水、重水或气态空气,循环流动进行热交换(核电站就是通过这种热交换产生蒸气,以推动涡轮机而发电);⑥防护墙,为设置在反射层外的金属壳和1~2米厚的混凝土。核反应堆如图5-4所示。

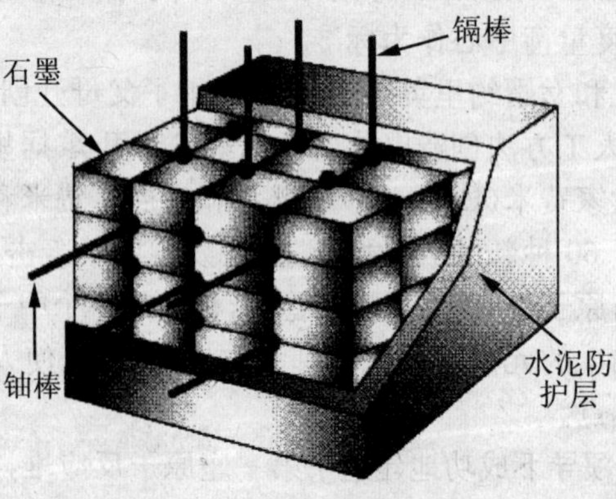

图5-4 核反应堆示意图

1986年4月26日凌晨1点,前苏联切尔诺贝利核电站的4号反应堆突然发生重大事故,这使人们又一次怀疑起核电站的安全性。原子弹爆炸,反应堆是否也会爆炸？答案是根本不可能。因为原子弹使用的是很纯的裂变物质（接近 100%的铀-235 或钚-239），在设计上原子弹爆炸要求核裂变链式反应尽可能地快，而反应堆大多采用低浓度裂变物质（2%～4%的铀-235）为燃料，以细水长流的方式发生裂变链式反应。另一个原因是反应堆的堆芯具有负反应性，而原子弹则具有正反应性。目前，世界上普遍应用的压水堆、沸水堆等各种型号的反应堆都设有安全壳，能够承受意外事故造成的冲击，再加上先进的计算机安全系统控制，完全可以确保反应堆的安全。

核能发电具有许多优点：①地球上核燃料资源储量极为丰富。已探明的铀矿至少有 600 万吨，相当于 5 万亿吨煤的能量，可供人类使用 200 年。②燃料消耗量少，运输量小。如一座 100 万千瓦的火力发电厂，每年约需烧掉 300 万吨标准煤，而同等容量的核电站，每年只需补充约 30 吨核燃料，而且如果反应堆进行专门设计，则燃烧一根铀棒的同时，还可生产出一根可裂变钚棒（利用不裂变的铀-238 吸收一个中子变成可裂变的钚-239）。③综合成本低，经济效益好。虽然它的一次性基建投资较大（为同等规模火力发电厂的 1.5～2 倍），但是核燃料的费用比煤和石油燃料费用要便宜得多，所以核电站的总成本明显低于火力发电厂的总成本。④对环境污染少，清洁无害。燃料为煤炭或石油等有机燃料的火电厂，不仅向大气排放含有大量一氧化碳、二氧化硫、氧化氮等有害气体的灰尘、烟雾，而且也会排放出大量的铀-235、钍-232 等放射性物质，而核电站的放射性废气的排放量很少，仅为火电厂放射性物质排放量的 1/3。

2. 核聚变能

一些质量很轻的原子核（如氢、氘、氚）在高温下可以聚合成一个较重的原子核（如氦），并放出巨大的能量，这个过程称为核聚变（Nuclear Fusion），也称为热核反应。太阳是自然界中一个巨大的热核反应基地，在太阳内部 1000 亿个大气压、2000 万摄氏度的环境中，四个氢原子核聚变成一个氦原子核，同时释放出大量的光和热。人们就是从太阳产生能源的热核聚变机理中得到启示，模仿太阳核聚变的原理，设法支配热核反应的速度，使能量逐渐地根据人们的意志有控制地释放出来，以达到为人类利用的目的，这就是当今世界最引人注目的“受控核聚变”。

要实现受控核聚变反应，先要将氘、氚等核燃料加热到极高温度（大约要 1 亿摄氏度以上），在这样高的温度下，氘、氚混合燃料已超出大家非常熟悉的物质三态（即固态、液态和气态）而成为物质的第四种状态，即等离子体（Plasma）。等离子体实质上就是在高温条件下形成的由离子和电子组成的导电气体，等离子体温度越高，密度越大，约束时间越长，则放出的能量就越多。当温度、密度都达到一个临界值时，放出的能量足以加热下一次添加的氘、氚燃料，聚变反应就可以持续下去，这称为可控核聚变的“点火”过程。达到“点火”的条件十分苛刻，目前还有四大困难亟待解决：一是超高温，如何将氘、氚燃料加热到1亿摄氏度以上的等离子体状态；二是高密度，如何使中子的密度达到每立方厘米50万亿个；三是约束时间长，如何使能量约束时间达到1秒以上，而且高温等离子体不能与盛装它的容器壁相接触，否则等离子体会降温，容器也会被烧坏；四是保持纯净，也就是如何防止杂质混入等离子体，因杂质会大大增加辐射损失而使等离子体冷却下来。正因为上述四大难题的困扰，三十多年来，核聚变技术发展缓慢。

如果能将激光聚焦于10～10000个原子组成的原子团，原子团就会形成等离子体，该等离子体会发生爆炸，可产生10亿摄氏度的高温离子。利用声波引发聚变反应也是当前人们研究的方向。通过将高频、高强度、纯净的声波瞄准水中上升的气泡使其升温，研究人员已可以迫使气泡迅速压缩到一个非常小的体积，致使其内部气体温度迅速达到几万摄氏度。人们正在尝试使用几种不同的技术来使气泡内部的温度和压力再增加100倍，以便达到发生聚变的临界水平。热核聚变实验堆装置如图5-5所示。

图5-5 热核聚变实验堆装置示意图

人们热衷于研究受控核聚变，主要是因为这种新能源具有如下优点：①质能比高。每千克氘和氚聚变所产生的热量为6.28×10^{14}焦耳，相当于1万吨优质煤，世界上还没有任何一种燃料的燃值能与之相比。②原料充足。地球上氘的储量特别丰富，每升海水中含氘 30 毫克，地球的海水总量中，可提炼出 40 万亿吨氘，这些氘足可供人类使用几十亿甚至上百亿年。③清洁干净。聚变中的氢，对人类基本没有危害，聚变反应生成高能中子和氦，氦是惰性元素，不会产生放射性物质，所以说核聚变能是真正清洁的能源。④安全性高。它在稀薄的气体中持续稳定地运行，因而是安全的。

美国、欧洲共同体、日本和俄罗斯已达成一项协议，将联合研制一座实验用核聚变反应堆，以探索和平利用核聚变能的可能性。如果这个项目取得成功，各方面还将考虑在 2025 年建造一座示范性核聚变发电厂，并在 2040 年建造一座商业性发电厂。

我国于 2000 年 10 月在合肥正式开工建设“EAST 超导托卡马克核聚变实验装置”。EAST 是世界上第一个具有非圆截面的全超导托卡马克，也是具有国际先进水平的新一代核聚变实验装置，其性能在国际同类装置中处于领先地位。该项目旨在探索近堆芯条件下等离子体稳态运行模式，从而为未来稳态运行的先进托卡马克核聚变反应堆提供重要的工程技术和物理基础。该装置自 2006 年 9 月起转入物理实验阶段，现已成功开展了两轮物理实验，在全超导磁体稳定运行条件下，获得了最大电流 500 千安，9 秒重复放电等多项实验成果。2007 年 3 月该项目顺利通过了由国家发改委组织的国家竣工验收。该装置在核聚变研究中将会发挥重要的作用。全超导托卡马克核聚变实验装置如图 5-6 所示。

图 5-6　全超导托卡马克核聚变实验装置

二、煤层气(Coalbed Methane)

1. 开发利用煤层气的意义

煤层气是20世纪70年代兴起的新型能源，是一种以吸附状态储存在煤层中的非常规天然气，其成分与常规天然气基本相同(甲烷含量大于90%)，完全可以与常规天然气混输、混用。在煤矿中煤层气被称为“瓦斯”，凡是有煤的地方都程度不同地存在有煤层气。煤层气是一种优质洁净能源，煤层气燃烧所产生的污染大体上只有石油的1/40，煤炭的1/800。

常规石油天然气资源如暂时不具备开发条件，可以先放一放，等条件具备了再开发。而煤层气如不开采将伴随采煤过程排入大气，既浪费宝贵资源，又造成温室效应。煤层气(甲烷)是一种温室气体，其温室效应是CO_2的22倍。甲烷的温室效应在全球气候变暖中的份额为15%，仅次于CO_2，目前，在全球每年人为向大气排放的甲烷中，煤矿甲烷约占10%。据联合国一份报告，中国因采煤每年向大气排放的甲烷气体达190亿立方米，居世界第一，与我国常规天然气产量相当，约占世界采煤排放甲烷总量的三分之一。

2. 世界煤层气资源及开发状况

全球煤层气资源极为丰富，根据国际能源机构(IEA)估计，全球煤层气资源总量最多可达260万亿立方米，其中90%分布在12个国家，超过10万亿立方米的国家有俄罗斯、加拿大、中国、美国和澳大利亚(见表5-2)。

表5-2 世界主要国家煤层气资源量

国家	俄罗斯	加拿大	中国	美国	澳大利亚	德国	波兰	英国	乌克兰	哈萨克斯坦	印度	南非	合计
储量(万亿立方米)	17～113	6～67	30～35	11	8～14	3	3	2	2	1	<1	<1	84～262

美国是第一个将煤层气作为资源进行大规模开发的国家。20世纪初美国就开始在井下抽取煤层气，进行煤层气的商业化，花费了大约十年的时间。20世纪80年代以来，美国先后投入60亿美元专门用于煤层气开发，并且制定了一系列特殊政策支持煤层气的开发，使煤层气产量迅速增加，1980年不足1亿立方米，1997年达340亿立方米，2004年达500亿立方米。加拿大煤层气开发的起步时间与我国基本相当。多年来加拿大政府一直支持煤层气的开发，在开采利用技术方面进展很快，至2004年，煤层气年产量达到15.5亿立方米。澳大利亚自1997年开始利用煤层气，主要供给建在井口的煤层气发电站。目前，俄罗斯和乌克兰、哈萨克斯坦、德国、南非等主要产煤国家也加强了煤层气的开发和利用。

3. 我国煤层气资源研究与开发

我国煤层气资源丰富，陆上埋深2000米以下煤层气储量达30万亿～35万亿立方米，超过陆上常规天然气资源总量。即使有1/10可采也有3.5万亿立方米，比美国的还多。这些资源多分布在人口集中、工业发达的中、东部地区，正好与常规天然气的分布呈互补关系。

20世纪末开始，我国越来越重视煤层气的开发和利用。1982年国家计委将煤层气利用工程列入国家节能建设投资计划。近十几年来，国家仅投入煤层气专项试验的经费就超过5亿元。目前，通过研究和探索，基本掌握了适合我国特点的煤层气勘探开采工艺流程和工程技术，确定了在当前的经济技术条件下煤层气工作的重点地区。全国抽出煤层气的平均甲烷浓度为36.6%，所开采的煤层气一般经过净化、浓缩等处理后就可以进入煤层气储气罐或进行管道输送，用于民用燃气、工业锅炉、煤层气发电等。例如，2006年2月黑龙江省首座煤层气发电站投入使用，该电站3台发电机组总装机容量1500 kW，每天耗煤层气1万立方米。1997～2006年，淮南矿区煤层气抽采量由1045万立方米提高到1.72亿立方米。晋城煤业下属寺河矿2001～2007年利用煤层气2.5亿立方米，发电超过5亿千瓦时。但是，我国煤层气的利用率仍然很低，至2007年，全国重点煤矿煤层气利用量仅占抽出量的23.5%。而美国等发达国家的煤层气利用率已超过50%。

三、可燃冰(Combustible Ice)

可燃冰的学名叫天然气水合物。可燃冰有望成为21世纪替代煤、石油、天然气的新型能源矿产。它是一种由水分子和碳氢气体分子组成的结晶状固态简单化合物。其外形如冰雪状，通常呈白色。天然气水合物中通常含有大量的甲烷或其他碳氢气体分子，极易燃烧，燃烧后几乎不留任何残渣。

天然气水合物是在高压下形成的，它分布于特定的地理位置和地质构造单元内。一般来说，除在高纬度地区出现的与永久冻土带相连的天然气水合物之外，在海底发现的天然气水合物通常存在于水深300米以下，其中大陆边缘和内陆海边缘深水盆地是天然气水合物分布和富集的主要地区。现在还很难确定地球上天然气水合物的绝对数量，有的科学家推测，全球海底天然气水合物的甲烷资源量是迄今为止地球上所有已知的煤、石油及天然气矿床甲烷当量的两倍，够人类使用1000年。

2000年起在全世界范围内兴起了从海底开发天然气水合物新能源的热潮，日本、印度、美国、新西兰等国制定了勘查和开发天然气水合物的国家计划以及获取浅层天然气水合物的钻井目标，研究的主要方向是解决天然气水合物的低成本开发技术问题。在我国南海海底可能存在储量巨大的“可燃冰”。2005年4月14日，在北京举行了中国地质博物馆收藏我国首次发现的天然气水合物碳酸盐岩标本仪式。鉴于天然气水合物具有的重要资源和环境意义,许多科学家正在积极开展海底天然气水合物资源的探测、开发及应用研究。按照我国战略规划安排,2006～2020 年是调查阶段,2020～2030 年是开发试生产阶段,2030～2050 年可燃冰将进入商业生产阶段。

四、氢能(Hydrogen Energy)

氢是一种清洁的新能源和可再生能源。氢作为燃料有很多优点:①氢是质量最轻的元素,有很高的热值,除核燃料外,它的燃烧热值位于所有矿物燃料、生物燃料、化工燃料之首,达 10^6 kJ/kg,是汽油热值的 3 倍;②燃烧"爆发力"强,非常易燃,且燃烧速度快;③氢燃烧后唯一产物是水,无环境污染问题;④氢的来源无穷无尽,海洋中就有 15 亿亿吨的化合氢。另外,氢作为燃料用于交通运输、热能和动力生产中可显示出高效率和高效益。例如,超音速飞机使用氢燃料比使用常规燃料效率要高 38%;氢气内燃机汽车的效率约为汽油汽车效率的 2.5 倍;氢燃料电池在固定动力站应用中效率可达 80%,在催化加热器中的热效率可接近 100%。

目前世界上氢的年产量为 3600 万吨,但大部分(96%)是从石油、煤炭和天然气中制取的。从水中提炼氢气一直是人们追求的目标,早在 19 世纪法国科幻作家凡尔纳就曾预言:"总有一天水会被用作燃料。"目前,人们已探讨了许多由水生产氢的方法,其中利用太阳能制氢是最理想的一类。利用太阳能分解 H_2O 生产 H_2 和 O_2,再利用 H_2 和 O_2 燃料电池放出能量用于发电,其反应产物又是 H_2O,可实现水的循环利用。

利用太阳能直接热分解水制氢,需要 3000 ℃的高温,若利用硫酸铁和碘化氢作催化剂,可将水的分解温度降至 400 ℃。利用太阳能光解水制氢需要光敏剂作为能量吸收转化介质,因常温常压下使水直接分解需要能量很高的光(紫外光),而到达地面的这种光很少。利用太阳能光电化学池电解水制氢是人们研究较多的一种,1998 年美国科学家利用磷化镓铟光电化学池和砷化镓光致电压池的特殊结合,实现了完全利用太阳能电解水,电解效率为 12.4%。在模拟光合作用分解水制氢方面,人们研究了光敏催化剂钙-联吡啶配合物、钌-联吡啶配合物等,它们能在较大范围内吸收太阳光,本身被激发后可引起水的分解。江河湖海中的一些藻类低等植物也有用水制氢的能力,可以利用它们作原料,用太阳光作动力制氢,人们已研究了既有叶绿素又有氢化酶的蓝绿藻光合作用制氢机理。2004 年 5 月在北京举行的"第二届国际氢能论坛"上,来自世界 20 个国家的五百多名政治家、实业家和科学家共聚一堂,讨论氢能的发展战略、氢能技术和氢能经济。我国自行研制的氢燃料电池公共汽车和德国的氢燃料电池车引起了国内外广泛关注。

五、太阳能(Solar Energy)

太阳以辐射能形式提供给地球巨大的、无穷无尽的最清洁的能源——太阳能。各种植物通过光合作用把太阳能转变为化学能，在植物体内储存下来。这部分能量为动物和人类的生存提供了能源。地球上的煤炭、石油、天然气等矿物燃料，是由古代埋藏在地下的动植物经过漫长的地质年代而形成的，所以矿物燃料也是储存下来的太阳能。实际上，太阳能、风能、水能、海洋温差能、波浪能、生物质能都直接或间接地来自太阳。

太阳内部不断进行核聚变反应，表面温度高达 6000 ℃，太阳以光辐射的方式不断地向四周发射巨大的能量。据估算，太阳一天发射出来的总辐射能量约为 8.36×10^{33} 焦耳，但是，只有 22 亿分之一到达地球，而穿过大气到达地球表面的仅占其中的 47%，大约是 3.8×10^{24} 焦耳。据估计，每三天太阳向地球辐射的能量，就相当于地球所有矿物燃料能量的总和。

据记载，中国是世界上最早利用太阳能的国家之一。远在三千年前，我们的祖先就发明了“阳燧取火”之法，这是人类历史上最早的一种太阳能聚光器，它比传说中的古希腊著名科学家阿基米德利用太阳能聚焦镜烧毁敌舰的故事大约要早九百多年。1615 年，法国的考克斯曾发明太阳能水泵，把太阳能转换成机械能。1901 年，美国的伊克斯又制造了太阳能发动机。1954 年，美国的贝尔研究所试制成功硅太阳能电池，开创了光-电转换的先例。20 世纪 80 年代，国际上对太阳能的研究和利用工作日益重视，推出了以研究太阳能利用为主要目标的“阳光计划”，并组建了“太阳能发展与环境专家小组”，使太阳能的发展与环境条件的改善紧密联系起来，它预示着太阳能利用的光辉前景。

人类利用太阳能主要有三个途径：光热转换、光电转换和光化转换。

1. 光热转换

光热转换即靠各种集热器把太阳能收集起来，用收集到的热能为人类服务。此项技术比较成熟，是早期最广泛的太阳能应用方式，现今全世界已有数百万个太阳能热水装置。集热器的类型繁多，而且名称也各不相同。例如，用于炊事的叫“太阳灶”；用于产生热水的叫“太阳能热水器”；用于烘干物品的叫“太阳能干燥器”；用于熔化金属的“太阳能熔炼炉”。化学家为光热转换系统提供了集热器所需的各种吸热高分子材料，为装置外壳提供了透光隔热的特种复合材料。

太阳能熔炼炉一般也是采用旋转抛物面聚光，世界上第一座高温太阳炉是建在法国比利牛斯山麓的奥台陆太阳炉，这座太阳能熔炼炉非常壮观，它用上千面反射镜聚光，聚光塔有9层楼高，总面积达2500平方米，焦点温度可达3500℃以上，用以熔化难熔的金属。由于热源来自太阳，既无燃料杂质的影响，又不会产生大气污染，太阳能熔炼炉是非常理想的高纯度熔炼方法，可以制造要求很高的特殊材料。

2. 光化转换

光化转换是指将光能转变为化学能的过程。

(1) 间接利用光化转换能(生物质能)

目前，人类主要间接利用光化转换能，即利用生物质能。生物质能是以生物质为载体的能量，在世界能源消费中占14%。生物质能是由太阳能转换而来的，它是地球上的绿色植物、藻类和光合细菌通过光合作用贮存的化学能。辐射到地球上的太阳能有0.4%被绿色植物通过光合作用吸收，陆地植物每年可以"固定"太阳能2×10^{18}千焦，地球上每分钟大约有300万吨CO_2和110万吨水通过光合作用生成210万吨氧和200万吨有机物。在绿色植物生长过程中，叶绿素吸收光能后发生光化学反应，把水分子分解为一个氧原子和两个氢原子，氧原子最终以氧气分子形式释放出来，而氢原子经光磷酸化反应形成三磷酸腺苷(ATP)，ATP中储存的能量可促使吸收来的CO_2发生还原反应生成单糖($C_6H_{12}O_6$)，然后单糖缩合成淀粉、纤维和其他大分子生物质，把太阳能储存在其中。反应式如下：

$$6CO_2 + 6H_2O \xrightarrow[\text{叶绿素}]{\text{光子}} C_6H_{12}O_6 + 6O_2$$

$$nC_6H_{12}O_6 \xrightarrow[\text{缩合}]{} (C_6H_{10}O_5)_n + nH_2O$$

光合作用创造的绿色植物是取之不竭的生物资源，它主要由碳氢化合物组成，是一种可供人们利用的能源。人们可以直接利用植物有机体作为燃料，但能量利用率低(一般只有15%)，且污染严重。利用植物有机体制作沼气是一种较理想的生物能利用方式。利用植物纤维等也可生产酒精，据估计，每公顷甘蔗林可提取相当于28吨石油的酒精，酒精本身是燃料，又可改善汽油的燃烧质量，所以美国所用的汽油已有70%是"酒精汽油"，巴西也早就在全国使用"酒精汽油"(含乙醇60%，含甲醇30%，含汽油10%)。而日本早在20年前就提出了一项"利用甲醇发电"的计划，目前已建成了超过1000千瓦的甲醇发电实验站。有些植物还能直接产生可供使用的燃料。例如，巴西有一种三叶橡胶树(又叫石油树)，若在树干上挖一个小洞，1小时内就可流出5～10升"柴油"(因流出物可直接用作柴油机燃料)，半年后又可进行第二次"开采"，每公顷林地可产"柴油"50桶。美国培养的一种黄鼠草，每公顷可产6000公斤"石油"。

1999年8月12日美国总统克林顿签署法令，要求推动一项利用农作物和草木开发汽车燃料和电力的运动，其目标是到2010年使农作物和草木在这方面的利用率增加两倍。若这一目标可以实现，相当于每年增加3.48亿桶石油，温室气体的排放量可减少1亿吨，相当于7000万辆汽车的排放量。

(2) 直接利用光化转换能

人们一直在追求直接利用光化转换能。研究的方向之一是揭示自然界光化转换的奥秘，实现人造叶绿素光化转换。自从1968年科学家发现“叶绿素脂双层膜”结构模型以后，人们从没有放松对叶绿素光合作用机理的研究。德国化学家米歇尔(H. Michel)、笛声何斐(J. Desienhofer)和赫伯(R. Huber)测定了细菌光合反应中心膜蛋白结晶的三维空间结构，对阐明光合作用的光化学反应本质具有重要意义，因此他们获得了1988年诺贝尔化学奖。研究的方向之二是光化学合成，利用光敏剂或半导体材料吸收太阳光能，再利用此能量合成化合物，将能量储存起来。科学家已利用二氧化钛作催化剂使苯乙烯在光作用下发生聚合反应，更具有意义的是利用掺铁二氧化钛作催化剂，可使氮和氢在光作用下合成氨，这一反应是在常压下进行的，温度只有84 ℃，而一般化工厂合成氨需在500 ℃高温、30兆帕压力下进行。目前这种光催化反应能量的利用效率和产物的产率都还比较低，远远不能达到实用化的要求。除了利用催化剂进行光合成外，还可以利用光敏分子进行光合成，该法的优点是人们可以根据需要设计合成出具有各种功能的光敏分子。光敏分子可以将光能接受下来逐步传递给目标物质进行化学合成。引人注目的最新成果是美国科学家研制的微型太阳能分子“机器”，它是用特殊材料制成的人造膜组装而成，膜内装有能把日光转化为化学能的物质分子，该机器能逼真地模仿光合作用，最终可研制出人造树叶。

3. 光电转换

光电转换就是利用太阳能电池的光电效应，将太阳能直接转变为电能，这是利用太阳能的一个重要方向。太阳能电池是利用“光生伏打效应”原理制成的，即当某些特殊材料受到光照射时，材料内部的电子就会变成流动状态，因此产生电动势或电流的现象。传统太阳能电池以半导体材料为主，半导体有三个显著特性：①受光照时导电性增强，无光照时恢复其绝缘性；②导电性随外界温度变化而变化；③微量杂质的掺入可使导电性增加百万倍。当阳光照射时，太阳能电池产生的电流不仅能满足当时的供电需求，而且还能将部分电能储存于蓄电池中，可用作汽车、飞机、航天器、电视、航标灯等的电源。太阳能电池的关键是半导体材料，研制适用于太阳能电池的半导体材料属于化学家们研究的领域。多晶硅易于制备，但光电转换效率低。单晶硅光电转换效率高，性能稳定可靠，使用寿命长，但制备困难，耗能多，价格高。除硅基材料外，人们还研究了硫化镉、硒化镉、碲化铟、磷化铟、砷化钾等半导体材料，尽管有较高的光电转换效率，但仍存在造价高的缺点。

目前全世界共有136个国家投入普及太阳能电池的热潮中，其中有95个国家正在大规模地进行太阳能电池的研制开发，积极生产相关的节能新产品。1998

年，全世界生产的太阳能电池，总的发电量达1000兆瓦，1999年达2850兆瓦。2000年，全球有将近4600家厂商向市场提供光电池和以光电池为电源的产品。早在“七五”期间，我国就把非晶硅半导体的研究列入国家重大课题，“八五”和“九五”期间，又把重点放在大面积太阳能电池研究方面。2003年，发改委的“光明工程”筹资100亿元用于推进太阳能发电技术的应用。至2006年，我国太阳能电池产能为15兆瓦/年。据预测，到21世纪中期，全世界电力总耗量的30%将由太阳能提供。太阳能发电原理如图5-7所示。

太阳能电池根据所用材料的不同可分为硅太阳能电池、多元化合物薄膜太阳能电池、聚合物多层修饰电极型太阳能电池、纳米晶太阳能电池、有机太阳能电池，其中硅太阳能电池是目前发展最成熟，在应用中居主导地位。

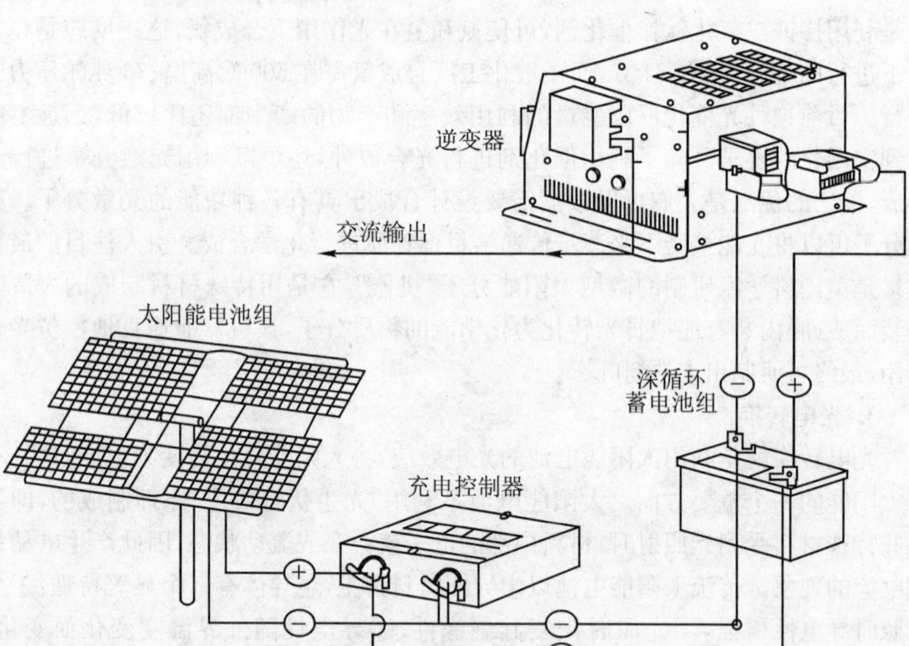

图5-7 太阳能发电原理

(1) 硅太阳能电池

硅太阳能电池分为单晶硅太阳能电池、多晶硅薄膜太阳能电池和非晶硅薄膜太阳能电池三种。单晶硅太阳能电池转换效率最高，技术也最成熟。在实验室里最高的转换效率为23%，规模生产时的转换效率为15%，在大规模应用和工业生产中仍占据主导地位。但由于单晶硅成本高，大幅度降低其成本很困难，为了节省硅材料，发展了多晶硅薄膜和非晶硅薄膜作为单晶硅太阳能电池的替代产品。多晶硅薄膜太阳能电池与单晶硅比较，成本低廉，而效率高于非晶硅薄膜电池，其实验室最高转换效率为18%，工业规模生产的转换效率为10%。因此，多晶硅薄膜电池不久将会在太阳能电池市场上占据主导地位。非晶硅薄膜太阳能电池成本低，重量轻，转换效率较高，便于大规模生产，有极大的潜力。但受制于其材料引发的光电效率衰退效应，稳定性不高，直接影响了它的实际应用。如果能进一步解决稳定性问题，提高转换率，那么，非晶硅太阳能电池无疑是太阳能电池的主要发展产品之一。

（2）多元化合物薄膜太阳能电池

多元化合物薄膜太阳能电池的材料为无机盐，主要包括砷化镓Ⅲ～Ⅴ族化合物、硫化镉及铜铟硒薄膜电池等。硫化镉、碲化镉多晶薄膜电池的效率较非晶硅薄膜太阳能电池效率高，成本较单晶硅电池低，并且也易于大规模生产，但由于镉有剧毒，会对环境造成严重的污染，因此，并不是晶体硅太阳能电池最理想的替代产品。砷化镓（GaAs）Ⅲ-Ⅴ化合物电池的转换效率可达28%，GaAs化合物材料具有十分理想的光学带隙以及较高的吸收效率，抗辐照能力强，对热不敏感，适于制造高效单结电池。但是GaAs材料的价格高，因而在很大程度上限制了GaAs电池的普及。铜铟硒薄膜电池（简称CIS）适合光电转换，不存在光致衰退问题，转换效率和多晶硅一样，具有价格低廉、性能良好和工艺简单等优点，将成为今后发展太阳能电池的一个重要方向。

（3）聚合物多层修饰电极型太阳能电池

以有机聚合物代替无机材料是一个刚刚开始的太阳能电池制造的研究方向。由于有机材料柔性好，制作容易，材料来源广泛，成本低，对大规模利用太阳能，提供廉价电能具有重要意义。但以有机材料制备太阳能电池的研究仅仅刚开始，不论是使用寿命，还是电池效率都不能和无机材料特别是硅电池相比。能否发展成为具有实用意义的产品，还有待于进一步研究探索。

（4）纳米晶太阳能电池

纳米TiO_2晶体太阳能电池是新近发展的，优点在于廉价的成本、简单的工艺及稳定的性能。其与三联吡啶钌等染料分子结合，其光电效率稳定在10%以上，制作成本仅为硅太阳能电池的1/5～1/10。寿命能达到20年以上。此类电池的研究和开发刚刚起步，估计不久的将来会逐步走上市场。

（5）有机太阳能电池

有机太阳能电池，顾名思义，就是由有机材料构成核心部分的太阳能电池。大家对有机太阳能电池不熟悉是情理中的事。如今量产的太阳能电池里，95%以上是硅基的，而剩下的不到5%也是由其他无机材料制成的。

最新数据分析显示，有机太阳能电池2008年全球产量达6.85 GW，而2007年的产量为3.44 GW，增速近100%。我国在太阳能电池研究方面也取得了重大进展，2008 年 10 月，我国首座利用太阳能自身发电的大厦（电谷大厦）在河北保定市正式投入运营。如图 5-8 所示。它的墙面全部由太阳能电池板组成，年发电量达 171 万千瓦时，可替代 1400 吨标准煤。这座五星级酒店使用的大厦总装机容量可达 0.3 兆瓦，相当于一个小型发电站，发出来的电不仅供大厦使用，还可直接并入电网。据有关专家介绍，这座太阳能大厦是我国大面积、多角度应用太阳能光伏发电的建筑一体化示范项目。

图 5-8　太阳能玻璃幕墙构成的保定市电谷大厦

4. 直接利用光能

如上所述，人们一直都将太阳能转变成电能以后再加以利用，这样在能量转换时不可避免地会出现能量损失。科学家也开始了直接利用太阳光能的研究。光子本身就带有一定的能量，虽然其存在于很小的范围之内，但仍然可以加以利用。耶鲁大学和华盛顿大学的研究人员最近成功地研制出了一个利用光子能量驱动的小型机器，揭开了光子能量研究和直接利用光能的序幕。该研究小组发现，用光照射一个由纳米元件为基础构成的机械设备，可以使其在很小范围内震动。这些纳米元件包括纳米交换机和路由器等，这种装置可以完全利用光驱动来取代传统的电驱动，可以完全脱离电网，利用光来工作。这项研究使得我们看到了直接利用太阳光能的美好未来。

第六章 化学与新型材料

与其他学科相比,化学最突出的优势是它能创造新物质。化学家利用手中的一百多种元素已为人类创造了千千万万种新材料,几乎建造了一个新的自然界。本章主要介绍各种新型材料的制备、性质和应用。

第一节 概 述

一、材料——社会发展的物质基础

古往今来,几乎每一项重大技术成果都依赖于新材料的发现和发展,一种新材料的出现和使用往往使许多产业的面貌焕然一新。没有新材料,许多高科技产品只能停留在幻想之中。所以,科技界一致认为,在当代高新技术发展中,材料、信息、能源技术是构建未来人类文明大厦的三大支柱。而在这三大支柱中,材料技术又是重中之重,它是信息技术、能源技术发生根本变革的基础,信息存储、传输、控制和利用以及能源开发、转化、提炼和储运都离不开材料技术的发展。材料的品种、质量和数量是衡量一个国家科学技术水平、经济实力的重要尺度。

在新材料的发展过程中,化学扮演了十分重要的角色。有人称化学家是操纵化学变化的魔术师,是创造新物质的专家,这一点也不过分。化学家利用手中的一百多种元素,通过巧妙的设计组合,已制造出千千万万种新物质。诺贝尔奖获得者Woodward形象地阐明了化学的作用:“化学在老的自然界旁边又建立了一个新的自然界。”是的,在我们四周的物品中,几乎已看不到纯天然材料的身影。

二、材料的分类

材料种类繁多,有多种分类方法。

1. 按用途可将材料分为结构材料和功能材料

结构材料主要是利用材料的力学和理化性质,广泛应用于机械制造、工程建设、交通运输和能源等各个领域。功能材料则是利用材料的热、光、电、磁等性能，实现物质、能量、信息等传递、转换、存储的材料，主要用于电子、激光、通信、能源和生物工程等许多高新技术领域。功能材料的最新发展方向是智能材料，它具有环境判断功能、自我修复功能、记忆功能等，人们称智能材料是 21 世纪的材料。

2. 按材料来源可将材料分为天然材料和合成材料

人们常用的木材、棉花、蚕丝、羊毛、毛皮等是天然材料，从橡胶树中取得的胶乳经加工可得到橡胶，天然橡胶也是天然材料。天然材料常受到自然条件和资源的限制。随着社会经济发展和科学技术进步，天然材料在数量、质量、品种、性能和用途等各方面都无法满足人类对材料日益增长的需求，发展合成材料成为大势所趋。合成材料是人们运用化学方法人工合成出自然界中不存在的材料，大致可分为无机合成材料和有机合成材料。无机合成材料主要是指各种氧化物、碳化物、氮化物和硅化物、合金、陶瓷等，有机合成材料主要是指合成塑料、合成纤维和合成橡胶等合成高分子材料。

3. 按材料的化学成分和特性可分为金属材料、陶瓷材料、高分子材料和复合材料

① 金属材料。又分为黑色金属材料和有色金属材料。黑色金属材料通常包括铁、锰、铬以及它们的合金，是应用最广的金属结构材料。除黑色金属以外的其他各种金属及其合金都称为有色金属。有色金属品种繁多，又可分为轻金属、重金属、高熔点金属、稀土金属、稀散金属和贵金属等。为了发展航空、火箭、宇航、舰艇、能源等新兴工业，需要研制具有特殊性能的金属结构材料，因此金属材料发展的方向是研制新型金属材料。②陶瓷材料。是人类应用最早的材料，属于无机非金属材料。传统的陶瓷材料是以硅和铝的氧化物为主的硅酸盐材料，新近发展起来的特种陶瓷或精细陶瓷，其成分扩展到了纯的氧化物、碳化物、氮化物和硅化物等。③高分子材料由大分子化合物组成，根据来源可分为天然高分子材料和合成高分子材料，根据组成它们又可以分为无机高分子材料和有机高分子材料。这类材料一般都有优异的性能，如较高的强度、优良的塑性、耐腐蚀、不导电等。高分子材料发展速度较快，已部分地取代了金属材料。合成具有特殊性能的功能高分子材料是高分子材料的发展方向。④复合材料是由多种材料经特殊加工复合而成，其强度、刚度和耐腐蚀等性能比单一材料更为优越，应用更为广泛，是一类很有发展前景的新型材料。

当前，研究较多、应用较广的是新型材料。新型材料是指新近发展或正在发展的具有特殊功能的材料，如高温超导材料、工程陶瓷、功能高分子材料等。这些新型材料的特点是：①新型材料是根据社会的需要，在人们已经掌握了物质结构及其变化规律的基础上进行设计、研究、试验、合成，生产出来的合成材料。新型材料一般具有特殊性能，能满足尖端技术和设备制造的需要，例如能在接近极限条件下使用的超高温、超高压、极低压、耐腐蚀、耐摩擦材料。②新型材料是多学科综合研究的成果。它要求以先进的科学技术、最新研究成果为基础，往往涉及物理、化学、冶金等多个学科。③新型材料从设计到生产，需要专门的、复杂的设备和技术，它自身形成了一个独特的领域，称为新材料技术。新材料技术在高新技术领域中占有特殊的地位，成为实现各种高新技术的物质基础。

第二节 材料科学发展史

在人类的发展史上，历史学家早就把人类对材料的认识和使用作为其发展阶段的标志，如石器时代、陶器时代、青铜器时代、铁器时代和高分子时代等。

一、陶瓷材料的发展

中华民族早在距今1万年的新石器时代早期，就在现今的江西万年县大源仙人洞一带和陕西华县老官台地区烧制质地粗糙的夹砂红陶了。到距今约五六千年的仰韶文化时期出现了细泥彩陶(所以仰韶文化又称彩陶文化)，这种陶器具有独特的造型，还有美丽的图案。商代以后，人们逐渐认识和掌握了釉料，出现了釉陶和原始瓷器，如著名的“唐三彩”。世界其他地区，如古埃及、古印度、古希腊的人们与我们的祖先一样，制陶工艺也是开始于新石器时代，并随着社会的发展而发展。后来，在制陶技术的基础上又发明了瓷器，这是陶瓷材料发展的一次飞跃，瓷器(英译名为China)的出现成为中华民族文化的象征之一。古代的陶瓷和瓷器如图6-1所示。

二、金属材料的发展

人们在大量地烧制陶瓷的实践中，熟练地掌握了高温加工技术，利用这种技术来烧炼矿石，逐渐冶炼出铜及其合金——青铜，这是人类社会最早出现的金属材料，它使人类社会从新石器时代转入到青铜器时代。我国出土的大量古代青铜器表明，中国历史上曾有过灿烂的青铜文化，从1965年在湖北望山一号楚墓中出土的2500年前越王勾践的宝剑和青铜编钟可以看出，当时青铜器生产工艺已达到了很高的水平。在炼铜技术发展的基础上，人类逐渐掌握了炼铁技术。用铁作为材料来制造农具，使农业生产力得到空前的提高，并促使奴隶社会解体和封建社会兴起。古代青铜器如图6-2所示。

图 6-1 古代的陶瓷与瓷器

图 6-2 古代青铜器

18 世纪蒸汽机的发明带动了纺织机械、交通运输工具和发电、输电等电力设备的发展，爆发了第一次工业革命。对于蒸汽机的发明，除了物理学和机械学的发展基础外，它的重要的物质基础是材料。显然，没有钢铁材料的发展，也就没有蒸汽机的出现。在这次工业革命中，随着各种机械的发展以及对材料要求的不断提高，促进了钢铁材料的发展，从普通钢铁发展到低合金钢、高合金钢，由低强度钢发展到高强度钢，进而又对各种机械的结构提出新的要求。就这样，机械发展的要求促使新材料的发展，而新材料的发展又促使机械向更轻、更高速和更高效率的方向发展。

三、半导体材料的发展

半导体材料可以称为是第三次工业革命的先导。1946 年，第一台计算机是由电子管制成的，它是用 18000 只电子管组装而成的，计算机总质量达 30 多吨，占地 150 平方米，耗电几百千瓦，信息处理速度仅每秒 10 万次。而大家现在都熟悉的装有奔腾处理器的台式计算机，信息处理速度已达每秒上亿次，体积仅为世界第一台计算机的几十万分之一。现代计算机有了这样大的进步，靠的是超大规模集成电路芯片。没有电子材料的发展，特别是半导体材料的发展，这一切都是不可能的。由半导体材料制作的硅片集成电路不仅是计算机技术的基础，也是现代社会中通信、电视、遥控等微电子技术的基础。现在最大规模的集成电路，每个芯片上的晶体管数目已超过 550 万个。集成度越高，对单晶硅材料的纯度要求也越高，这就促使人们去研制超高纯半导体材料。目前人们正在探索实现三维集成电路的可能性，设想在硅芯片上的二维集成电路向空间发展，成为三维立体结构，期望集成度有新的突破，因此对半导体材料的要求将越来越高。

四、高分子材料的发展

我们知道，生命的基础是蛋白质高分子，植物的骨架纤维素也是高分子，所以说，地球上自从有了植物，有了生命，就有了高分子的存在。然而，人类认识并制造和利用高分子材料却有一段曲折的历程。

1. 天然高分子材料的发展

(1) 天然橡胶

天然橡胶是人类使用最早的天然高分子之一，最早的历史记载是十一世纪。橡胶(Caoutchouc)一词本来是印第安语“木头流泪”之意，意即橡胶树流出的乳液，这种乳液后来叫天然胶乳，它是天然橡胶制品的原料。天然胶乳可从近五百种植物中得到，但主要是从热带植物橡胶树中获得。松节油、乙醚、石脑油等溶剂的使用使橡胶加工业飞速发展，但生产的橡胶制品性能太差，遇热时又软又黏，遇冷时又硬又脆，而且弹性差，这就大大限制了橡胶制品的推广应用。1839 年，美国工程师古德意尔(C. Goodyear)在炼制橡胶时不小心把一小块胶乳掉在炉子上，同时又有一块硫磺从他手中滑落到炉子上，奇迹发生了。燃烧的橡胶和燃烧的硫磺混合在一起，发出刺鼻的气味，古德意尔立即将这团混合物从炉子上刮去，扔进盘子里，细心的古德意尔发现这些胶冷却后成了一种全新的橡胶，受热不会发黏，冷后仍具有弹性，且反复加热仍是如此。古德意尔偶然发现了大规模生产高质量橡胶的方法——硫化技术。这种技术的实质是利用硫原子作交联剂，将原本独立的橡胶长链大分子相互连接起来，形成三维网状大分子，使分子间的位置在受外力或受热时不会发生永久性改变，因此不再遇热变黏，并具有良好弹性。改性后的天然橡胶由于具有良好的弹性、耐寒性等，使天然橡胶的应用越来越广泛。

(2) 天然纤维

凡能保持长度比本身直径大 100 倍以上的均匀、线条状或丝状的高分子材料都称为纤维。它包括天然纤维（棉、毛、麻、丝等）、人造纤维（含纤维素物质经化学处理和机械加工而制成的纤维，如人造棉、人造毛、人造丝等）和合成纤维（以煤、石油、天然气等为原料，经化学合成和机械加工后得到的纤维）。

十九世纪前，人们只是利用天然纤维制作纺织品，所用的天然纤维有棉、麻等植物纤维素和蚕丝、羊毛等动物纤维。1846 年，瑞士巴塞尔大学的化学教授舍恩拜（C. F. Schonbein）在自家的厨房兼实验室里做化学实验时，不小心打碎了盛有浓硝酸和浓硫酸混合物的烧瓶，这种强腐蚀性的液体流到地板上，后果可想而知。舍恩拜慌乱中找不到拖把，就顺手抄起妻子的围裙擦干地板。随后，洗净围裙，并放在炉边烘干。奇迹发生了，围裙突然烧了起来，转眼间化为灰烬。教授立即意识到其中定有奥秘，于是他设计实验来研究这一现象。他把棉花浸于浓硝酸和浓硫酸的混合物中，一定时间后水洗干燥，结果棉花变成了浅黄色。这种处理后的棉花在高温下会起火燃烧，受到摩擦或冲击时会发生爆炸，它被称为火棉（硝化棉）。实质上，它是纤维素上的很多羟基与硝酸反应生成的硝化纤维素（Nitrocellulose）。硝化棉很快作为火药投入生产，称强棉火药。但这种火药易于爆炸，生产中出现很多伤人事故，因此到 1862 年就停止生产了。

强棉火药虽然停产了，但是对硝酸纤维素的研究却一刻也没有停止过，人们不断探索它的新用途，包括制造透明的纸和器皿、感光胶片等。突破性的工作是由一个美国的印刷工人海厄特（J. W. Hyatt）取得的。为了发明一种能代替象牙制造台球的材料，海厄特用各种材料试验，终于在 1870 年制成了一种被称为赛璐珞（Celluloid）的材料，它是由硝酸纤维素加入樟脑所形成的材料，它受热变软，可做成各种形状，冷却后又变硬使形状固定。赛璐珞是历史上首次出现的塑料。由于赛璐珞有许多缺点，如易燃、性脆等，使得赛璐珞的用途越来越少，只是一种常见的用品一直用赛璐珞制造，那就是乒乓球。

继硝酸纤维素出现后，化学家们又用醋酸酐与纤维素反应制得醋酸纤维素，称赛璐玢（Cellophane）。20 世纪初，赛璐玢投入商业化生产。由醋酸纤维素纺成的纤维称人造丝，它具有真丝一样的光泽和手感。醋酸纤维素直到现在都是制造照相底片和电影胶片的主要材料。赛酪玢与赛璐珞的最大不同是不易燃烧，这是它应用更广泛的主要原因。

然而，不管是赛璐珞还是赛酪玢，都是由天然的高分子——纤维素经过改性生成的材料，其性质和应用受到纤维素自身的限制。如何克服这些改性了的天然高分子的缺点呢？那就要创造、合成出全新的高分子材料。实现这一愿望的基础是高分子化学。

2. 合成高分子材料的发展

划时代的发明发生在1907年，美国的贝克兰德(L. Backland)为了寻找一种虫胶的代用品，用苯酚和甲醛反应，控制配比和反应程度，制成了世界上第一个合成高分子——酚醛树脂(Phenolic Resin)。在此之前，人们总是千方百计避免生成树脂，因生成树脂后极难溶解，不好处理，也不知有何用处。而贝克兰德则反其道而行之，想方设法加剧苯酚和甲醛的反应。经过反复研究，最终合成了两种树脂：一种具有可溶可熔性质，可代替虫胶；另一种具有不溶不熔性质，即为酚醛树脂。酚醛树脂的发明标志着高分子时代的开始。

(1) 塑料(Plastic)

顾名思义，塑料是指具有可塑性的材料。可塑性就是指材料在一定温度和压力下可塑制成型。塑料具有比重轻、强度高、化学性能稳定、电绝缘性好、耐摩擦等优点。塑料可以取代木材、钢材，广泛用于建筑、交通运输、化工设备、电器和机械零件等领域，已成为材料工业中的重要组成部分。

① 聚乙烯

聚乙烯是生产和使用较早的塑料，用途很广，用量很大。聚乙烯最初是由英国帝国化学公司的研究人员在20世纪30年代初研制出来的。他们将混有微量氧气的纯净乙烯，在高温(180 ℃)和高压(100 MPa以上)下反应，得到白色、蜡状的聚乙烯。由于这个聚合过程是在高压下进行的，因此，用这种方法生产的聚乙烯称高压聚乙烯。高压聚乙烯的生产需要100 MPa以上的高压，对设备要求极高。1953年，德国化学家齐格勒(K. Ziegler)在研究金属有机化合物与乙烯作用时发现，用四氯化钛和三乙基铝混合物作催化剂就能使乙烯在常温常压下聚合。用这一方法合成的聚乙烯称为低压聚乙烯。聚乙烯无毒、无臭，耐低温、耐腐蚀、不吸水，电绝缘性好，具有广泛用处。低密度聚乙烯可吹塑成柔软、透明的薄膜，用于各种包装材料和农用地膜。用各种涂刮法将聚乙烯涂布于各种纸张或织物表面或喷涂于金属材料表面成为保护层。高密度聚乙烯可制成日用的盆、桶、瓶及各种管材。聚乙烯的主要缺点是耐老化性能较差，易受热和氧的作用而老化。

② 聚氯乙烯

聚氯乙烯也是工业化较早的品种，现在是国内外产量最大的塑料品种。聚氯乙烯热稳定性较差，在加工中会分解出少量氯化氢和氯乙烯气体，后者有致癌作用，而氯化氢是进一步使树脂分解的催化剂。为此，在加工中除加入增塑剂外，还要加入碱性稳定剂来抑制树脂分解。增塑剂有邻苯二甲酸酯、磷酸酯和环氧大豆油等，稳定剂有硬脂酸铅、硬脂酸钡、硬脂酸锌盐。根据加入增塑剂量的多少，可加工成硬制品（板、管）、软制品（薄膜、日用品）。聚氯乙烯塑料突出的优点是耐化学腐蚀、不燃、成本低和加工容易，因而被广泛用来制造农用和民用薄膜、导线和电缆、板材管材、化工防腐设备、隔音绝热泡沫塑料、包装材料及日常生活用品。

③ 聚苯乙烯

聚苯乙烯是目前第三大塑料产品。它的单体苯乙烯主要由苯的烷基化而得到。聚苯乙烯有很好的加工性能，它可采用常用的塑料加工方法制成薄膜、容器、玩具、发泡材料等。它也具有良好的绝缘性能，故常用于电容器绝缘层和电气零件。它的发泡材料密度小，具有良好的隔音、隔热、防震性能，被广泛地用作精密仪器的包装和隔热材料。加工过程中，聚苯乙烯可以与各种颜料拼合制成色彩鲜艳的制品，用于制造玩具和各种日用品。它的最大的缺点是耐热性差、性脆，易溶于芳烃、卤代烃、醚、酮、汽油等溶剂，故影响了它的应用。

④ 有机玻璃

有机玻璃化学名称为"聚甲基丙烯酸甲酯"，其单体甲基丙烯酸甲酯由氰化钠、硫酸、丙酮、甲醇为原料合成。有机玻璃是目前最优秀的透明材料，透光率达 92% 以上。普通玻璃如果厚度超过 15 cm 时，隔着它就看不清东西，而隔着 1 m 厚的有机玻璃去观看物体依然清晰可见。它不但透光度好，而且不易碎，质量只有普通玻璃的 1/2。把聚甲基丙烯酸甲酯在 130℃以上的温度下用一定速度定向拉伸，可制得定向有机玻璃。用 16 mm 厚的该材料制成的战斗机顶罩，在遭到直径为10 cm 的炮弹攻击时，炮弹只是穿过，而不会产生裂纹和破碎。若在聚合过程中加入各种色彩鲜艳的着色剂和珠光粉，则可制得五光十色的有机玻璃纽扣和珠光纽扣。此外，在光学仪器、建筑装饰方面有机玻璃也得到了广泛应用。有机玻璃的最大缺点是耐磨性差，它需要经常打磨修理，同时它也不耐某些有机溶剂，如卤代烃、酯等。利用这个缺点则可以修复断裂的有机玻璃，只要在断裂处涂一点氯仿（三氯甲烷），再用力黏上就可修复。

⑤ ABS 树脂

ABS 树脂属工程塑料，是以丙烯腈（Acrylonitrile）、丁烯（Butadiene）和苯乙烯（Styrene）共聚而成，共聚的优点在于所合成的材料常具有各个单体所具备的综合性能。利用共聚技术可根据需要来设计和调节聚合物性能。ABS 树脂之所以具有优异的性能，就是它秉承了聚苯乙烯的坚硬、透明、良好的加工性能和电绝缘性能，聚丁二烯的弹性和耐冲击性能，丙烯腈的高强度、耐热、耐溶剂等优点。ABS 塑料被广泛用于制造电信器材、汽车、飞机零件，冰箱、洗衣机及各种仪表外壳。通过电镀，则可做将该塑料做成与金属镀件很难区分的光亮材料。

⑥ 含氟塑料

其代表产品有聚四氟乙烯、聚三氟氯乙烯、聚全氟丙烯，其中聚四氟乙烯性能最优，用途最广。首先，它不被任何酸碱乃至王水及溶剂所腐蚀，素有“塑料王”的美称。其次，它还具有耐高低温的特性，在−269 ℃～250 ℃温度范围内都可使用。再有一个特性就是材料光滑致密，常用作轴承材料而不需加润滑剂。该材料首先在航天事业中得到应用，之后又推向民用，如大家熟悉的“不粘锅”。所谓不粘锅，实际上就是在普通的锅内壁涂上一层聚四氟乙烯，由于它的致密性，导致了食物不会粘在锅底。在化学反应中可用聚四氟乙烯材料做成各种搅拌器、反应器内胆等，由于其具有优良的耐腐蚀性能，在进行化学反应中有良好的稳定性。聚四氟乙烯的商品名为“泰氟隆”，来源于美国杜邦公司的商品名 Teflon。聚四氟乙烯之所以有这样的特性，与其分子结构密切相关。分子中的氟原子体积与氢相近，紧密地贴在碳链上，保护着碳链不受到氧化剂或任何药品的侵袭。

(2) 合成橡胶(Synthetic Rubber)

1826～1860 年，法拉第等人将天然橡胶分子破坏，分离出了 C_5H_5 成分，1880 年证明该成分是异戊二烯，从此人们开始用各种二烯合成结构不同的橡胶。1914 年第一次世界大战爆发，德国被迫加紧合成橡胶研究，以二甲基丁二烯为原料合成了甲基橡胶，但性能较差。后来又改用丁二烯为原料，以钠为催化剂合成了性能稍好的丁钠橡胶。1941 年 12 月 7 日，日本偷袭珍珠港，摧毁了美国太平洋舰队，1942 年，日本又占领东南亚，这样就彻底切断了美国天然橡胶的供应渠道。当时美国只能生产少量性能很差的合成橡胶。面对战时的急需，罗斯福总统下令成立橡胶局，并决定立即建造 85 万吨丁苯橡胶生产线。为了合成性能优异的丁苯橡胶，美国前后共花了 10 亿美元。这一举措，不仅为反法西斯提供了足够的橡胶，而且一举使美国成为合成橡胶头号大国。至 1955 年，人们利用 Ziegler-Natta 催化剂终于合成出了结构与天然橡胶几乎相同的顺式异戊二烯橡胶。随后，各种优质合成橡胶不断被开发出来。

① 丁苯橡胶(Styrene-butadiene Rubber)

丁苯橡胶是合成橡胶的最大品种，占合成橡胶总产量的 60%～70%，它是丁二烯与苯乙烯的共聚物，根据苯乙烯含量的不同，丁苯橡胶可制成耐寒的或气密性的特殊品种。丁苯橡胶的生产多数采用乳液聚合。根据不同的聚合温度、助剂品种和单体配比又可分为很多品种，如高温(50 ℃左右聚合)和低温(5 ℃左右聚合)丁苯胶，充油、充炭黑、充树脂丁苯胶等。苯乙烯的相对含量对橡胶性能有很大影响，当苯乙烯含量为 10%时可得到弹性良好的耐寒橡胶，但机械性能差；当苯乙烯占 25%时橡胶的弹性、物理机械性能以及加工性能均较好，是丁苯橡胶中最通用的品种，适合做汽车外胎；当苯乙烯含量达 50%时橡胶的机械强度高，但弹性低，只可供胶鞋工业用。由于丁苯橡胶耐水、耐自然老化、耐臭氧，特别是耐磨性和气密性比天然橡胶好，因此被大量用于制造汽车外胎，若与天然橡胶混用还可做密封材料、电绝缘材料。

② 氯丁橡胶(Chloroprene Rubber)

人们通常把氯丁橡胶称为"万能橡胶"，这是由于它具有良好的耐油、耐氧化、耐燃、耐酸碱、耐老化、耐曲挠等优良性能。氯丁橡胶的单体氯丁二烯可由乙炔制得。单体不需要催化剂即可以聚合，空气中的氧可加速聚合。氯丁橡胶主要用于制造运输带、防毒面具、电缆外皮、轮胎等，它不燃烧，遇火后分解出的氯化氢能阻燃，所以专门用于制造地下采矿用的橡胶制品。它的缺点是比重较大，耐寒性和弹性都较差。把氯丁橡胶溶解在适当溶剂中后，它对其他橡胶、皮革和部分塑料有良好的黏结性能，目前已广泛应用于制鞋工业。

③ 丁基橡胶(Butyl Rubber)

由异丁烯和少量异戊二烯为原料，在－20 ℃以下的有机溶剂中进行催化聚合，即可得到丁基橡胶。其大分子链中有大量甲基堆砌在碳链的周围，分子的活动空隙小，使硫化后的产品具有优良的气密性，透气性极低，并且耐热性、耐老化性和电绝缘性都比天然橡胶好，是制造轮胎内胎和充气气球的原料，但由于它的弹性、耐磨性不佳，形变时因"内耗"而发热，所以不适宜作为轮胎的外胎用胶。

④ 乙丙橡胶(Ethylene Propylene Rubber)

聚乙烯是大分子结构最简单的聚合物，由于它的分子对称，排列规整，容易结晶而适于作塑料使用，但如果在乙烯聚合时加入 15%左右的丙烯使之共聚，则由于在该共聚物大分子链上存在不对称的片断，其规整性破坏，结晶度下降，因而可作为橡胶使用。同时，由于该共聚物中没有双键存在，因此它的耐热、耐氧化、耐老化性好，使用温度比天然橡胶高，已广泛用于制造耐热胶管、垫片、三角胶带、输送带、电缆涂料等。

⑤ 聚硫橡胶(Polysulfide Rubber)

一般合成橡胶或天然橡胶几乎都是二烯烃的聚合物，但是聚硫橡胶却是饱和二卤代化合物与多硫化合物缩合而成的聚合物，与二烯烃结构无相似之处。由于这类橡胶大分子链中有大量的硫原子存在，其耐油性、耐溶剂性都很好，可用来制造各种胶管和衬垫。

(3) 合成纤维(Synthetic Fiber)

20 世纪初，法国科学家布朗(Braun)就发现氨基己酸经内酰胺化后可制得黏性物质，但因当时无法分离聚合物，也无法测定分子量及性质，使研究无法深入。1927 年人们用己二胺和己二酸合成了熔点高达 263 ℃的聚合物尼龙 66 (Nylon)，1940 年美国第一座尼龙 66 纤维厂投产，首批供应的 400 万双袜子在 4 天内被抢购一空。由于合成纤维主要以煤、石油、天然气为初始原料合成，生产成本低，原料丰富，且某些性能超过天然纤维，所以合成纤维工业发展迅速。1947 年聚酯纤维、1950 年聚丙烯腈纤维、1957 年聚丙烯纤维相继投产。世界合成纤维的产量在 20 世纪 80 年代超过了天然纤维的产量，品种超过 50 种。

按化学结构的不同，合成纤维可分为碳链纤维和杂链纤维。碳链纤维是指高分子聚合物主链上全是碳原子的合成纤维，通常通过加聚反应制得，常用的有腈纶（又称开司米）、丙纶、维尼纶、氯纶等。杂链纤维是指高分子聚合物主链上除碳原子外还有杂原子（如氧、氮、硫等）的合成纤维，通常由双官能团的单体缩聚而成，常用的有锦纶（尼龙类、聚酰胺类）、涤纶（聚酯类，又叫的确良）。其中锦纶、涤纶、腈纶三个品种的产量占全世界合成纤维总量的 90%以上。合成纤维在日常生活、工农业生产等各个方面都有重要的用处。例如使用最早的尼龙 66，具有高强度、高熔点、耐化学腐蚀等性能，可以用于制造轮胎的帘子线，也可用于为人们提供各种耐用而美观的衣料及生活用品。但合成纤维吸湿性和透气性差，纯合成纤维制成的衣服，穿着时使人感到闷气，又因其绝缘，摩擦会产生静电，所以化纤衣服容易吸附灰尘。在普通纤维分子长链中接上羟基、磺酸基等亲水基团或接上吸水性盐类就可制得高湿纤维。此外，由两根熔点和热缩率不同的纤维合并，经假黏变形和高温处理使之相互缠绕，即制得仿麻纤维，用它制作的织物手感光滑，弹性好，薄爽透气，穿着舒适。

五、复合材料的发展

复合材料（Composite Material）是指由两种或两种以上材料组合而成的，物理、化学等性质与原材料不同的新材料。“复合”是在金属材料、非金属材料或高分子材料自身或相互间进行，“复合”的结果是 1+1>2，可获得单一材料无法比拟的、具有综合优异性能的新型材料。人们通常把复合材料中起黏结和传递应力作用的组分称为基体（Matrix），而将起承受应力作用的组分称为增强体（Reinforcement）。例如，在钢筋混凝土中，混凝土是基体，钢筋则为增强体。复合材料的分类，按增强体不同，可分为粒子、纤维和层状复合材料等；按基体材料不同，可分为金属基、陶瓷基、塑料基、水泥基、橡胶基复合材料等。

1. 通用复合材料的发展

古埃及人在用尼罗河的淤泥制砖时，就知道用稻草拌和来增强砖的韧性，这大概是从燕子筑巢中得到的启发。后来，人们在灰泥中掺马鬃或在熟石膏里加纸浆，制成了纤维增强复合材料。近代复合材料出现最早的是玻璃纤维增强树脂（如酚醛树脂、环氧树脂等）。现在最常见的复合材料的例子是钢筋混凝土和玻璃钢瓦楞板。混凝土本身就是由水泥、砂、碎石和水组成的复合材料，它的抗拉强度很小，是一类不能承受拉伸的脆性材料；而钢筋是一类拉伸强度大的韧性材料。由这两者结合而成的钢筋混凝土，则是脆性和韧性互为补偿的非常经济的结构材料。

2. 新型复合材料的发展

新型复合材料的制造，使用最广、效果最好的是纤维增强(Fiber-reinforced)，即采用熔铸、浸渍、层压等方法，把玻璃纤维、有机纤维、碳纤维及其织物嵌入树脂基体中；或者采用熔铸、轧压等方法把硼纤维、高强度钢丝、晶须等嵌入铝、镁、钛合金中。这样形成了纤维增强塑料、纤维增强金属和纤维增强陶瓷。此类复合材料具有特别优良的性能，能满足原子能、航空航天、电子信息等高技术领域对材料的特殊需要，因此获得了迅速的发展。

(1) 航天领域中的复合材料

在航空航天技术中，要求以力学性能为主的新型结构材料具有高强度、高模量、耐高温、低密度(三高一低)等性能，新型复合材料可以满足此要求。波音 767 型飞机由于采用了这些复合材料制成的部件，与波音 727 型飞机相比，飞机自重减轻了 1 吨，燃料消耗节省了 30%。美国军用飞机上复合材料的用量从 20 世纪 70 年代起就稳步上升，F-15 型战斗机上复合材料用量占整机质量的 1%，F-16 型战斗机上占 2%，F-18 型战斗机上的机翼蒙皮、尾翼翼盒、机翼与后翼的操纵面、减速板和几个门都采用了碳纤维增强复合材料，复合材料占了表面积的 50%以上，占整机质量的 10%左右。运载火箭、航天飞机、人造卫星、空间站的结构件和零部件，大多要求用轻质高强度和高刚度的材料来制作，新型复合材料能较好地满足这些要求。例如，欧洲航天局的阿里亚娜 4 号与 5 号火箭的头部整流罩是用碳纤维增强复合材料做的结构件；可重复使用的航天飞机上的巨大货舱门是用碳纤维-环氧蜂窝结构材料制造的，而其遥控的机械手长臂是用碳纤维-环氧树脂层合板做成的；日本自制的通信卫星 CS3 是按典型的碳纤维-环氧结构设计的；法国幻影 2000 型战斗机上采用了陶瓷基复合材料制造的发动机喷管内调节片；美国杜邦公司用陶瓷基复合材料制成的发动机部件，其使用寿命达到 2000 小时。美国即将采用耐温 2200 ℃的陶瓷基复合材料作为飞机和巡航导弹用涡轮发动机的涡轮材料，以进一步提高飞机和导弹的性能。

(2) 信息技术中的复合材料

信息技术是高技术的关键技术，在信息的检测、传输、存储、显示、处理等方面，新型复合材料特别是功能复合材料都能发挥重要的作用。例如，锆钛酸铅(PZT)陶瓷虽然具有很好的压电功能，但很脆且不耐冲击，若将 PZT 粉末与某些聚合物(基体)复合后，可制得易加工且具有柔性的压电复合材料，它们还具有比纯 PZT 更高的压电输出系数。碳纤维或芳纶增强的树脂基复合材料被用来制作光纤电缆的缆芯和导管。在磁记录技术中，采用新型高矫顽力材料做记录介质时，铁氧体磁头(磁头是实现磁电转换和存取信息的重要元件)已不能满足要求，为此出现了金属-铁氧体复合体磁头。碳-铜复合材料被用作大规模集成电路基片，复合型导电橡胶则用于键盘触点。碳纤维增强树脂基或金属基复合材料适用于制作机械手和机器人的零部件。

(3) 新能源开发用复合材料

在能源技术中，新型复合材料是理想的材料。风力发电用风车叶片，最早是用玻璃纤维——由聚酯或环氧树脂复合材料制造而成的，其抗疲劳性能和扭转刚度均不佳，改用碳纤维-环氧树脂作主梁，并用芳纶-环氧树脂作蒙皮后，抗疲劳性能和扭转刚度得到很大改善。太阳光能发电的光电池组支架和太阳热能发电用集光镜组支架对材料的要求是轻质、高强度和高刚度，通常选用高性能纤维增强的树脂基复合材料。太阳能供暖系统的热交换器可用加有吸热填料的纤维增强树脂基复合材料制作。核反应堆的核燃料包覆管通常用碳纤维增强石墨基复合材料制成，核同位素分离离心机转子可选用碳纤维增强耐热树脂基复合材料，核融合炉超导线圈及附件则采用超导功能金属基复合材料及高性能结构复合材料。燃气涡轮发动机涡轮叶片可选用陶瓷基复合材料和耐高温金属基复合材料。轻质高强的碳纤维增强复合材料已在汽车制造方面得到了很好的应用，达到了节能的效果。

第三节 新型合金材料

金属材料通常集高强度、高刚度、高韧性、高耐磨性及高耐热性等优点于一身，它有比高分子材料高得多的弹性和耐热性，有比陶瓷高得多的韧性，而且金属材料还有不少其他材料无法比拟的特殊物理化学性能(如磁性、导电性等)。另外，根据目前的地质资料，多数金属矿物能满足人类一百年到几百年的需要，而且随着科学技术的发展，低品位矿石也能进行开采。此外，海底、地壳深处和外星球都有大量金属矿物，今后都有可能成为金属材料的重要原料来源。所以，金属材料今后虽有一部分会被高分子材料、陶瓷材料及复合材料所替代，但至少在21世纪中叶以前仍然不会失去它在材料中的主导地位。使金属材料大有可为的一个更重要的原因是:金属材料本身也在随着高新技术的发展而不断发展，现在已经出现了许多有别于传统金属材料的新型合金材料。

一、坚硬耐磨的硬质合金

金属加工车间里的车刀、刨刀、铣刀，钻井用的钻头，开采煤炭的工具，大到万吨级水压机的加工，小到电灯灯丝的拉制，都少不了硬质合金。硬质合金（Hard Alloy）是由硬质成分碳化钨或碳化钛与黏结成分钴组成的，它具有硬度高、耐磨性好等优点，但可加工性远不如钢。人们通过改用钢作黏结剂，采用与生产普通硬质合金类似的工艺，生产出了钢结硬质合金，它既保持了普通硬质合金的高硬度和高耐磨性优点，又兼有钢的可加工性和可热处理性，从而填补了普通硬质合金和钢这两种金属材料之间的空白，成为高性能、多用途的新型硬质合金。例如，采用钢结硬质合金代替工具钢制造工业模具，不仅可以提高使用寿命，而且能够改善产品质量和降低成本。又如，采用钢结硬质合金制造高精密度、高可靠性的耐磨零件，比用高速钢、氧化处理的不锈钢、陶瓷等材料有更好的效果。

二、坚韧耐腐蚀的非晶态合金

20 世纪 60 年代初，加利福尼亚理工大学的波尔迪韦首次用冷却速度达每秒 100 ℃以上的超高速冷却法，使得凝固后的金硅合金中的原子仍然基本上保持着液态时的无序堆砌状态。因此，人们把这样的合金称为“非晶态合金”（Amorphous Alloy）。

目前，通过将金属熔体快速凝固而制成的非晶态合金已有很多种，它们大多是由过渡金属元素（或贵金属）与类金属元素组成的合金，研究较多的是铁钴镍合金。它们的固化过程如同玻璃由液态转化为固态的过程，所以也被称为“玻璃态金属”或“金属玻璃”。非晶态合金强度高，而且具有一定的韧性和可塑性，其断裂强度可比一般高强结构钢高 6 倍，可以进行冷轧，并可反复弯曲 180° 而不断裂，耐腐蚀性能比不锈钢还好。金属玻璃是一种磁性材料，若用它做收录机磁头，可避免磁头尖部脱落现象，降低磁头与磁带摩擦产生的噪音；若用金属玻璃代替变压器中的硅钢片，可使变压器空载能耗减少 2/3。由于金属玻璃抗中子辐射能力良好，所以还可用于核技术中。目前用特殊的快速冷凝技术可使金属合金熔体形成晶粒非常小的“微晶材料”，微晶材料中晶粒的尺寸可以小到只有普通金属材料晶粒尺寸的 1/1000。这种晶粒尺度的大幅度减小，使微晶材料具有了更高的强度。微晶材料与采用一般工艺制得的同类合金相比，具有更好的高温使用性能和抗腐蚀能力。另外，随着高新技术的发展，人们还制备出了晶粒尺寸为 1～100 纳米的纳米级超微金属晶粒，把这种超微金属晶粒压制烧结，就可获得具有特殊用处的所谓“纳米级微晶材料”。

三、轻巧结实的铝合金

铝及其合金在 20 世纪初就得到了广泛的应用，此后对铝合金的研究工作一直没有停止。目前发展最快的是铝锂合金。在铝中每加入1%的锂，可使铝合金的密度降低3%，刚度增加6%。以铝锂合金取代普通铝合金用以制造飞机，能使飞机机体总质量减少10%～20%，从而可以提高飞机的性能和燃料效率。铝锂合金不仅具有很高的强度和刚度，而且可以超塑性成形，是可以与树脂基复合材料、金属基复合材料相竞争的结构材料，大有发展前途。另外，把稀土元素加到铝合金中，既能提高合金的强度，又能提高合金的使用温度和抗氧化、耐腐蚀性能。我国稀土储量世界第一，充分而合理地利用这一丰富资源开发新型铝合金是一项很有现实意义的工作。

四、抗氧化耐低温的钛合金

钛合金的强度约为不锈钢的3.5倍、铝合金的1.3倍，是目前所有工业金属材料中强度最高的。钛合金可在低温下应用而不发生脆性破坏，钛合金不耐高温，工作温度一般应在650℃以下。钛合金具有极好的抗氧化和耐腐蚀性，因而将会在海洋工程中获得广泛应用。另外，钛合金与生物组织及体液有良好的相容性，可用作生物医用材料，如用来制造人工关节、人造牙齿等。目前，绝大部分钛合金用于航空航天工业，降低成本后将会在民用工业中推广应用。

五、形状记忆合金

形状记忆合金首先是由美国海军军械实验室在20世纪60年代初发现的。该实验室在开发新型舰船材料时，发现一种镍和钛的合金(简称为NT合金)具有形状记忆特性：将这种NT合金预加工成某一形状后，在300℃～1000℃的高温下热处理数分钟至半小时，NT合金就会记住被加工成的形状。以后，在室温下无论你使它的形状发生怎样的变化，一旦将它靠近100℃以上的热源(例如打火机火焰)时，它就会恢复到原先被预加工成的形状。镍-钛形状记忆合金如图6-3所示。

形状记忆合金最广泛的应用是利用这种材料加热后收缩的特性制成密封极好的管子接头，美国雷切姆公司取得美国海军军械实验室的基本专利后，曾用它制造了数十万只F-14型战斗机液压系统接头，从未发生泄漏和开裂等事故。科学家用镍钛记忆合金制造人造卫星的天线，这种天线被冷却到一定温度时便发生相变，于是可以很容易地把它折叠成一团，以减少运载空间，到达太空后，在太阳的照射下，天线受热便能自动展开。英国一家公司利用形状记忆合金研制出了窗户自动开启器，白天气温高它会自动打开窗户，晚上气温低它会自动关闭窗户。此外，人们还把形状记忆合金用于其他温度控制装置、集成电路引线、汽车缓冲器等。形状记忆合金用于人造肌纤维的制造、骨折部位的固定、牙齿的矫正时，先在体温下制成所需形状，然后在低温下做成便于手术植入的形状，植入后便可恢复原状，起到矫正、支撑的作用。

图 6-3 镍-钛形状记忆合金

六、贮氢合金

人们早已知道金属能吸收氢，但直到 20 世纪 60 年代后半期，荷兰飞利浦公司和美国布鲁克海文国家研究所发现某些金属能高效地吸收氢，并首次发表了研究论文。飞利浦公司的贮氢合金是镧镍系合金，美国推出的是镁镍贮氢合金。贮氢合金的贮氢原理是可逆地与氢形成金属氢化物，通过温度、压力以及合金成分可以控制反应进行的方向。需要贮氢时，让贮氢合金与氢反应生成金属氢化物，即让合金在冷却或加压后吸取氢，气态氢分子被解离成氢原子而进入金属点阵的间隙之中，同时放出热量。需要用氢时，可将金属氢化物加热，让它把氢释放出来，可以通过温度、压力来调节释放量。贮氢合金释放氢气时所需的能量不大，工作压力低，操作安全、简便，因此是最有前途的贮氢介质。代表性的贮氢合金有钛系合金（如铁钛贮氢合金、钛锰贮氢合金）、镁系合金（如镁镍贮氢合金）和稀土系合金（如镧镍贮氢合金）等几类。

七、超塑性合金

超塑性合金是指在低应力下显示极高延展性的合金。通俗地说，就是在很小的拉力作用下就能像麦芽糖一样发生黏滞性变形（并不是像橡皮筋那样可以复原的弹性变形），而且即使达到非常大的形变量（例如伸长率远远超过 100%）也不断裂的合金。普通金属被拉长时，会在某个部位发生比较快的收缩，这叫“缩颈”，缩颈的直径一直减小下去，最后就在那里断开，所以普通金属不具有超塑性。

超塑性主要来自于金属合金的特定组织结构和外部形变条件（如温度、形变速率等）。同一种金属合金，在满足这些特定条件的情况下才能成为超塑性合金。代表性的超塑性合金有锌、铝共析合金，其超塑性温度为 250 ℃～270 ℃，延伸率达 500%～1500%。一般说来，只要条件具备，各种金属都可产生超塑性行为。超塑性现象的实际应用首先是在金属合金的加工成型方面，超塑成型具有传统加工方法所没有的一些优点：①可以用很小的力把材料加工成形状复杂的制品，因此，所用模具的强度可以很低；②可以把以往只在玻璃和高分子材料加工中使用的成型技术（如真空造型和吹塑成型等）移植到金属材料上，加工出形状极为复杂的空心零件；③可以使材料充填很深的模具孔腔，不仅使制品壁厚相当均匀，并且能非常细致地刻画出模具的表面轮廓。因此，超塑性合金目前已在许多领域得到了实际应用，可以加工成汽车、飞机和人造卫星零件，还可以复制精细的工艺美术品。

第四节　新型功能高分子材料

一、工程塑料

1958 年，美国杜邦公司以“向钢铁挑战”为题报道了聚甲醛的合成，并开始使用“工程塑料”这一名称。工程塑料一般是指工业用的高性能热塑料，从而区别于用来制作日常生活用品和用作包装材料的通用塑料。与通用塑料相比，工程塑料具有耐热性优良、强度高、不易变形等优点。与金属相比，则有密度小、强度高、不导电、耐腐蚀、耐疲劳、耐磨擦、自润滑、吸震、消声、成型加工方便和价廉等特点。

目前，主要的工程塑料品种已有十多种，其中产量较大的有聚酰胺（俗称尼龙，简称 PA）、聚甲醛（POM）、聚碳酸酯（PC）、改性聚苯醚（改性 PPO）和热塑性聚酯，人们把它们称为五大通用工程塑料，而将聚苯硫醚、聚酰亚胺、聚醚酮、聚砜和聚醚砜等称为特种工程塑料或超级工程塑料。通用工程塑料的价格一般为通用塑料的

2～6 倍，特种工程塑料的价格则达到通用塑料的 5～10 倍，可见工程塑料是附加值高的产品。工程塑料广泛应用于制造汽车、家用电器、电子设备、机械、照相机、钟表以及飞机、导弹等产品，可产生较大的社会效益和经济价值。举例来说，用同样一份石油原料，制成通用塑料可增值 10 倍，如制成特种工程塑料则可增值 100 倍左右。若把工程塑料用在小轿车上使其车重减轻 100 千克，则每升汽油可多行驶 0.5 千米左右，这不仅能节省能源，而且可减少大气污染和噪声。因此，工程塑料在国民经济各部门和高新技术领域获得了广泛应用，其产量和需求量的年增长率长期居高不下。

二、特种橡胶

特种橡胶是指具有特殊性能和特殊用途、能适应苛刻使用条件的合成橡胶。如耐 3000 ℃高温，耐强侵蚀，耐臭氧、光、天候、辐射和耐油的氟橡胶；耐－100 ℃低温和 260 ℃高温，对温度依赖性小，具有低黏流活化能和生理惰性的硅橡胶；耐热、耐溶剂、耐油，电绝缘性好的丙酸酯橡胶。其他还有聚氨酯橡胶、聚醚橡胶、氯化聚乙烯、氯磺化聚乙烯、环氧丙烷橡胶、聚硫橡胶等，它们亦具有独特性能，可以满足一般通用橡胶不能胜任的特定要求，在国防、工业、尖端科学技术、医疗卫生等领域有着重要的作用。特种橡胶用量虽小，但在特殊应用的场合是不可缺少的。

1. 丁腈橡胶(Nitrile Rubber)

丁腈橡胶是由丁二烯和丙烯腈经低温乳液聚合法制得的。其产品耐油性极好，耐磨性较高，耐热性较好，黏接力强。缺点是耐低温性差，耐臭氧性差，弹性稍低。丁腈橡胶主要用于制造耐油橡胶制品。

2. 氟橡胶(Fluorinated Rubber)

氟橡胶是含有氟原子的合成橡胶，具有优异的耐热性、耐氧化性、耐油性和耐药品性，它主要用于航空、化工、石油、汽车等工业部门，作为密封材料、耐介质材料以及绝缘材料。

3. 硅橡胶(Silicone Rubber)

硅橡胶由硅、氧原子形成主链，侧链为含碳基团，用量最大的是侧链为乙烯基的硅橡胶。硅橡胶柔软光滑，对人体无毒害，具有良好的加工性能，物理性能稳定，既耐热，又耐寒，使用温度在－100 ℃～300 ℃之间，它具有优异的耐气候性和耐臭氧性以及良好的绝缘性。缺点是强度低，抗撕裂性能差，耐磨性能也差。硅橡胶主要用于航空工业、电气工业、食品工业及医疗工业等方面。

4. 聚氨酯橡胶(Polyurethane Rubber)

在大分子链上含有重复的氨基甲酸酯链节的聚合物称为聚氨酯，由此制备的聚氨酯橡胶具有特别好的耐磨性，抗撕裂强度高，耐臭氧、紫外线和油，被用于生产高级轿车和飞机的轮胎。聚氨酯既有橡胶的弹性，又有塑料的加工性，能用热塑性树脂的加工方法加工(如注射、挤出、压延等)，因此常称作聚氨酯热塑性弹性体。

三、生物功能高分子材料

生物功能高分子材料是指能用来制造人工器官、医疗器械和药物新剂型的高分子材料，或能促使人体组织修复或再生的高分子材料以及能用于培养、分离、提纯、固定生物活性物质的高分子材料和仿生高分子材料。生物医用高分子材料不仅要有足够好的物理化学性能，而且应具有良好的生物学性能。例如，作为体内使用的高分子材料，与人体组织的相容性要好，体内组织液不会受其影响而发生变化，异体反应要尽可能小；与血液接触的高分子材料，应具有抗血栓性；长期植入体内的高分子材料，应具有良好的耐生物老化性，无致癌和致畸变性；用作药物缓释材料的，则应能被机体分解、吸收或及时排泄出。

1. 制造人工器官的高分子材料(Polymer Used in Making Artificial Organs)

20世纪40年代人们就开始用聚甲基丙烯酸甲酯制造假牙，1949年美国首次用它制作人的头盖骨和关节。1958年美国成立了人工器官学会，1972年国际人工器官学会成立。从此医用高分子研究迅速发展起来。目前，用于制作人工器官的高分子材料有聚甲基丙烯酸甲酯、硅橡胶、聚氨酯、聚乙烯、聚丙烯、尼龙、涤纶、腈纶、碳纤维、氟碳高分子、甲壳素、醋酸纤维素和离子交换树脂等几十种。用这些高分子材料能制造人工心脏、人工肾、人工肝、人工肺、人工胰、人工耳、人工鼻、人工乳房、人工食道、人工气管、人工尿道、人造皮肤、人造血浆等。我国第一代人造血液早已研制成功，它特别适用于战地救护和危急病人的抢救。用高分子材料制成的人工关节、人工乳房等，在我国也早已进入临床应用，用高分子材料来整容、美容则已相当普及。采用医用高分子材料来修补和替换人体已病变、衰竭或受伤的器官和组织，矫正或修补畸形的器官和组织，是提高人民健康水平、延长寿命和增加形体美的有效方法。

2. 控制药物释放的高分子材料 (Polymer for Controlled Drug Release)

有许多药物虽然对患部有很好的药效，但对患部以外却有很强的副作用，这样的药物如果能做到只集中供给到患部将是最受欢迎的。另有一些药，如用来治疗糖尿病的胰岛素，浓度低了达不到疗效，浓度高了又要产生明显的副作用，如果希望它能经常地以一定的浓度保持在病人的血液中，则必须每天注射几次来加以补充。如果能够使胰岛素以恒定的速度释放，使其在血液中经常保持一定的浓度，对于糖尿病患者将是一个福音。为了使这些设想成为现实，近代出现了控制释放技术,并正在导致药物设计、合成、赋形和临床应用发生一场变革。控制药物释放的最简单办法是将药物包埋在膜里,通过采用不同材料的膜和改变膜的性质,控制药物向膜外释放的速度。这种技术的关键是开发无害而易分解的高分子材料作为药物赋形剂。对于癌症化学疗法的控制释放药物,已能够做到使治疗部位组织内的药物浓度在1～2个月内保持在有效浓度,而在药物全部释放后,用作包膜或基体的高分子材料能被消化吸收。日本开发的聚氨基酸就是一种能满足上述要求的高分子材料,它是含有疏水性L-谷氨酸苄酯和亲水性L-谷氨酸衍生物的共聚物,这种膜的药剂透过速率依赖于氨基酸共聚物的亲水性基团的含量及药物的分子量。后来,他们又将药物微胶囊化,以埋入恶性肿瘤内部,来大幅度地提高以前通过血液给药的化学疗法的疗效,并降低副作用。胶囊化的最简单实例是用硅橡胶和左旋甲基炔诺酮制成的避孕药缓释胶囊,把6个这种胶囊(每个含36毫克避孕药)埋入上肢适当部位,药效可维持5～6年,取出后2～3个月内即可恢复生育功能。

3. 仿生高分子材料(Bionic Polymer)

在弄清楚生物大分子结构与性能之间的关系后,通过分子设计和模拟,可以制得具有一定生物学功能的高分子材料,即仿生高分子材料。通过高分子仿生学研究,可以开发出人工酶、人工生物膜、“导弹”药物、高分子生物活性材料、分子水平的高密度信息处理材料等。例如,蓝色贻贝通过分泌出的液体可将贝体牢固地黏在岩石上,美国有关专家研究了这种分泌液的分子结构后,合成了一种模拟蓝色贻贝分泌液的超级黏合剂。这种超级黏合剂能快速固化,不受盐水侵蚀,可用来补牙、接骨和作船底涂料。

四、绿色高分子材料

绿色材料是指那些具有最小环境负担、最大再生利用能力并可以自动降解回归自然的材料。由于高分子材料性能优越、使用广泛,人们研究较多的是绿色高分子材料,这是解决“白色污染”的一个重要途径。

植物木质素、纤维素、淀粉本身就是高分子材料,可制成许多有用物品,它们对环境影响小,污染小。魔芋中的葡苷聚糖是分子量最高的天然高分子,人们正在利用它制作各种包装薄膜材料。这些天然高分子材料通过加工改性可得到性能更优越的环境友好型高分子材料。美国Wamer-Lambert公司利用天然高分子材料已开发出Novon牌可完全生物降解的塑料。另外,通过生物技术,人们还培育出多种能生产特殊高分子材料的作物。

把天然材料和人工合成材料复合,可得多种绿色复合高分子材料。人们研究较早的是淀粉与塑料的复合材料,许多淀粉复合可降解塑料已大批量生产和使用。

若再加入光敏剂可提高降解性能，安徽大学高分子材料研究所已研制出生物和光双降解塑料薄膜。木材是应用广泛、历史悠久的典型天然高分子材料，1990 年人们开始研究木质陶瓷。木材在热固性树脂中浸渍后再真空炭化，其中的木材碳变为无定形碳，为基体相，树脂碳变为硬质玻璃碳，为强化相，从而得到新型碳素复合材料，即木质陶瓷。木质陶瓷可作为结构材料、耐磨材料、耐蚀材料、吸收材料、导电材料、电磁屏蔽材料等，其生产和使用对环境影响很小，且使用后易分解，最终以碳的形式回归自然。人们还将竹子和铝黏合在一起制得了竹子铝复合材料，将萱麻和铝黏合在一起制得了萱麻铝复合材料。这些材料改进了铝的抗拉强度，降低了材料成本，且因该复合材料以天然物为主，不会造成环境污染。

五、光电功能高分子材料

1. 光功能高分子材料(Photic Functional Polymer)

光功能高分子材料主要是指能够对光进行透射、吸收、储存、转换的一类高分子材料，这里把光敏高分子也包括在此类中。目前，这一类材料已有很多种，主要包括光导材料、光记录材料、光加工材料、光学用塑料(如塑料透镜、接触眼镜等)、光转换系统材料、光显示用材料、光导电材料、光合作用材料、感光树脂等。利用光功能高分子材料对光的透射，可以制成品种繁多的线性光学材料，像普通的安全玻璃、各种透镜、棱镜等；利用高分子材料的曲线传播特性，又可以开发出非线性光学元件，如塑料光导纤维、塑料石英复合光导纤维等，先进的信息储存元件光盘的基本材料就是高性能的有机玻璃和聚碳酸酯。利用高分子材料的能量转换特性，可制成光导电材料和光致变色材料。利用某些高分子材料的折光率随机械应力而变化的特性，可开发出光弹材料，用于研究力学结构材料内部的应力分布等。

大规模集成电路是现代信息、电子工业的支柱，而集成电路中刻的微米、亚微米尺寸的精细图形、线条的芯片及精密的引线框架的制作都离不开感光树脂(或称光刻胶)，即感光高分子材料。感光树脂是一种经紫外线照射会发生交联或分解，从而引起其溶解性变化的光功能高分子。其工艺原理与印像类似，即将硅片上涂附一层厚度均匀的感光树脂膜(相当于相纸)，放在紫外灯下(相当于印像光源)，灯与该硅片间放一绘有所需图形的掩膜(相当于底片)。曝光后，受到光照的感光树脂由原来的可溶变为不可溶(称负型感光树脂)，或由原来的不可溶变为可溶(称正型感光树脂)，经“显影、定影”后除去可溶部分，就形成了所设计的图形，再进一步加工就得到所需的芯片或引线框架。感光树脂的另一个重要应用是在印刷行业。胶版印刷与铅印技术相比要快捷、经济得多，而胶版印刷的印版就是感光树脂版(简称 PS 版)，其结构、组成及制版原理均与集成电路芯片类似，只是 PS 版的基板是铝，而芯片的基板是单晶硅。

2. 导电高分子材料(Conductive Polymer)

众所周知，由于结构原因，高分子是不导电的，广泛应用于绝缘材料。然而，科学家不仅能使高分子导电，而且已制备出了高分子半导体、导体、超导体。

要使高分子材料具有导电性必须对其进行改性，常用的方法有两种，一是通过改性使高分子本身具有导电性，二是将导电性填料分散到高分子中制成复合材料。要保持高分子材料原有的成型加工性，又要赋予导电性，最简易的办法就是采用第二种方法制成所谓的"复合型导电高分子材料"，所用的导电性填料有炭黑、石墨、金属等，高分子原料为环氧树脂、酚醛树脂、丙烯酸树脂、聚乙烯和合成橡胶等。

导电高分子材料是在失误中发现的。20 世纪 70 年代的一天，一位日本科学家正用常规的方法制备聚乙炔，突然发现得到的不是预想的黑色粉末而是具有金属光泽的薄膜，他立即检查实验过程，结果发现添加催化剂的量超过了规定量的 1000 倍，但测试结果表明得到的确实是聚乙炔，所不同的是导电率提高了 12 个数量级，材料从原来的绝缘体变成了导体，这是世界上第一个结构型导电高分子材料。就这样，导电高分子材料在这次实验的意外中诞生了。1979 年，美国学者又率先研制成采用聚乙炔作电极的实验二次电池，并在纽约召开的一次学术会议上当众做了演示，从而引起了人们对导电高分子的极大关注，引发了研究聚乙炔及导电高分子材料的世界性热潮。到目前为止，已先后开发出了以聚苯胺、聚噻吩、聚吡咯等为代表的一系列导电高分子新品种，在改进稳定性、提高导电率和成型加工性等方面也都取得了显著进展。例如：日本科学家冢本报道，他制得的聚乙炔的导电率已超过铜的导电率。目前，结构型导电高分子材料已在高能电池、大容量电容器等方面获得实际应用。若把导电高分子材料用到汽车蓄电池中，可使蓄电池瓶的重量由 15 千克降为 2 千克，并且能反复充电 1000 次以上。瑞士科学家用导电高分子材料制成印刷电路板，成本只有铜印刷电路板的 40%。

导电高分子材料兼有塑料和金属的优点，且不需高温加工，资源丰富，价格低廉。导电高分子材料的不足之处是稳定性与耐久性有待提高。

第五节　高技术陶瓷材料

陶瓷材料与其他材料相比，具有耐高温、耐腐蚀、耐磨损、抗氧化等优点，通过精密的制造加工工艺，可以制备出高技术需要的精细陶瓷材料。精细陶瓷材料在很多方面突破了传统陶瓷的概念和范畴：原料由天然矿物发展为人工合成的超细、高纯的化工原料；工艺由传统手工生产发展为连续、自动生产，甚至采用超高温、超高压及微波烧制新工艺；性能由传统的仅能用于生活和艺术的简单功能发展为可用于各种技术领域的声、光、电、磁、热和力学等多种功能，并可以克服传统陶瓷的脆性。

一、工程结构陶瓷

工程结构陶瓷是指以耐高温、高强度、超硬度、耐磨损、抗腐蚀等为主要特征的各种陶瓷，包括用来制造切削工具的氧化铝陶瓷、氧化铝-碳化钛陶瓷等。工程结构陶瓷在冶金、宇航、能源、机械、光学等领域都有重要的应用，例如作为原子能反应堆、核聚变反应堆、磁流体发电用的绝缘材料和热交换器材料，以及制造切削工具、轴承、模具和火箭喷嘴等。当前，工程结构陶瓷最大的开发目标是利用它的耐高温、耐磨损、抗氧化和抗热震性制作陶瓷发动机。现在汽车发动机的热效率只有30%左右，不管是往复式发动机还是柴油发动机，都会在它们的冷却系统损失热量，同时由于发动机机身是用铸铁构成的，耐热有一定的限度，若采用能耐 1000 ℃以上高温的工程结构陶瓷来制造(氮化硅、碳化硅可耐 1200 ℃～1400 ℃的高温)，则可将热效率提高 40%左右，而且陶瓷的密度通常不到铁的一半，所以也可减轻汽车重量。20 世纪 80 年代以来，日本和美国的多家公司相继推出了用氮化硅、氧化锆、碳化硅制作的汽车发动机，1991 年，我国的陶瓷发动机汽车在京沪之间曾试开了一个来回。试验表明，这种发动机不必用水冷却，能节约大量汽油。若用氮化硅陶瓷制作火花塞，在发动机启动时一触即发，汽车立即就能行驶，不用担心天寒地冻时汽车难以起动。飞机发动机如果用陶瓷制作，机身应用碳纤维复合材料制作，由于这种飞机不反射电磁波，所以可以穿越雷达网深入敌方腹地。高温结构陶瓷还用于核反应堆中核燃料包壳、洲际导弹弹头外壳、航天飞机外蒙皮等。有关陶瓷材料如图 6-4 所示。

二、微电子陶瓷

微电子陶瓷是应用于电子学方面的一类功能陶瓷，主要是以氧化铝为原料的氧化铝陶瓷。氧化铝具有的耐热性、电绝缘性、坚硬性、耐腐蚀性、导热性、透光性等特性，加上其表面光滑和精加工性，使它能有效地用于集成电路基板和集成电路封装、超大规模集成电路封装等方面，是支持电子学发展的重要基础材料之一。氮化铝陶瓷的热导率是氧化铝陶瓷的 10 倍左右，其他性能与氧化铝大致相当，因此极有希望成为超大规模集成电路的下一代优质基板材料。在电视机和录像机等电器上应用很广的钛酸钡陶瓷电容器已有四十多年的历史，后来开发出的钛酸锶陶瓷，进一步适应了微型电子元件对大容量超小型电容器的要求，用它制作的新一代陶瓷电容器在彩色电视及通信系统中得到了广泛的应用。

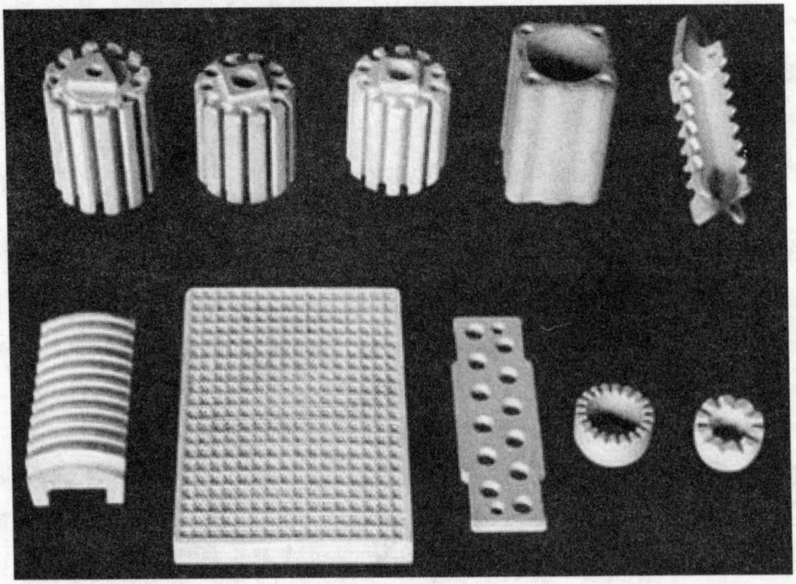

图 6-4 陶瓷材料

三、超导陶瓷

1911 年，荷兰科学家昂内斯（H. K. Onnes）用液氦冷却水银，当温度下降到 −269 ℃时发现水银的电阻完全消失，这种现象称为超导电性（Superconductivity），这样的物质就是超导材料（Superconductor）。1933 年，迈斯纳和奥克森菲尔德两位科学家发现，如果把超导体放在磁场中冷却，则在材料电阻消失的同时，磁感应线将从超导体中排出，不能通过超导体，这种现象称为抗磁性（Diamagnetism）。超导电性和抗磁性是超导体的两个重要特性。使超导体电阻为零的温度，叫超导临界温度（Critical Temperature）。

经过科学家们数十年的努力，超导材料的磁电障碍已被跨越，下一个难关是突破温度障碍，即寻求高温超导材料。1986 年春，美国 IBM 公司获得了转变温度为 −237 ℃的镧钡铜氧化物（$La_{2-x}Ba_xCuO_4$）超导体。这一发现打破了“氧化物陶瓷是绝缘体”的传统观念，引起了世界科学界的轰动。此后，科学家们争分夺秒地攻关，几乎每隔几天，就有新的研究成果出现。到 1987 年便掀起了全球性的“高温超导热”。1987 年 2 月，美国休斯敦大学的朱经武教授发现了转变温度为 −183 ℃的钇钡铜氧化物($YBa_2Cu_3O_{7-\delta}$，YBCO)超导体，这是第一个用液氮冷却就能使电阻为零的超导体。同年3月，中国科学院物理研究所宣布发现8种钇钡铜系氧化物的转变温度为−183 ℃左右。1987年底，铊-钡-钙-铜-氧系材料又把临界超导温度的记录提高到−148 ℃。现在，研究的氧化汞钡钙铜($HgBa_2CaCu_2O_{6+\delta}$)超导体可在−139 ℃失去电阻。这些突破性的研究成果在很大程度上克服了限制超导技术发展的主要障碍，因此被认为是20世纪科学上最伟大的发现之一。2001年日本科学家发现，一种普通的金属间化合物MgB_2冷却到39 K时会表现出超导特性，此发现为研究新一类具有简单组成和结构的高温超导体开辟了新的途径。

超导材料最诱人的应用是发电、输电和储能。由于超导材料的电阻为零，可以做到无功率损耗地传输高密度大电流，所以使用超导电缆可大幅度地降低现行铜电缆输电方式产生的输电功率损耗(在长距离输电中这类损耗可高达10%)。专家估计，在10年内高压输电线的20%将被更换为超导体。若把超导材料制成线圈，通以电流，由于超导材料在超导状态下具有零电阻和完全的抗磁性，因此只需消耗极少的电能，就可以获得10万高斯以上的稳态强磁场。而用常规导体做磁体，要产生这么大的磁场，需要消耗3.5兆瓦的电能及大量的冷却水，投资巨大。这种强磁场可用作磁悬浮列车、磁流体发电、核磁共振仪、超高压电子显微镜和贮能用的磁铁。用超导材料制造出的超大规模集成电路器件的计算速度将是硅基片大规模集成电路的数十乃至上百倍。核聚变反应时，内部温度高达1亿~2亿摄氏度，没有任何常规材料可以包容这些物质，而超导体产生的强磁场可以作为“磁封闭体”，将热核反应堆中的超高温等离子体包围、约束起来，然后慢慢释放，从而使受控核聚变能源成为21世纪前景广阔的新能源。超导技术应用领域如图6-5所示。

2000年12月31日下午2点26分在西南交通大学超导技术研究所实验室研制成功世界上第一辆载人“高温超导磁悬浮实验车”，该车全部采用国产YBCO高温超导体块材，利用液氮(−196 ℃)进行制冷。2006年，中国科学家率先建成了世界上第一个全超导核聚变“人造太阳”实验装置EAST，模拟太阳产生能量。未来稳态运行的热核聚变反应堆投入商业运行后，能提供无限的、洁净的、安全的能源，将使人类未来数亿年的能源问题得到彻底解决。

四、生物陶瓷

生物陶瓷(Bio-ceramic)是指在医学上能植入体内的陶瓷。陶瓷在医学上的应用始于20世纪60年代，首先对以氧化铝为主的陶瓷展开了适用性研究。氧化铝在生物体内毒性小，呈惰性，与周围生物体组织的亲和性好，它能像生物活体一样发挥生物及化学功能，适合于骨的增殖等。20世纪70年代初，人们可以用氧化铝为骨头材料和承窝材料制作全人工股关节，也可用氧化铝为骨头材料，用超高分子量聚乙烯为承窝材料制作全人工股关节。20 世纪 80 年代，日本京都陶瓷公司已以“生物陶瓷”的商品名进行氧化铝生物陶瓷的商品生产。现在，用作人工骨的有氧化铝陶瓷、烧结氧化锆、羟基磷灰石和碳纤维等，用于人工关节的有氧化铝陶瓷、烧结氧化锆、碳纤维等，氧化铝单晶(人造蓝宝石)、烧结磷酸钙等可用于人工牙根，烧结磷酸钙还可用作骨充填材料，热解石墨用于心脏瓣膜，氧化铝陶瓷、二氧化钛陶瓷、二氧化硅陶瓷、涂覆氧化锆等已被用作固定化酶载体。

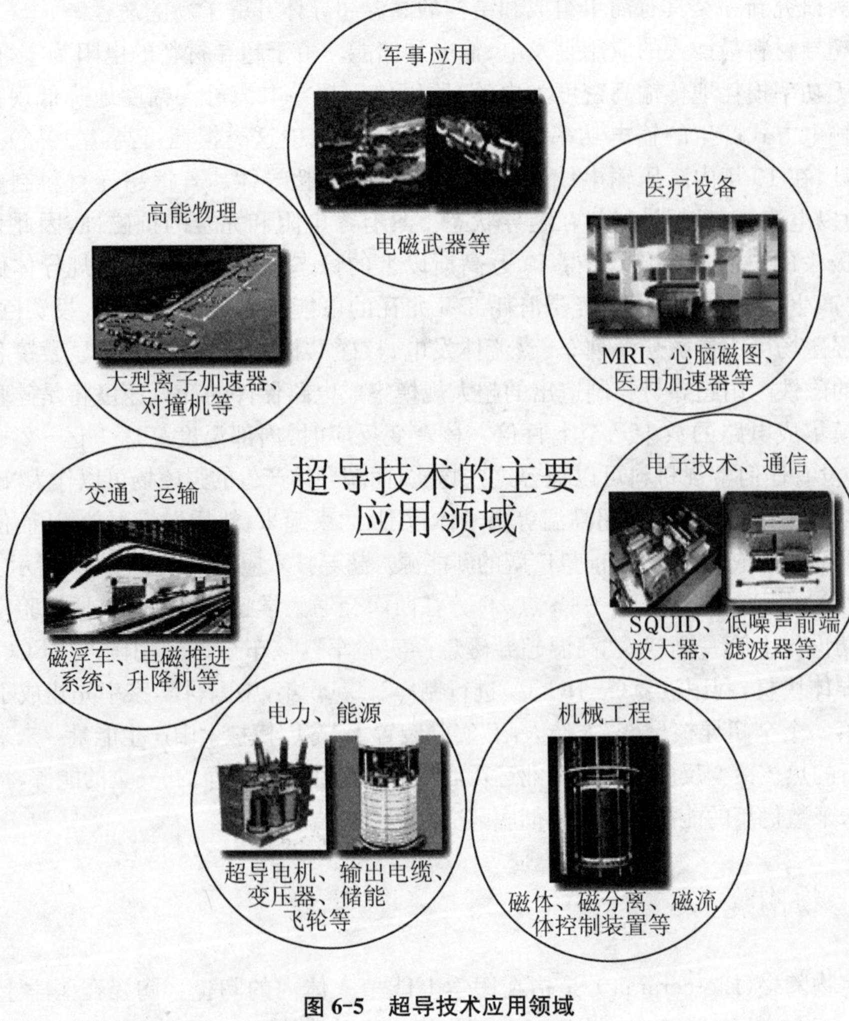

图 6-5　超导技术应用领域

第六节 功能奇异的纳米材料

随着社会发展和科技进步,人类对客观世界的认识和研究不断向宏观和微观两个层次深入进行。宏观(Macroscopic)是指研究对象的尺寸很大,其下限是人的肉眼可见的最小的物体(约 1 微米),而上限是无限的,目前,利用各种望远镜人们对宏观认识的尺度已经延伸到上百亿光年。微观(Microscopic)是指上限为原子和分子,而无下限的一个时空。早在 20 世纪初,人们就已经对分子、原子、质子、中子、介子、超子等构成的微观世界有了很好的认识,时间已缩短到飞秒(10^{-15}秒)的数量级。直到 20 世纪 80 年代初,人们才发现,在宏观世界和微观世界之间,还有一个层次的时空被遗忘了,因此,介于宏观与微观之间的领域——介观的概念被提了出来。介观(Mesoscopic) 体系具有许多既不同于宏观物体,也不同于微观体系的奇异现象。目前,人们一般把材料结构层次分为微观($<$0.1 nm)、团簇(0.1～1 nm)、纳米(1～100 nm)、介观(100～1 μm)、宏观($>$1 μm)。

20 世纪 70 年代纳米颗粒材料问世,很快就掀起了世界性纳米材料研究热潮。1984 年,德国著名学者格莱特(H. Gleiter) 把 6 nm 的金属粉末压制成纳米块,制出了世界上第一块纳米材料。此后,对纳米材料的研究可分为三个阶段:①1990 年之前,主要是纳米颗粒及纳米晶研究,重点是探讨单相纳米颗粒的制备、性能表征等。随着研究内容的深入和范围的扩大,于 1990 年 7 月,在美国巴尔的摩召开了第一届国际纳米科学技术学术会议(Nano Science and Technology,简称 NST),正式把纳米材料作为材料科学的一个新分支。②1990～1994 年,主要是纳米复合材料研究,如何利用纳米材料奇异的物理、化学和力学性质设计复合材料是人们关注的热点,复合方式有纳米微粒与纳米微粒复合、纳米微粒与纳米薄膜复合、纳米微粒与常规块体复合等。③1994 年以后,主要是纳米组装体系研究,为了充分利用纳米材料的特异性能,人们以纳米颗粒、纳米丝、纳米管为基本单元,设计、组装成各种纳米结构新体系,如纳米阵列体系、介孔组装体系、薄膜嵌镶体系等。图 6-6 是作者制备的各种形貌的纳米硒结构。

当前,纳米材料与技术正全方位地向高新技术和传统产业渗透,正在变革材料、生命、信息、能源、环境等学科领域。纳米技术的迅猛发展将引发一场新的工业革命,纳米材料的神奇功能将把人类带入一个美妙的物质世界。

图 6-6 各种形貌纳米硒的扫描电镜图

一、纳米微粒的特性

纳米微粒的突出特点是粒子具有壳层结构。由于粒子的表面层占很大比重，而表面原子是既无长程序，又无短程序的非晶层。可以认为，粒子表面层的实际状态更接近气态，而在粒子的内部，存在结晶完好周期排布的原子。由于电中性和电子运动受束缚等原因，纳米微粒的电子能级结构也具有特殊性。纳米粒子的这种特殊结构使其具有许多特性。

1. 量子尺寸效应(Quantum Size Effect)

当金属或半导体从三维减小至零维时，载流子在各个方向上均受限，随着粒子尺寸下降到接近或小于某一值(激子玻尔半径)时，费米能级附近的电子能级由准连续能级变为分立能级的现象称为量子尺寸效应。

金属或半导体纳米微粒的电子态由体相材料的连续能带过渡到分立结构的能级，表现在光学吸收谱上从没有结构的宽吸收过渡到具有结构的特征吸收。量子尺寸效应带来的能级改变、能隙变宽，使微粒的发射能量增加，光学吸收向短波长方向移动(蓝移)，直观上表现为样品颜色的变化，如 CdS 微粒由黄色逐渐变为浅黄色，Ni 的微粒失去金属光泽而变为黑色等。

2. 小尺寸效应(Small Size Effect)

当物质的体积减小时，将会出现两种情形：一种是物质本身的性质不发生变化，而只有那些与体积密切相关的性质发生变化，如半导体电子自由程变小，磁体的磁区变小等；另一种是物质本身的性质也发生了变化，当纳米材料的尺寸与传导电子的德布罗意波长相当或更小时，周期性的边界条件将被破坏，材料的磁性、内压、光吸收、热阻、化学活性、催化活性及熔点等与普通晶粒相比都有很大的变化，这就是纳米材料的体积效应，亦即小尺寸效应。这种特异效应为纳米材料的应用开拓了广阔的新领域，例如，随着纳米材料粒径的变小，其纳米微粒的熔点可远低于块状金属，块状 Au 的熔点为 1337 K，随着粒径减小，其熔点迅速下降，导致 2 nm 的 Au 颗粒熔点为 600 K。

3. 表面效应(Surface Effect)

纳米材料的表面效应是指纳米粒子的表面原子数与总原子数之比随粒径的变小而急剧增大所引起的性质上的变化，如表 6-1 所示。

当粒径在 10 nm 以下时，将迅速增加表面原子的比例。例如，在粒径降到1 nm 时，表面原子数比例达到 99%以上，原子几乎全部集中到纳米粒子的表面。当表面原子数增加到一定程度时，粒子性能更多地是由表面原子而不是由晶格上的原子决定。表面原子数增多，原子配位不足以及高的表面能导致纳米微粒表面存在许多缺陷，使这些表面具有很高的活性，不但引起纳米粒子表面原子输运和构型的变化，同时也引起表面电子自旋构象和电子能谱的变化，对纳米微粒的光化学、电学及非线性光学性质等具有重要影响。

表 6-1　纳米微粒尺寸与表面原子数的关系

纳米微粒尺寸 d(nm)	包含总原子数	表面原子所占比例
10	3×10^4	20%
4	4×10^3	40%
2	2.5×10^2	80%
1	30	99%

4. 宏观量子隧道效应（Macroscopic Quantum Tunnel Effect）

微观粒子具有的贯穿势垒的能力称为隧道效应。近年来，人们发现一些宏观量，例如微粒的磁化强度、量子相干器件中的磁通量以及电荷等也具有隧道效应，它们可以穿越宏观系统中的势垒并产生变化，称为宏观量子隧道效应。利用这个概念可以定性解释超细镍粉在低温下继续保持超顺磁性的现象。宏观量子隧道效应的研究对基础研究和实际应用都有重要的意义。它限定了磁带、磁盘进行信息存储的时间极限。宏观量子隧道效应与量子尺寸效应，是未来微电子器件的基础，或者说确立了现有微电子器件进一步微型化的极限。人们根据量子隧道效应设计而成的扫描隧道显微镜，可以观察到原子的实体图像，首次实现了按人的愿望排布原子的梦想，并由此促进了团簇及纳米科学的研究。

5. 介电限域效应(Dielectric Confinement Effect)

当在半导体纳米材料表面修饰某种介电常数较小的介质时，相对裸露在半导体材料周围的其他介质而言，被表面修饰的纳米材料中电荷载体产生的电力线更容易穿透这层介电常数较小的包覆介质。因此，屏蔽效应减弱，同时带电粒子间的库仑作用力增强，结果增强了激子的结合能和振子强度，这就称为介电限域效应。

二、纳米管(Nanotube)

1991年，日本NEC公司基础研究室的饭岛(S. Iijima)在研究石墨放电形成的阴极沉积物时，观察到有直径为3～30纳米，长度达1微米的针状物，高分辨电子显微镜研究表明，这些针状物是由多个石墨层嵌套形成的空心小管，这就是碳纳米管(Carbon Nanotube)。除碳纳米管外，人们还制备出了各种非碳纳米管。1995年，柯普拉等人以填充有BN的钨为阳极、以铜为阴极进行电弧放电，成功地制得了BN纳米管。1996年，路易西奥用催化电弧放电法制得了BN单层和双层纳米管。以色列的R. Tenne合成了二硫化钨(WS_2)笼形管状分子。目前，人们已制备出由多种元素组成的纳米管，如二氧化钛纳米管、硫化物纳米管、硒及硒化物纳米管等。图6-7是笔者制备的硒纳米管和硒化物纳米管。

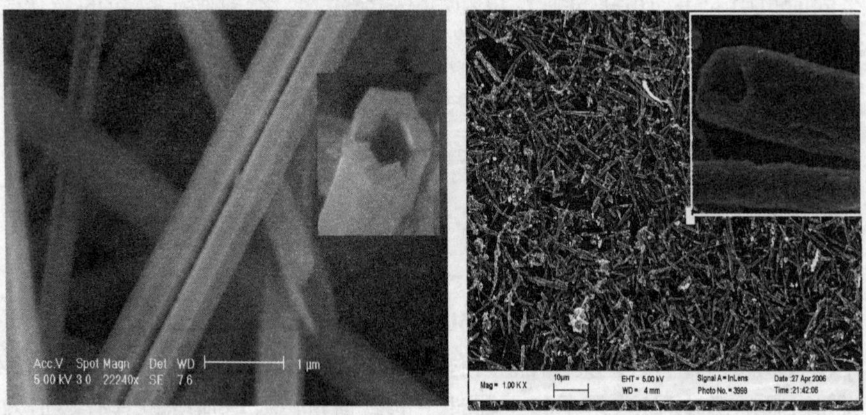

图6-7 硒纳米管(左)和硒化铜/硒化银铜复合纳米管(右)的扫描电镜图

制备纳米管等一维纳米材料的方法主要是模板合成法(Template-directed Synthetic Method)。这种方法的思路是：以具有一维纳米结构的物体为模板，在一维结构内合成所设计的材料，这些材料就继承了这些结构的几何外形和总体排列。目前使用的模板主要有两种：软模板(Soft Template)和硬模扳(Hard Template)。软模板主要有液晶模板、表面胶团模板等。硬模板主要有沸石、树脂、阳极氧化铝、碳纳米管。阳极氧化铝模板(Anodic Alumina Oxide，AAO)是一种较为理想的模板，它孔径均一，可在几纳米至几百纳米的尺寸内连续调节，且孔的排列呈有序的六方点阵方式，孔密度高达每平方厘米 10^{11} 个，利用这种模板，已制得了金属、半导体、导电高分子纳米线，如图 6-8 所示。

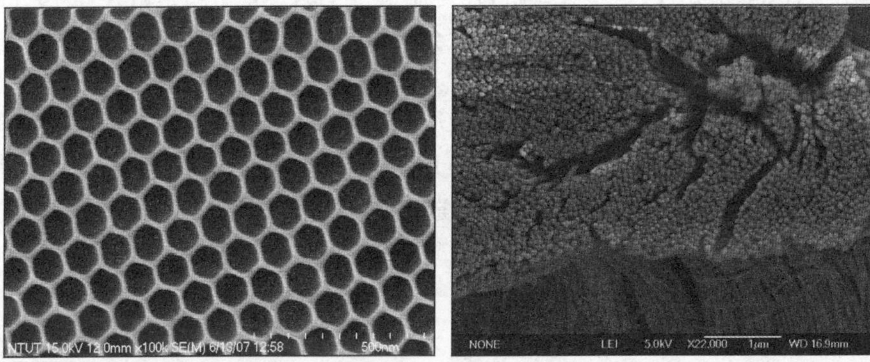

图 6-8　AAO 模板照片(左)和利用 AAO 模板制备的纳米线照片(右)

纳米管等一维纳米阵列（1-D Nano-Array）体系应用前景极广。例如，在孔洞内合成 P 型和 N 型半导体材料，可以制得微型二极管阵列；露头点的纳米金属丝阵列体系可以作为大规模集成线路的接线头；由氧化物半导体纳米管或线构成的纳米级探头，功能化修饰后可作为化学与生物传感器，插入生物活体细胞内实时监测其中的各种物质变化过程。另外，纳米管还是定向输运微量物质的有效工具。纳米管将成为未来高能纤维的首选材料，并广泛用于制造超微导线、微型开关、纳米电子线路及纳米仪器等。千万个纳米尺寸的碳纳米管传动装置可以集成为一个大的传动装置，与传统的铁电传动装置(如电机)不同，碳纳米管传动装置只需要几伏的电压就能产生巨大的传动力。此外，碳纳米管可用做纳米电子枪，制造超薄、高清晰度的平面显示器，还可用它作高性能燃料电池的储氢材料。

除纳米管外，一维纳米材料还有纳米棒(Nanorod)、纳米带(Nanobelt/Nanoribbon) 和纳米线(Nanowire) 等。

三、纳米机器人(Nano-robot)

纳米粒子的尺度一般比生物体细胞小得多，这就可以利用纳米粒子进行细胞分离、细胞染色、合成特殊药物进行局部定向治疗及制备生物医学用纳米机器人。

对于纳米机器人的研制，目前正在做的是酶生物系统和机械系统相结合的第一代纳米机器人。如果将这种纳米机器人注入人体的血管内，可做全身健康检查，疏通脑血管中的血栓，清除心脏中动脉脂肪沉淀物，还能吞噬病毒，杀死癌细胞。第二代纳米机器人将是直接用原子、分子人工组装的具有一定功能的纳米尺度装置，这种机器人将具有自我调节能力。第三代纳米机器人将是更加智能化的，可以与人对话并具有自我复制能力。

纳米粒子在物理上又被称为量子点。利用量子点(Quantum Dot)可制造出纳米电子器件、量子元件、量子计算机,还可制造量子箱。量子箱是直径约 10 nm 的微小构造,把电子“关”在这样的箱里,就会因量子效应使电子有异乎寻常的表现,利用这一现象便可制成量子元件。量子元件可以使元件的体积大大缩小,使电路大为简化。量子元件主要通过控制电子波动的相位来进行工作,从而能够实现更高的响应速度和更低的电力消耗。量子元件的兴起将导致一场电子技术的革命,人们期待着利用量子元件在新世纪初制造出 16 GB 的 DRAM,这样的存储器芯片足以存放 10 亿个汉字的信息。

四、纳米陶瓷(Nano-ceramic)

纳米材料的特性之一就是具有很高的强度、硬度并有良好的塑性和韧性。英国科学家柯享曾说,纳米材料的诞生给为陶瓷增韧奋斗一个世纪之久的科研工作带来了希望。早在 20 世纪 80 年代,德国科学家就在实验室成功制备出了在约 80 ℃表现出良好塑性的纳米氟化钙离子晶体。后来,瓦克(Wakai)和尼爱(Nieh)等人制备出了超塑性达 800%的纳米陶瓷及在 1600 ℃下延伸率达 150%的复合纳米陶瓷。纳米复合陶瓷可以分为两类:①纳米颗粒(晶须)的第二相弥散在基质的粒子内或基质的晶界上的陶瓷复合材料;②分散胶体和具有纳米级大小的基质晶粒烧结而成的复合材料。陶瓷是一种多晶材料,晶粒尺寸减小将对材料的力学性能产生很大影响,晶粒细化使材料不易造成穿晶断裂,有利于提高材料的断裂韧性,同时,晶粒细化将有助于晶粒间的滑移,使材料具有塑性行为。因此,纳米陶瓷可大大提高材料的强度、韧性和超塑性。另外,随着纳米颗粒尺寸的减小,纳米材料的熔点会随着降低,这种性质对于加工高熔点、难成形的陶瓷非常有用。只要将陶瓷加工成纳米粉末,便只需用不高的温度即可将其熔化并烧结成耐高温的元件。

五、纳米涂层(Nano-coating)

纳米涂层是国际上纳米材料研究的热点之一,主要集中在功能性涂层的研究上,包括普通材料的表面涂层、纤维涂层、颗粒涂层等。例如,纳米 TiO_2、Cr_2O_3、SnO_2与树脂复合可作为静电屏蔽涂层,纳米 $BaTiO_3$可作为高介电绝缘涂层,纳米 Fe_3O_4可作为磁性涂层,纳米 Y_2O_3可作为红外屏蔽涂层(其反射热的效率很高,可用于红外窗口材料),还有紫外反射涂层、红外吸收涂层、红外微波隐身涂层等。利用 TiO_2在可见光照射下对碳氢化物有催化作用的特性,在普通陶瓷表面涂上一薄

层 TiO_2 纳米粒子，可制备出自洁净陶瓷。另外，在塑料表层添加纳米粒子可提高塑料的抗老化性能，在橡胶表层添加纳米粒子可提高橡胶的耐磨性。最近，中科院江雷教授等研制出了超双亲性（Superoleophilic，亲水性、亲油性）和超双疏性（Superhydrophobic，疏水性、疏油性）二元协同纳米界面材料，该纳米技术可在任何材质表面实现，使材料具有自洁净、防雾、防水、防油、润滑等多种功能。

六、纳米催化剂（Nano-catalyst）

由于表面效应的影响，纳米粒子的比表面积大，吸附、扩散能力强，表面存在许多悬空键，具有很大的化学活性，所以催化活性中心多，催化能力强。纳米粒子催化剂主要有以下几种：①铂、铑、银、钯及铁、钴、镍等金属纳米粒子催化剂；②以多孔氧化物为载体的分散有纳米金属粒子的催化剂；③碳化钨、氧化铝、氧化铁纳米粒子催化剂；④半导体纳米粒子催化剂。

将纳米粒子用做催化剂，是纳米材料大显身手的一个领域。利用金属纳米粒子在聚合物氧化、还原及合成反应中作催化剂，可大大提高反应效率，且具有选择性。例如，超细的铂粉、碳化钨粉是高效的氢化催化剂，超细银粉可以作乙烯氧化的催化剂。利用纳米镍作为火箭固体燃料反应催化剂，燃烧效率可提高 100 倍，超细硼粉、高铬酸铵粉可作为炸药的有效催化剂。氧化物载体复合纳米金属粒子催化剂的活性远远高于普通催化剂，在有机合成中使用广泛。例如，利用氧化硅载体镍硼非晶态催化剂催化环戊二烯选择性加氢制备环戊烯，其转换率可达 100%，选择性超过 96%。以 TiO_2 为代表的纳米半导体粒子具有优异的光电催化活性，因而引起众多科技人员的关注，其研究内容主要集中在光解水、CO_2 及 N_2 的固定化、光催化分解污染物及光催化合成等方面。例如，用超细的 Fe_3O_4 微粒做催化剂可以在低温（270 ℃～300 ℃）下将 CO_2 分解为碳和水。值得注意的是，组成不同、大小不同的纳米粒子具有不同的催化活性和催化选择性。例如，3 纳米的 ZnS 粒子对于光还原 CO_2 可显示出 80% 的量子效率，但随着粒径的增加其催化活性迅速下降；ZnS 纳米半导体粒子光解甲醇溶液的产物是丙三醇和氢气，而 TiO_2 半导体粒子光解甲醇溶液的产物仅为氢气。

科技革命必然引起新的产业革命，而产业革命又必然带来经济的巨大变化和迅速发展。纳米科技的发展将引发一场新的工业革命。有人认为，21 世纪前 20 年，是发展纳米技术的关键时期，纳米技术将很快成为推动社会经济各领域快速发展的主导技术。目前，纳米技术已经成为全世界关注的技术，纳电子代替微电子，纳加工代替微加工，纳米材料代替微米材料，纳米生物技术代替微米尺度的生物技术，只有快速发展纳米技术，才有可能在未来经济竞争中占据主动。

第七节　碳家族材料

碳是地球上储量最丰富的元素之一，也是组成自然界，包括我们人类本身的最基本元素之一。在一百多种元素中，碳原子独特的结构使它具有独特的性质。碳不仅构成了数目庞大的有机物家族，还可以与金属和非金属形成多种化合物，如硬度大、熔点高的 TiC、WC、BC、SiC 等已成为高新技术中的重要材料。碳还可以形成多种结构不同、性质各异的单质，即同素异形体，如石墨、金刚石以及新秀富勒烯等（如图 6-9 所示）。

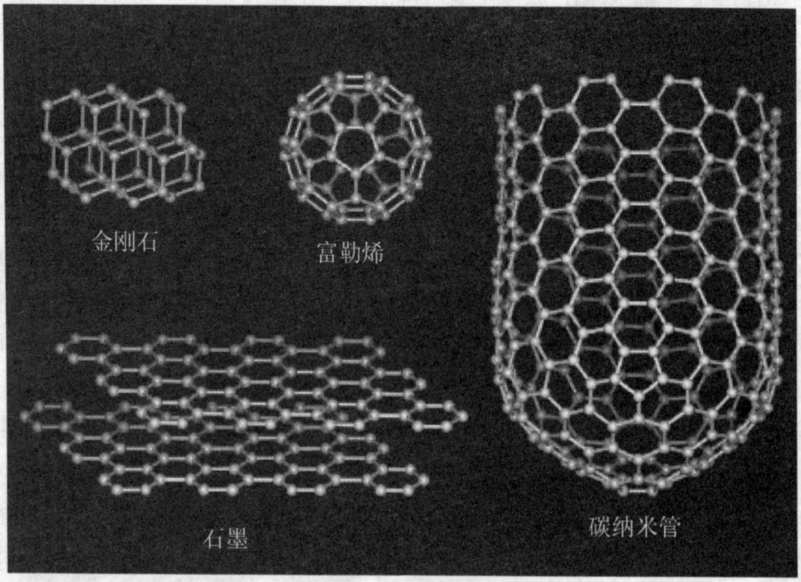

图 6-9　碳的同素异形体结构示意图

一、石墨（Graphite）

天然的石墨常常不纯，灰分含量约为 10%，通过高温处理可获得纯石墨。石墨质软，色黑，有光泽，不透明。在石墨晶体中，碳原子以 sp^2 杂化轨道和邻近的三个碳原子形成共价单键，构成六角平面的网状结构，这些网状结构又连成片层结构。层中每个碳原子均剩余一个未参加 sp^2 杂化的 p 轨道，其中有一个未成对的 p 电子，同层中这种碳原子中的 p 电子形成一个特大 π 键。这些离域电子可以在整个碳原子平面层中活动，所以石墨具有层向的良好导电导热性质。石墨的层与层之间是以分子间力结合起来的，因此石墨容易沿着与层平行的方向活动、裂开，因此石墨质软，具有润滑性。石墨因能抗高温、抵腐蚀、可导电，被大量用来制作电极、电刷等。应用其质软与层状结构的特点，石墨还可用来制造铅笔芯、颜料和润滑剂等。另外，石墨在铸铁中变成球状会大大增加铸铁的强度，该铸铁被称作球墨铸铁。

二、金刚石（Diamond）

金刚石晶体（俗称钻石）属立方晶系，是典型的原子晶体。每个碳原子都以 sp^3 杂化轨道与另外四个碳原子形成共价键，构成四面体。由于金刚石晶体中 C-C 键很强，所有价电子又都参与了共价键的形成，使得晶体中没有自由电子，所以金刚石不仅硬度大、熔点高，而且不导电。在室温下，金刚石对所有的化学试剂都显惰性，但在空气中加热到 1100K 左右能燃烧得到 CO_2。它作为一种珍贵宝石，大约已有三千多年的历史。纯的金刚石无色透明，带杂质后，可呈现出红、黄、蓝、绿、黑等色彩，加上它的折光率非常大(2.4)，对光的色散特别强，金刚石在光照时显得光彩夺目、变幻莫测。高透明度、高折光率和高强度使金刚石成为最有价值的宝石。金刚石是迄今为止人们发现的最硬的物质，在莫氏硬度次序中它名列最高的第十级（这个次序是滑石、石膏、方解石、萤石、磷灰石、钾长石、石英、黄玉、刚玉和金刚石）。它几乎能划破任何东西，适于作研磨、切割、磨削、抛光、钻探工具，成为近代多种工业应用的理想材料。天然金刚石在地球上的含量十分稀少。将石墨转变为稀世之宝早就成为人们梦寐以求的事情。理论上可以证明，高温、高压是石墨转变为金刚石的条件，这也正是金刚石在地球内部形成时的自然环境。

1955 年，邦迪（Bundy）等人在 1 万兆帕下，长期维持 2300 K 的高温，在实验室将石墨变成了金刚石，经 X 射线结构分析、硬度比较及上百次重复实验，证实了他们的结果是正确的，这是人类应用静压力法第一次获得了人造金刚石。后来，又发展了利用爆炸瞬间产生高温和冲击波的制作方法，逐步使象征财富和权利的金刚石变成一种工业材料，并渗透到工业生产和科学研究的各个方面。

静压法和冲击波法设备昂贵，操作困难，生产成本高，而且所得金刚石极硬，难于加工，限制了金刚石的应用领域。20 世纪 80 年代末在世界范围掀起了金刚石研制与开发热潮，人们探讨了各种各样的制作方法。中国科技大学钱逸泰小组利用传统的 Wurtz 反应原理，在中温（700 ℃）条件下，用催化热解法使四氯化碳与钠反应（催化剂为 Ni-Co-Mn 合金），在高压釜中成功地制得了纳米金刚石，反应式如下：

$$CCl_4 + 4Na \xrightarrow{700\ ^\circ C/Ni\text{-}Co} C(diamond) + 4NaCl$$

人们期待着人工金刚石在工具、光学、声学和电子学等领域得到广泛应用，如用于各种大型光学系统、照相机镜头、眼镜片、火箭发动机、精密仪表、各种刀具及手表等，甚至刮脸刀片也将因金刚石膜的表面改性而变得更加美观耐用。目前，人们应用金刚石膜已制成新一代电子器件(如金刚石薄膜整流二极管、蓝色电致发光器件等)。今后，人们将首先利用金刚石的高导热性研制出大面积、可在高温下工作、速度极快的集成电路，这样可很好地解决元件密集后的散热问题。

三、富勒烯(Fullerene)

20 世纪 80 年代中期，克罗托(H. Kroto)、柯尔(B. Curl)及斯莫利(R. Smalley)等人发现了碳元素的第三种晶体形态，其分子式为 C_n，称为碳原子簇(Carbon Cluster)。结构研究表明，C_{60} 分子具有球形结构，60 个碳原子构成近似于球形的 32 面体，即由 12 个五边形和 20 个六边形组成，相当于截角正 20 面体。每个碳原子以 sp^2 杂化轨道和相邻的三个碳原子相连，剩余的 p 轨道在 C_{60} 的外围和腔内形成大 π 键。如图 6-10 所示。

图 6-10　美国建筑学家 Richard Buckminster Fuller 于 1967 年设计的加拿大蒙特利尔世界博览会的美国展览馆(左)和 C_{60} 球示意图(右)

C_{60} 分子有碳碳双键，按有机化学分类应属于烯类，所以首先被称为“球烯”、“球面烯”，后来被称为“巴克明斯特·富勒烯”(Buckminster Fullerene)，这是为了感谢巴克明斯特·富勒建筑学的网格球顶帮助解决了 C_{60} 结构之谜。基于克罗托、柯尔及斯莫利在 C_{60} 领域的贡献，在 1996 年他们共同分享了诺贝尔化学奖。

空心球形 C_{60} 的出现不仅为碳家族增光添彩，而且还改写了化学价键理论。原来的价键理论认为，所有化学键都是“直键”，但是用 X 衍射等方法又证实 C_{60} 确实是球形，C_{60} 中的碳碳键必须微微向外凸起，人们必须跨越由“直键”到“弯键”的鸿沟。

康斯坦茨国际会议后，世界上各个实验室纷纷购置了自己的富勒烯加工设备，迅速投入了世界性 C_{60} 研究热潮，争相揭示 C_{60} 的性能，积极开发它的用途。人们发现不仅存在 C_{60}，还存在一系列空心全碳分子，如 C_{32}、C_{50}、C_{70}、C_{76}、C_{84}、C_{90}、C_{94}，甚至存在 C_{240}、C_{540} 等巨型富勒烯。这是一个人丁兴旺的足球分子家族，被称为"富勒烯家族"。

C_{60} 是最圆的分子，可高速自转，旋转速度可达每秒 1 亿转。C_{60} 有较高的化学稳定性，能溶于苯等芳香族溶剂，其溶液挥发后可形成稳定的薄膜。通常情况下，C_{60} 晶体同石墨一样柔软，但当把它挤压到原体积的 70%后，其硬度将超过金刚石，可用作超硬切削工具。由于 C_{60} 球体可任意高速旋转，所达到的紊乱状态与无定形硅相似，若在 C_{60} 结晶时封入某些立方晶体，有可能制备成全新的半导体。氢气是未来最重要的能源之一，C_{60} 有可能是理想的储氢材料，因 C_{60} 是个中空密封的球壳，在其内部可储存一定量直径很小的氢气分子。

1991 年，美国贝尔实验室发现 K_3C_{60} 在 18 K 时出现超导性，其临界温度超过了当时已知的有机超导体，引起了世人的极大兴趣。其后不久，人们发现了一系列碱金属富勒烯超导体，临界温度不断被刷新，一类新的超导家族诞生了，它的优异超导性能展现了令人神往的美好前景。因此，美国《科学》杂志将 C_{60} 超导体的发现评为 1991 年世界十大科技发现之一。

四、碳纳米管(Carbon Nanotube)

碳纳米管按照石墨烯片的层数分类可分为单壁碳纳米管(Single-walled Nanotubes, SWNTs)和多壁碳纳米管(Multi-walled Nanotubes, MWNTs)。碳纳米管具有典型的层状中空结构特征，管内碳原子以 sp^2 方式杂化，构成碳纳米管的层片之间存在一定的夹角，碳纳米管的管身是准圆管结构，并且大多数为五边形截面。管身由六边形碳环微结构单元组成，端帽部分是由含五边形的碳环组成的多边形结构，或者称为多边锥形多壁结构，是一种具有特殊结构(径向尺寸为纳米量级，轴向尺寸为微米量级，管子两端基本上都封口)的一维量子材料。它主要由呈六边形排列的碳原子构成数层到数十层的同轴圆管。层与层之间保持固定的距离，约为 0.34 nm，直径一般为 2～20 nm。图 6-11 是多壁碳纳米管的结构示意图及透射电镜照片。

由于其独特的结构，碳纳米管的研究具有重大的理论意义和潜在的应用价值，如：其独特的结构是理想的一维模型材料；巨大的长径比使其有望用作坚韧的碳纤维，其强度为钢的 100 倍，重量则只有钢的 1/6；同时它还有望用作分子导线、纳米半导体材料、催化剂载体、分子吸收剂和近场发射材料等。科学家们还预测碳纳米管将成为21世纪最有前途的纳米材料，以碳纳米管为材料的显示器将是很薄的，可以像招贴画那样挂在墙上。韩国的三星电子公司已展示了从纳米管发射电子轰击屏幕的显示屏，该公司估计两年内碳纳米管显示屏将上市。

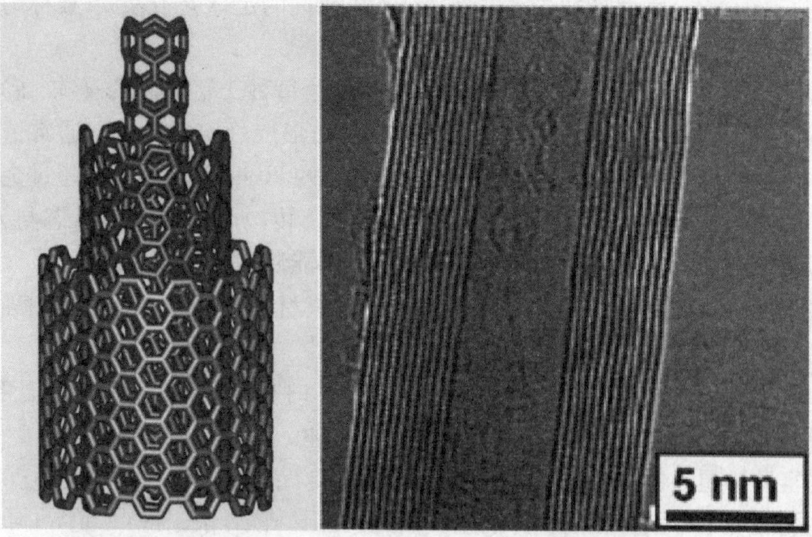

图6-11 多壁碳纳米管的结构示意图(左)和透射电镜照片(右)

五、石墨烯(Graphene)

2004年，英国曼彻斯特大学的安德烈·K·海姆(Andre K. Geim)和他的同事在实验中将石墨分离成较小的碎片，从碎片中剥离出较薄的石墨薄片，然后用一种特殊的塑料胶带黏住薄片的两侧，撕开胶带，薄片也被一分为二。不断重复这一过程，就得到了越来越薄的石墨薄片，最终得到的薄片中，有一部分仅由一层碳原子构成，这就是石墨烯。石墨烯是具有单层碳原子紧密堆积成的二维蜂窝状网格结构，该单层结构可以形成零维的富勒球、一维的碳纳米管和三维的石墨，如图6-12所示。

石墨烯的问世立即引发了全世界的研究热潮。石墨烯是最薄的一种材料，各碳原子之间的连接非常柔韧，当施加外部机械力时，碳原子面就弯曲变形，从而使碳原子不必重新排列来适应外力，因此结构非常牢固稳定。迄今为止，还未发现石墨烯中有碳原子缺失的情况。这种稳定的晶格结构使碳原子具有优秀的导电性，在室温下传递电子的速度比已知导体都快，达到了光速的1/300。石墨烯中的电子在轨道中移动时，不会因晶格缺陷或引入外来原子而发生散射。由于原子间作用力十分强，在常温下，即使周围碳原子发生挤撞，石墨烯中电子受到的干扰也非常小。石墨烯这种出色的导电性能使它在微电子领域具有巨大的应用潜力，将来有可能用石墨烯代替单晶硅来制作超高速晶体管，生产超级计算机等。

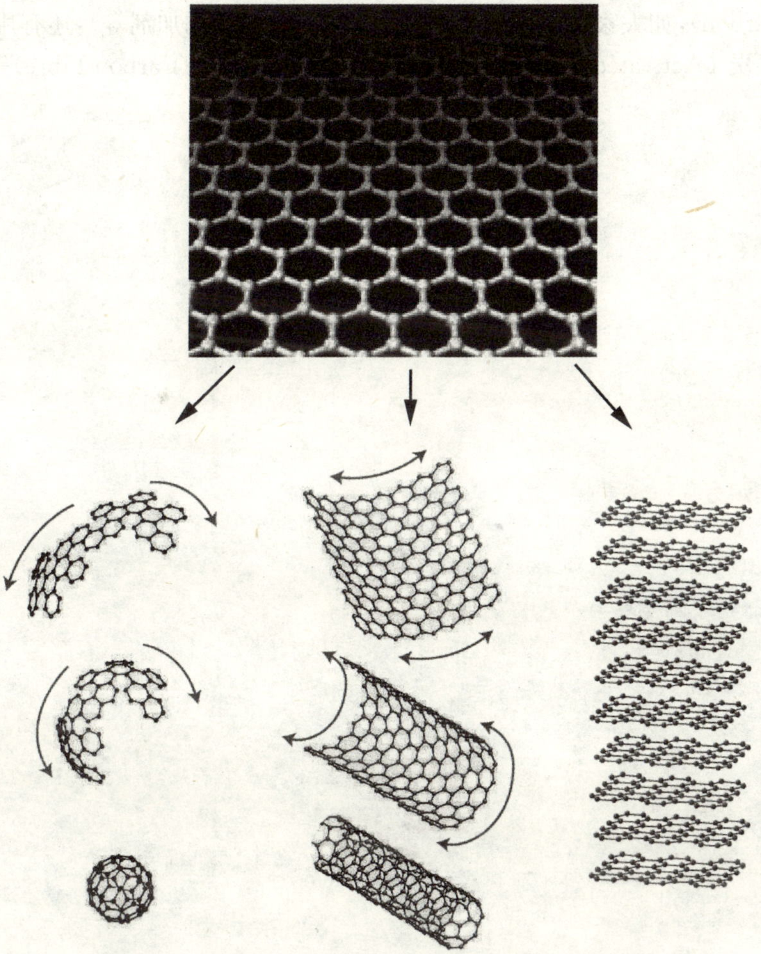

图 6-12　石墨烯形成富勒球、碳纳米管和石墨的示意图

2006 年 3 月，佐治亚理工学院成功地制造了第一个石墨烯平面场效应晶体管，并观测到了量子干涉效应。最近，IBM 宣布，他们已成功将石墨烯制作的场效应晶体管的频率提高到 GHz 级别，这也是这种非硅电子材料迄今为止所能达到的最高频率。IBM 的最新成果除了让石墨烯晶体管的频率突破 1 GHz 外，还首次确立了尺度行为，如性能对大小的依赖性。科研人员发现，在门信号宽度达到150 nm 时，石墨烯晶体管的运行频率可以达到 26 GHz，而现在微处理器里的硅晶体管在极限超频状态下才有 8 GHz 左右。IBM 还预计，如果能将门信号宽度缩小到 50 nm，石墨烯晶体管的频率就有望突破 1 THz，即 1000 GHz。据报道，IBM 的下一个工作重点将是开发基于高性能石墨烯晶体管的射频电路。

除以上讨论的碳材料外，碳簇中还有非晶体形态碳——无定形碳（Amorphous Carbon），如大家熟悉的炭黑，它可用作颜料、橡胶添加剂等。还有用作吸附剂的活性炭（Activated Carbon），用作增强材料的碳纤维（Carbon Fibre）等。

第七章　化学与工农业生产

尽管化学家还不能直接合成粮食，但现代农业化学的发展可使农作物增产。尽管化学实验室只能合成出有限的物质，但人们所需的大批量物品可在化工厂中生产。

化学使人类丰衣足食，化学改善了人类的生存条件。

第一节　化学与新型农业

农业是生命化学物质的生产或加工的领域，是关系到人类生存和发展的关键领域。农业的产品都是各种天然化合物，而这些化合物的产生过程就是一系列化学及生物化学反应过程。农业生产所用的肥料、农药与植物生产刺激素、农业器具与农用材料、农副产品深加工等都涉及化学的有关内容。因此，无论从哪个方面讲，农业都与化学息息相关、密不可分。

据预测，我国耕地的人口承载极限为 17 亿，大约二十年后就会达到这个极限。所以，发展新型农业意义重大。2000 年 5 月 10 日的《中国青年报》发表了“访全球农业科学巨头阿兰・高达”的文章，题目是：比狂热的电子信息更重要——生物和化学有关中国人的幸福。阿兰说：新型农业由两部分组成，一是先进的化学技术，一是生物工程技术。农业需要化学和生物的多种组合来解决所面临的问题。近五十年来，我国通过化学与生物等学科的结合发展新型农业，以世界 7%的耕地生产了 24%的粮食，养活了 22%的人口。美国更是通过发展新型农业，使不到 2%的农业人口养活了几亿美国人，农产品还大量出口。

目前，农业已进入“绿色农业（清洁农业）”阶段，并正在向“白色农业（基因农业）”、“蓝色农业（海洋农业）”方向发展。

一、新型肥料

凡能作为植物生长发育所需的营养物质或改善植物营养条件的物质统称为肥

料。氮、磷、钾及某些微量元素是粮食和农作物必不可少的肥料。我国的耕地普遍缺氮，59%的耕地缺磷，23%的耕地缺钾。为了提高作物产量，人们早就在研究化学肥料。1918 年 F. Haber 发明了合成氨方法，1931 年 C. Bosch 改进了合成氨方法，他们为人类增加粮食生产中的肥料问题作出了重大贡献，所以分别获得了诺贝尔化学奖。据国际粮农组织估计，目前全世界对化肥的年需求量超过 3 亿吨。

长效尿素是人们研究较多的一种新型肥料，此种肥料可以提高肥效，减少环境污染。尿素又叫脲，化学式为$(NH_2)_2CO$，化学名称叫碳酰胺，是目前含氮量最高(46.7%)的一种速效肥料。尿素在土壤中分解后，除了给农作物供氮外，还产生二氧化碳，可被植物吸收利用，促进光合作用。反应式如下：

$$(NH_2)_2CO + H_2O \xrightarrow{\text{脲酶}} 2NH_3 + CO_2$$

长效尿素可提高肥效，减少肥料流失污染。通常的做法是在尿素颗粒表面包覆一层极薄的生物降解塑料，也可在尿素中加入缓释剂，以延缓其分解速度，所加的缓释剂也是含氮有机化合物，它在土壤中也会逐渐分解为肥料。类似脲醛树脂的制备方法，利用尿素与甲醛在一定条件下反应，也可以制备具有缓释功能的长效尿素。

复合肥料也是人们研究的重要方向之一，以植物生长所需的最佳配比来研制肥料是增产粮食的有效途径。另外，近年来，在肥料中添加微量元素、稀土元素使粮食增产已取得很大成效。当前肥料的研究热点是生态协调肥料，该肥料由无机肥料、有机肥料和生物菌种等组成。其中无机肥料、有机肥料先被微生物菌种分解吸收，其排泄物供农作物吸收利用。这种肥料既有很高的肥效，又可改良土壤，且无环境污染。

自然界中有些细菌和藻类可把空气中的氮还原成氨作为自身生长所需的养料。如豆科植物，包括大豆、三叶草和紫花苜蓿等。它们的根瘤菌的固氮菌株具有这种固氮能力。固氮作用与固氮酶有关，单质氮转化为氮化合物的过程涉及固氮酶及其复合物的作用。已知固氮酶由两种蛋白质组成：一种蛋白质(二氮酶)的相对分子质量约为 220000，含 2 个钼原子、32 个铁原子和 32 个活性硫原子；另一种蛋白质(二氮还原酶)是由 2 个相对分子质量为 29000 的相同亚基构成的，每个亚基含 4 个铁原子和 4 个硫原子。目前，虽然还没有全部搞清楚固氮酶的结构和作用机制，但固氮酶的蛋白质及其固氮活性中心的结构信息可启发化学模拟固氮的催化研究。蛋白质与钼和铁的配合物及钼、铁、硫的原子簇化合物均被认为是可以模拟固氮酶的活性部位。化学固氮、生物固氮将是 21 世纪的热点研究领域。

二、新型农药

病虫害是农业生产的大敌。据调查，世界上农作物损失约占总收入的 36%，其中虫害占 14%，病害占 12%，草害占 10%。例如，马铃薯晚疫病的流行可以使 90%以上的马铃薯毁于此病。小麦的锈病流行更快更广，3 亿个小麦锈病真菌孢子不过 1 克重，凌空直上可达 5 千米，可飘浮传播 2000 千米。至于虫害，造成的损失更是触目惊心。例如，非洲北部的蝗虫灾害可以使许多地方粮食颗粒无收。

人们对付农业病虫害有两种手段：化学防治和生物防治，防治的主要武器是农药。根据农药防治目标或作用，可以将农药划分为杀虫剂（又分触杀、胃毒等类型）、杀菌剂、杀鼠剂、除莠剂、植物生长刺激素和落叶剂、防落剂、疏花疏果剂等。同一种农药常兼具两种或两种以上的功能。一般情况下，生产出来的高纯农药（原药）不便直接使用，常需要加工成剂型才能使用。农药加工的剂型通常有粉剂、可湿性粉剂、乳剂、烟剂、颗粒剂等。加工剂型时用的农药助剂又可分稀释剂（如煤油、水、滑石粉）、乳化剂（各种表面活性剂）、湿润剂与展着剂（表面活性剂）、黏着剂（面粉、豆粉）及增效剂等。

20 世纪所用的合成农药主要有有机氯农药和有机磷农药，它们大多高效、高毒，并易对环境造成污染。近年来，各种具有高效低毒、绿色环保功能的新型农药相继出现。

1. 生物农药

人们从天然动植物体中寻找有效成分，分析确定其结构，然后进行模拟改造，生产出的多种模拟天然农药可称为生物农药。生物农药具有很好的环境相容性，低污染，高药效，是当前农药研究的主要方向。

(1) 除虫菊

由白药除虫菊的花提取，其有效成分可达 0.8%～1.4%，具有很好的杀虫效果。除虫菊的主要有效成分是除虫菊素Ⅰ和除虫菊素Ⅱ。此外还有瓜叶除虫菊素Ⅰ和Ⅱ。上述有效成分其实都是菊羧酸与菊醇酮所生成的酯，所以总称除虫菊酯。除虫菊用于杀灭蚊、蝇、蚤、虱、臭虫非常有效，是许多蚊香的主要成分，也是防治蔬菜、果木、茶树、烟草害虫的良好药剂，对人畜毒性极低。芝麻油中的芝麻素和芝麻灵，黑胡椒中的胡椒碱及其水解产物胡椒酸等都能杀虫。它们与除虫菊共用则相互增效。例如，在除虫菊制剂中加入 5%的芝麻油，增效达 10 倍之多。目前世界上广泛使用的拟除虫菊酯杀虫剂甲氰菊酯、溴氰菊酯等就是人们模拟天然除虫菊酯而合成的两类高效低毒的手性农药。

(2) 原白头翁素

从打破碗花花等毛茛科植物中可提取一种活性物质——原白头翁素，它具有很好的杀虫能力和较高的杀菌能力，可防治水稻白叶枯病和小麦赤霉病，但它在常温下不稳定。中国科技大学的伍越寰等人根据结构与药效相关性的研究，化学模拟了性能较稳定的高效低毒拟原白头翁素。

(3) 楝树油

这是楝树种籽的提取物，是良好的杀虫剂，能杀灭两百多种昆虫。昆虫进食后机体新陈代谢紊乱，影响生长和繁殖，会慢慢死亡。它还能对农作物起保护作用，如大豆地里喷洒该制剂后，日本甲虫宁可饿死也不再吃大豆叶。楝树油对鸟类、温血动物及人类基本无害。人们正在研究楝树油的复配、合成技术。

(4) 激素及信息素类农药

人们受昆虫蜕皮激素、保幼激素的启发模拟合成了能控制昆虫蜕皮与生长的激素，使昆虫永远"少年"，最终被杀死。模拟合成的不育激素可使害虫断子绝孙。信息素是生物体为了达到某种目的而释放出的一种化学物质，利用信息素杀灭害虫或杂草也是一种非常有效的手段。美国科学家从75000只雌蟑螂中提取得到了0.2 mg性信息素，并进行了模拟合成，我国科学家也模拟合成出了梨食心虫性信息素等。独角金草是危害棉花的寄生草，它的种子可在土壤中沉睡几年。只要感受到棉花根部释放出的特殊化学物质，它就立即萌发，并把根吸附在棉花根部，夺取棉花的营养物。为了对付这种寄生草，人们从棉花根部渗出液中分离出了这种特殊化学物质独角金酮，并进行结构分析，最终人工合成出了这种物质，并利用它去诱杀独角金草。

生物农药的另一类是指采用化学和生物相结合的方法合成的新型农药。例如，利用发酵工程生产的农用抗生素和活体微生物农药，它可以用于杀菌、杀虫、杀螨、除草、调节植物生长等，目前报道的杀虫微生物已超过2000种。商品化的微生物杀虫剂有细菌杀虫剂、真菌杀虫剂、病毒杀虫剂三类。国内外研究较多、应用较广的是苏云金杆菌，它能防治一百五十多种害虫。病毒杀虫剂可使昆虫感染病毒，并迅速扩散传播，达到大面积防治虫害的目的。微生物除草剂是利用致病微生物(如真菌、线虫、病毒等)防治田间杂草，如我国研制的"鲁保一号"真菌可有效地防治大豆杂草菟丝子。某些抗生素也可用于作物病害防治，如阿弗菌素具有极高的杀虫杀螨活性，每亩只需几百毫克的用量。

2. 高效低毒合成农药

氨基甲酸酯农药又叫有机氮农药，它是一类高效、低毒、低残留、广谱性的农药。常用的氨基甲酸酯杀虫剂有西维因、速灭威、巴沙等，常用的氨基甲酸酯杀菌剂为灭菌灵，还有氨基甲酸酯灭草灵。氨基甲酸酯是具有特殊结构的羧酸酯，在碱性介质中易水解失效。其结构通式为R′—NH—CO—OR。

为了进一步减少农药对环境的危害，人们正不断开发高效农药。例如，有的农药每公顷只需使用2～5克，有时只要拿着一个小瓶，往稻田水面上洒上几滴药水，药水就会自动扩散，布满全田，达到杀虫、杀菌、除草的目的。

三、农用新材料

在农业生产中，需要各种器具材料，这些器具材料中金属材料逐渐被高分子材料所代替。用塑料制造的各种农具因具有不生锈、轻盈、光滑、耐用、便宜等优点而日益普及。农用塑料薄膜更是广泛使用，地膜覆盖用于早稻育秧，作物防霜、防暑，使作物早产、高产，塑料大棚可生产四季时新的蔬菜、水果。塑料薄膜的应用曾被称为农业上的“白色革命”，但现在“白色革命”已形成“白色污染”。为了减少污染，现在已有生物降解、光降解的塑料薄膜生产，其降解产物可作为肥料并能改良土壤。安徽大学高分子材料研究所新近研制出的农用薄膜更上一层楼，除了可以生物降解、光降解外，还可以除草(因为在薄膜中加入了除草剂)，覆盖作物后可抑制杂草的生长。

将油状的聚醚树脂倒入水田(一亩只要一墨水瓶的量)便可使稻田保温，并可防止水分蒸发，将聚醚树脂喷于成熟的香蕉、苹果、梨子等水果上，可在水果表面形成一层薄膜，可防止水果在贮藏、运输过程中风干、腐烂变质。将泡沫塑料制成极细的粉末，作为水汽的凝结中心用飞机喷洒或用火箭发射至云中，可实现人工降雨，其成本比用干冰(固体二氧化碳)便宜得多。

四、农副产品深加工

把农产品进行各种深加工可以对农副产品进行综合利用，使农副产品的经济价值得以提高。例如，水稻浑身是宝，稻草、稻壳、米糠、大米都可进行综合利用。

稻草除了用于制碱化饲料和造纸外，还可用于生产人造棉，进而制备硝化纤维(可制喷漆、赛璐珞、无烟火药、火棉胶等)、水解纤维素(又叫微晶纤维素，可制黏稠剂、羧基纤维素等)。稻壳干馏后可得到化工原料糠醛、甲醇、丙酮、醋酸、杂酚等，利用稻壳还可以制取水玻璃、硅胶等。米糠是稻谷去壳后依附在糙米上的表层物质，它是由外果皮、中果皮、交联层、种皮及糊粉层组成，约占稻谷粒重的 5.0%～5.5%。由于在碾米过程中，米胚芽都掉入米糠中，米胚芽约占稻谷粒重的2.5%，所以含米胚芽的米糠实际占稻谷粒重的 7.5%～8.0%。虽然米胚芽含量很小，但却含有丰富的营养物质，其中，含粗蛋白 18%(可水解为 18 种氨基酸)，粗脂肪20%(可精炼成食用油)，植酸盐 12%，还含有十多种维生素。以我国年产稻谷 1.7 亿吨计算，米糠产出率以 5%计算，每年产米糠至少为 850 万吨以上。米糠的综合利用主要有如下几方面：①以产食用油率 15%计算，每年便可产食用油 127.5 万吨；②米胚芽油中天然维生素 E 含量很高，是天然维生素 E 的重要来源；③利用米糠油精炼产生的皂角可加工生产药物谷维素、亚油酸、油酸、硬脂酸等；④从米糠油精炼过程产生的脱臭馏出物中也可提取药物谷维素、谷甾醇、维生素 E、牙周宁等。谷甾醇还可进一步制成化妆品及一些抗炎症、降血脂和胆固醇的药物；⑤将米糠毛油中所含的蜡质(糠蜡)水解可制成促进作物生长的三十烷醇，精制糠蜡还广泛用于食品、日用化工等部门；⑥直接利用米糠来生产香料、医药(如核黄素、抗肿瘤药)、饮料、饴糖及各种保健食品；⑦利用脱脂糠饼提取植酸钙，并进而制取用途极广的植酸和肌醇。

大米除了直接当做主粮供食用外，还可以通过深加工制成各种精细化工产品。如用大米制成大米淀粉和谷蛋白，用大米淀粉进一步制成高档化妆品的涂粉粉料、特种纸和照相纸、洗衣业的增稠剂、地毯或沙发用的清洁除臭剂等，用大米还可制成麦芽糖、葡萄糖。用大米制成红曲，从中提取红色素或用红曲制酒，除了得到酒外，其酒糟可提取甘油，用酿酒废液可制取复合调味剂。用大米还可生产柠檬酸、乳酸等化工产品。

除水稻外，还有许多农副产品深加工的例子。如玉米除可食用外，还可制取不溶性黄原酸酯(用作重金属脱除剂)、玉米朊(用作药片包衣)，用玉米朊可进一步提取酪氨酸、谷氨酸、亮氨酸等。玉米芯可用来生产重要的化工原料糠醛、麦芽糖等。许多瓜果除食用外也有许多妙用。如黄瓜具有滋润美化皮肤，预防皮肤粗糙的保健功能，若将黄瓜捣烂涂抹于皮肤上，长期坚持，则可扩张皮肤上的毛细血管，加快血液循环，促进皮肤上新陈代谢，改善皮肤营养状态，从而使皮肤细腻润滑，保持弹性。此外，它对消除粉刺、雀斑、老年斑及皮肤炎症，治疗皮肤烧伤，都有积极作用。它还可提高毛发的柔软性，增加毛发的光泽。黄瓜的这些作用主要是由于黄瓜油及其所含维生素的存在。因此，黄瓜深加工首先就是提取黄瓜中所含的黄瓜油，并进而利用黄瓜油的生理活性开发各种保健护肤美容化妆用品。又如，柑橘皮可提取黄色素、醇类、香精油、柚甙、橙皮甙、二氢查尔酮、果胶、食醋、化妆品等。

五、植物纤维资源开发

光合作用创造的绿色植物是取之不竭的生物资源。在绿色植物产生的生物质中，纤维类占绝大多数，它主要由碳氢化合物组成，是一种可供人们利用的能源。过去，人们主要是直接利用植物纤维作燃料，但能量利用率低(一般只有 15%)，且污染严重。后来，人们利用植物纤维制作沼气燃料，生产沼气后的废物作肥料，是一种最简单的综合利用的方法。

植物纤维的主要成分是纤维素(50%～55%)、半纤维素(15%～25%)和木质素(20%～30%)三种。纤维素是由葡萄糖基组成的线型大分子，半纤维素是一类复合聚糖的总称,不同植物复合聚糖的组分不同,木质素是自然界最复杂的天然聚合物材料之一,其结构中的重复单元间无规律性和有序性,是一种不溶、不熔的天然复合材料。人类利用最多的是纤维素,利用最少的是半纤维素,最难利用的是木质素。

纤维很容易降解为葡萄糖或转化为酒精,但在此变化之前必须首先把纤维素从半纤维素和木质素的"禁锢"中"解脱"出来。目前"解脱"纤维素的方法有:①超临界萃取法。利用超临界二氧化碳或超临界乙醇可将半纤维素和木质素从植物体中萃取出来,使之与纤维素分开。②模拟酶法。自然界中植物秸秆的木质素在枯草霉菌催化作用下可被氨分解,从而与纤维素分开,分离后的木质素可用于生产复合肥;③爆炸法。先将高压蒸汽作用于植物纤维上,然后快速减压,使被包围的纤维素从半纤维素和木质素中分离出来。

目前纤维素的主要应用是造纸和纺织,正在开发的应用有:①用纤维素制备可生物降解的高分子材料。利用纤维素大分子链的结构单元葡萄糖环进行开环聚合或与其他单体共聚合,可制备生物降解塑料,该塑料比淀粉填充可降解塑料性能优越;②把纤维素转化为葡萄糖和酒精。当纤维素与半纤维素和木质素分离后,很容易将其水解为葡萄糖(转化率可达 95%以上)。利用生化方法还可有效地将纤维素直接转化为酒精。

木质素的利用是当前研究的热点之一,这是因为它是植物纤维中蕴藏太阳能最高的组分,全世界每年可生产木质素 600 万亿吨,木质素碳氢含量高达 70%~80%,是石油的最佳替代品,因此有效分离木质素将是很有意义的工作。利用高温裂解法、电弧裂解法、有机溶剂法可将木质素液化,直接作为燃料。碱法造纸废液中木质素含量很高,适当处理后即可用作燃料。另外,木质素具有很强的黏合力,又能自然降解,可用于制备理想的黏合剂。由于木质素具有芳香族和脂肪族的特性,若使其逐步降解,与石油裂解类似,可得各种低分子量化工原料。

六、温室农业

在寒冬季节,人们可以随处买到夏天才成熟的黄瓜、西红柿,也可以买到夏天才盛开的鲜花。这都是现代农业——温室农业的产品。从人们的菜篮子里已经分不出春夏秋冬。

温室,作为控制环境的农业设施,为丰富人类物质生活发挥了重要作用。温室技术的发展与化学息息相关。20 世纪 60 年代的温室结构由木桩和玻璃组成,20 世纪 80 年代的温室几乎全部用镀锌管、铝合金作屋顶,上面覆盖物为玻璃钢和双层充气薄膜。现在的温室则采用保温性更好、防火性更强的聚碳酸酯板作屋顶,用光谱选择性膜覆盖。加温、通气、照明系统也随着科学发展而不断改进，逐渐产生了由计算机控制的且能模拟自然环境的自动调节系统。另外，CO_2施肥技术、营养元素调控技术的使用进一步促进了温室农业的发展。

七、基因农业

当今的研究工作是人们在细胞水平、基因水平上对植物性状加以改造，培育具有优良性状的作物新品种。植物的遗传性状是由遗传基因决定的，每一种性状都由控制它的遗传基因所决定。近年来，随着生物技术的飞速发展，人们已能够调控与农作物性状有关的遗传基因，并且通过转移或改造基因来改变农作物的遗传性状，培育出新的农作物品种。这种建立在控制和改造作物基因基础上的育种技术就是基因工程育种，亦称分子育种。

现行的基因工程方法是：首先选择所需特性的DNA片断，以便将它导入农作物中。然后将称为细胞质遗传体的螺旋形DNA链从土壤细菌中抽取出来，再把细胞质遗传体环剪开，以便将所需特性DNA片断嵌入环中，并把再造细胞质遗传体环移回土壤细菌中。如要改造西红柿，就将一片西红柿叶浸入这种土壤细菌溶液中使土壤细菌与西红柿细胞亲合。这样就将改变的细胞质遗传体转移到植物细胞DNA链中。一旦外源DNA被移植到农作物细胞核中，它便成为该植物染色体成分。人们继而培植该植物细胞，直至它分裂并生成新型植物，这种新型植物就带有为其基因编码的外源DNA。这样，含有全新特性的植物就可以入土栽培了。中国科学院上海生化所的科学家们参照国外研究小麦授粉期以花粉管作为外源基因通道的成功经验，摸索了简便易行的外源基因导入植物的方法。他们把带有优良性状品种的DNA提取出来，进行纯化。在需要移植外来基因的农作物开花时，先用自身花粉授粉，再将DNA液体注射到花的中轴胎座里面，或者把花的柱头切掉，把DNA液体滴在切口上，使带有优良性状的DNA沿着花粉管道进入胚胎，并同将要形成的种子里的DNA结合。利用该方法，江苏省农科院与上海生化所合作培育出了抗棉花枯萎病的棉花3118新品系，并已在生产上利用。基因转移的方法除了国际上最常用的应用运载工具将外源基因运入植物体内外，近几年还发展了电击穿法、散弹枪法（基因射击枪法）、微量注射法等转基因的新方法。

美国农业人员采用生物工程技术改良的农作物品种主要有：①"向土豆"和"肉土豆"。科学家将菜豆储藏蛋白基因转移到向日葵细胞中并得到表达，创造出"向土豆"这一新物种，把豆科植物蛋白质基因转移到马铃薯细胞中，培育出了富含蛋白质的"肉土豆"。②抗除草剂农作物。利用基因改良大豆，可以培育出抗除草剂的大豆，同样方法可以培育出抗除草剂玉米。③保健食品。杜邦和孟山都公司培育出了多种可榨取有益心脏食用油的大豆，两大公司还联手推出味道更鲜美且更容易消化的强化大豆新品种。④含天然杀虫剂的农作物。美国研究人员培育出了一种转基因改良棉花，这种棉花中含有一种对棉铃虫和孢芽虫有致命危害的基因。⑤抗疾病农作物。艾尔姆公司与其他公司合作，研究了富含抗癌物质的西红柿，以及可用于生产血红蛋白的玉米和大豆。杜邦公司正在研究如何使大豆富含异黄酮成分，人们食用这种大豆就可以防止心脏病发作。此外，内含疫苗的香蕉和马铃薯也在研究中。⑥特种转基因作物。美国孟山都公司正在采用生物工程技术改良棉花，以使其出产天然蓝色和黄褐色纤维以用于纺织布料。该公司还利用叶状体十字花科植物和油菜杂交，用基因技术控制它所产生的氨基酸和脂肪酸，已直接生产出实用生物可降解塑料。另外，人们还利用基因工程把高产植物基因转入粮食作物的种子中培育出了抗病高产小麦，利用转基因技术培育出了低介酸的油菜等。美国还培养了一种黄鼠草，每公顷可产 6000 公斤"石油"。

总之，基因工程育种的前景十分广阔。今后不仅会有"天然"抗病抗虫的作物产生，还会有许多抗冻、抗盐碱、抗旱的作物产生。到那时，农药的使用量会大大减少，许多不毛之地将得到开发。在细胞工程育种方面，以美国、日本、中国在该领域的研究最为深入。目前，我国在这方面的研究处于世界领先地位，已获得近五十种植物的花粉植株，其中小麦、玉米、橡胶、柑橘等十多种植物的花粉植株均为我国首先培育成功。

进入 21 世纪，基因农业有了很大发展，但转基因农作物的安全性不断受到质疑，很多国家对转基因农作物敬而远之。反对转基因技术的人表示，这种技术存在缺陷，转基因作物可能有损人类身体健康或者环境的安全。

八、海洋农业

海洋中生存着 17 万种动物，3 万种植物。专家测算，海洋的初级生产力每年为 6000 亿吨，其中可供人类利用的藻类、鱼类、贝类、虾类等，每年为 6 亿吨。在不破坏生态平衡的前提下，海洋每年可以产出的水产品足够 300 亿人食用。目前，海产品提供的蛋白质约占人类食用动物蛋白质的 22%，但全世界每年利用的海洋生物总量不到 1 亿吨。另外，海洋生物还是新型药物和保健品的重要原料来源(例如市场上一直畅销的深海鱼油等)，据估计，从海洋生物中可提取的药品将达两万种之多。

海洋农业是 20 世纪末作为海洋经济第一产业而提出的一个海洋产业新概念。海洋农业不仅包括传统的海洋捕捞业和海水养殖业，还包括直接利用海洋资源为陆地农业服务的海水灌溉业及苗种繁育等相关产业。海洋农业技术主要研究海洋生物生长条件，创造经济生物生长发育所需的良好环境，研究海洋生物的物质组成及质量，利用生物工程技术改善海产品的质量。具体做法就是规划现代海水养殖业，建立育苗厂、养殖场、增殖站，进行人工育苗、人工养殖、病害防治、产品开发等，并向高技术产业化发展。

我国拥有 18000 公里的大陆海岸线和 14000 公里的岛屿海岸线，因此，发展海洋农业大有作为。在我国海域已发现的海洋生物资源约有两万余种，海洋生物净生产能力为 28 亿吨。但是，目前海洋水产品产量仅为一千多万吨，养殖规模较大的品种主要有海带、紫菜、贻贝、牡蛎、蛏、蛤、蚶、对虾、鱼类等。

第二节 现代化学工业

化学在工业中的应用范围极为广泛，无论是采矿业还是冶金业，轻工业还是重工业，最古老的工业还是新兴的工业，都离不开化学。化学加工工业包括精细化工、石油化工、煤化工、日用化工、冶金、建材、医药制造、三大合成、军用化学品、制浆造纸、食品与饮料工业等，覆盖了一系列国民经济的支柱产业，其产值在工业总产值中占有很高的比例。

一、化工原料与中间体

工业生产中所需要的原料，一类来自空气、水和矿石，它们都属于无机原料；另一类则来自石油、煤、天然气和生物质（农林牧渔产品），它们都属于有机原料。根据形成产品的过程，原料可分为起始原料（又叫初级原料）和中间体。通常把空气、水、矿石、石油、煤、天然气、生物质等归为起始原料，因为其他的原料和产品都是由它们转化而来的。由起始原料经一次加工而生产的产品，如继续作原料使用，可称其为一级中间体。如三烯一炔（乙烯、丙烯、1，3-丁二烯和乙炔）、三苯一萘（苯、甲苯、二甲苯和萘）、三油一气（轻油、重油、渣油和天然气或由煤加工成的合成气）、糖脂蛋杂（糖类、油脂、蛋白质和其他杂类化合物）为一级中间体。由一级中间体生产的产品，如继续作原料使用，则可称为二级中间体，以外类推还有三级中间体、四级中间体等。如甲醇、乙醇、丁醇、辛醇、丙酮、乙酸、苯酚、甘油、乙二醇等是由上述起始原料的二次或三次加工产物，若再用这些产物生产其他产品，则这些产物可称为二级或三级中间体。

二、石油化工

据统计，当前世界约90%的有机化工产品，其原料都来自石油。由石油蒸馏可得各种油类，再经裂解、重整可得乙烯、丙烯、丁二烯、苯、甲苯、二甲苯，这六种基本化工原料是庞大的化学工业基础，是塑料、合成橡胶、合成纤维三大合成的基本原料。

1. 乙烯

由乙烯可直接合成聚乙烯塑料，经氯化可合成聚氯乙烯塑料；由乙烯制得环氧乙烷后可合成涤纶树脂，制备表面活性剂；经苯乙烯可合成聚苯乙烯塑料、ABS塑料、AS塑料、丁苯橡胶等；乙烯水化后可得乙醛，再经乙酸可合成聚醋酸乙烯塑料、维尼纶纤维；利用乙烯还可合成乙丙橡胶、异戊橡胶等。

2. 丙烯

由丙烯可直接合成聚丙烯塑料、聚丙烯纤维；经环氧丙烷可得聚氨基甲酸酯（泡沫塑料）、聚环氧丙烷橡胶；丙烯制得丙烯醛后，再经丙烯酸可合成聚丙烯酸树脂；经丙烯腈可合成聚丙烯腈纤维、ABS塑料、AS塑料、丁腈橡胶、丙烯酰胺、尼龙等；经环氧氯丙烷可得合成甘油、环氧树脂等。

3. 丁二烯

丁二烯因有两个活泼的双键，是良好的合成原料。由丁二烯可合成顺丁橡胶、丁苯橡胶、丁腈橡胶、聚丁二烯橡胶、氯丁橡胶、ABS塑料、尼龙及农药、医药、涂料等。

4. 苯

由苯可得苯酚，苯酚是重要的化工原料，由苯酚可制得酚醛塑料、环氧树脂、聚碳酸酯、尼龙、染料、医药等；经苯胺也可制得塑料、染料、农药等；经硝基苯可得香料、炸药、染料；经十二烷基苯可得合成洗涤剂。

5. 甲苯

由甲苯可制得苯甲酸防腐剂、增塑剂等；经甲苯二异氰酯可制得聚氨酯塑料及橡胶；经苯甲醛可制得染料、医药、香料；经氯化苄可制得医药、香料、农药、合成树脂等；利用甲苯还可制得尼龙、炸药等。

6. 二甲苯

利用邻二甲苯可制得邻苯二甲酸、醇酸树脂、增塑剂等；利用间二甲苯可制得耐高温塑料、纤维、二甲苯甲醛树脂、聚酰胺等；利用对二甲苯可制得涤纶纤维、塑料等。

三、煤化工

从煤中得到化工原料主要有四条途径：①煤加工成焦炭时得到的煤焦油馏分；②将煤转化成水煤气，从水煤气可以制得甲烷或再合成烃类；③煤加氢可得到甲烷或类石油物质；④通过制成碳化钙将煤转化为乙炔。由煤可得三种气体：①发生炉煤气。这是指由空气、水蒸气和焦炭得到的低热量煤气，现已不再生产。②水煤气。这是指将水蒸气通过焦炭后得到的气体混合物，它的典型组成是 CO 含 40%，H_2 含 50%，CO_2 含 5%，N_2 与 CH_4 含 5%。③合成气。这是一种较高 H_2/CO 比的气体，由甲烷与烃类的蒸汽重整得到。

由煤可得烷烃、烯烃、苯、甲苯、二甲苯等，这些产品与石油产品的应用性能一样，这里不再详述。另外，由煤焦油还可得一系列稠环芳烃，它们都是重要的化工原料。这里主要讨论一下萘的用处：由萘可得苯酐，再进一步可合成增塑剂二辛酯、合成树脂、涤纶、酞菁染料、亚胺硫磷农药、卡那霉素药物等；由萘可得萘酚，再进一步可合成氨基甲酸酯农药、抗风湿药、橡胶防老化剂、偶氮染料等；由萘可得萘胺，再进一步合成农药灭鼠剂、橡胶防老化剂、染料耐晒蓝等。

四、精细化工

精细化工是化学工业用来与通用化工相区分的一个专用术语，主要是指小批量、多品种、高品质的化学工业。

精细化工产品是一些具有特定应用性能、合成工艺步骤繁多、反应复杂、产量小而产值高的产品，例如涂料、染料、医药、助剂等。目前，生产精细化工产品的工业已成为化学工业的一个重要分支。在美国销售额最大的 100 家化工企业中标明精细化工产品的有 28 家，这里还不包括实际上属于精细化工行业的医药工业。精细化工已经得到空前重视和发展，精细化工属高新技术行业，精细化程度是衡量一个国家化学工业水平的尺度。

1. 精细化工产品的特点

(1) 具有特定功能

任何一种化工产品都有各自的性能，但精细化工产品则具有特定的功能，即应用的对象比较狭窄，专用性强。多数精细化工产品的特定功能与消费者需求直接相关。家庭洗涤用的液体洗洁精就是利用表面活性剂复配而成，如果用于洗衣服，则在自动化洗衣机规定的操作时间内须有良好的清洗效果，如果用作餐具洗涤，则它们必须对油垢有良好的去污能力，并且对皮肤没有刺激，还必须保证无毒。另外的一些产品则是针对专门的消费者设计的，医药及农药就是较好的例子。精细化工产品的特定功能还表现为它的用量小而效益又显著，若在人造卫星的结构中采用结构胶黏合剂代替金属焊接对卫星减重，减重一公斤就有近十万元的经济效益。在聚氯乙烯塑料中采用耐温增塑剂代替普通增塑剂就可提高使用温度达 40 ℃以上。上述两个简单的例子充分说明精细化工产品的特定功能完全依赖于应用对象的要求。

(2) 大量采用复配技术

由于应用对象的特殊性，很难采用单一的化合物来满足要求，于是复合配方的研究成为决定性的因素。有时为了使用户在使用时方便及安全，除复配产品外，也有单组分精细化工产品，可将单一产品加工成复合组分产品。例如液体染料就是为了使印染工业避免粉尘污染环境，以及便于自动化计量而配制的，它们的组分中要用到分散剂、防沉淀剂、防冻剂、防腐剂等。

(3) 小批量、多品种

精细化工产品本身的用量一般不是很大，所以产量一般较小。例如，药品形式有药片、丸、粉、溶液或针剂等，每个患者的服用量都以毫克计；染料在纺织品上的用量，即使在染深色时其重量也不过是织物重量的 3%～5%；一双鞋用的黏合剂只不过几克。多品种的特点一方面与批量小有关，另一方面也与产品必须具有特定功能这一点有关。对每个精细化工生产部门来说，品种的数量通常很大。例如染料，已知不同化学结构的染料品种就有五千多个，再加上复配成不同的剂型或不同的色谱，染料品种会更多。小批量、多品种的特点，决定了精细化工产品的生产通常以间歇反应为主，采用批次生产。这一特点也决定了在精细化工中最合理的设计方案是按反应单元来组织反应设备，用若干个单元反应器组合起来生产不同的产品。

(4) 技术密集

首先反映在研究开发上，投资大，效率高。其原因主要是产品的更新换代快，市场寿命短，技术专利性强，市场竞争激烈等。研究开发是指制定具体研究目标到投产前的一段过程。按化学工业的各个部门来统计，医药上的研究开发投资最高，一般情况下，开发一种新药需 5～10 年，而其耗资可达 2000 万美元。技术密集还表现在生产过程中的工艺流程长，单元反应多，原料复杂，中间过程控制要求严等各个方面。例如感光材料中的成色基，合成单元反应多达十几步，总收率有时会低于 20%。在制药工业中，除采用合成原料外，还要采用天然产物或是用生化方法得到的半人工合成中间体。在分离操作中，会用到异构体分离技术以及旋光异构体的分离技术。为此在生产上常大量采用各种近代仪器测试及分离手段。技术密集还表现在情报密集、信息快。由于精细化工产品是根据具体应用对象而设计的，对它们的要求经常会发生变化。一旦有新的要求提出，就必须按照新要求来重新设计结构，或对原有的化学结构进行改进，这样就会产生出新产品。另一方面，大量的基础研究工作产生的新化学品也不断需要寻找新的用途。为此化学公司一般采用计算机信息处理技术对国际化学界研制的各种新化合物进行储存、分类以及功能检索，以达到快速设计和筛选的要求。

(5) 附加值高

附加值是指在产品的产值中扣去原材料、税金、设备和厂房的折旧费等之后剩余部分的价值。这部分价值是指原材料经加工到产品的过程中实际增加的价值，它包括利润、工人劳动、动力消耗以及技术开发等费用。附加值不等于利润，因为若某种产品加工深度大，则工人劳动及动力消耗也大，技术开发的费用也会增加。精细化工产品的附加值与销售额的比率在化学工业的各大部门中最高，而在精细化工产品中，附加值最高的是医药。单纯从利润的观点来看，精细化工产品的利润也是较高的。

2. 精细化工产品类型

精细化工产品的范围十分广泛，种类繁多。若按大类属性区分，可分为无机及有机精细化工产品两大类。按应用性能，一般可把精细化工产品分为 18 类：医药和兽药、农药、涂料、黏合剂、染料和颜料、香料、表面活性剂和合成洗涤剂、化妆品、食品和饲料添加剂、塑料及合成纤维和橡胶用助剂、试剂和高纯物、石油用化学品、造纸用化学品、功能高分子材料、感光材料、电子材料、催化剂、生化酶。

(1) 涂料 (Dope)

① 涂料概况

人类自远古以来就使用涂料，例如埃及古代木乃伊箱上就已使用漆，我国也有长期制造漆器的历史，但涂料作为一个工业部门仅有近百年的历史。近代以来，涂料的应用日益广泛，涂料的作用可以大致分为如下几种：(a)保护作用。金属、木材等材料长期暴露在空气中，会受到水分、气体、微生物、紫外线的侵蚀，由于涂料漆膜能防止材料磨损以及隔绝外界多种有害影响，所以涂上涂料就能延长其使用期限。对金属来讲，有些涂料还能起缓蚀作用（如磷化底漆可使金属表面钝化，富锌底漆则起阴极保护作用），一座钢铁结构桥梁如果不用涂料只有几年寿命，如果用涂料保护并维修得当则可以有百年以上的寿命。(b)装饰作用。钟表、暖瓶、自行车都必须用涂料装饰，家具、家电及机器设备等表面的纹漆不但美观，而且耐磨损、耐擦洗。(c)色彩标志。各种化学品、危险品的容器可利用涂料的颜色作为标志，各种管道、机械设备也可以用各种颜色的涂料作为标志。道路划线、交通运输也需要用不同色彩的涂料来表示警告、危险、停止、前进等信号。(d)特殊功能。这方面的用途日益广泛，例如，船底被海生物附殖后就会影响航行速度，常用的船底防污漆就可使海生物不再附着。导电涂料可移去静电，而电阻大的涂料却可用于加热保温目的。空间飞行器中需要能吸收或反射辐射的涂料。导弹外壳的涂料在进入大气时消耗掉自身同时也能使摩擦生成的强热消散，从而保护了导弹外壳。吸收声音的涂料可使潜艇增加下潜深度。

② 涂料组成及分类

涂料的基本原料是油脂、天然树脂、合成树脂、颜料、填料、溶剂和助剂。生产出的涂料主要由不挥发成分(固体成分)和稀释剂两部分组成。使用中，稀释剂逐渐挥发，固体成分则干结成膜。成膜物质又可分为基料(黏结剂)、颜料和助剂(催干剂、增塑剂、防结皮剂、消光剂、抗静电剂等)。粉末涂料和水性漆是当今发展的方向，因为它们不会造成环境污染。涂料的应用很广泛，因此必须生产性能和规格各异的产品，以满足不同使用要求。目前涂料产品已近千种，形成了醇酸、丙烯酸、乙烯、环氧、聚氨酯为主体的五大系列。涂料的种类繁多，性能和用途各不相同，有多种分类方法。以上讨论了按组成的分类，若按用途可分为桥梁用涂料(主要要求防止钢铁锈蚀和良好的户外耐久性)、电机及电器用涂料(要求绝缘、抗电弧、耐热等性能)、交通车辆用涂料(要求耐气候、耐磨、耐冲击、耐汽油等性能)以及建筑涂料等。按产品的使用状态还可分为单组分涂料(所有成分混为一体，各成分间不反应)和双组分涂料(涂料分为两部分，使用时混合，发生反应形成漆膜)。

建筑涂料是建筑工程中必不可少的重要材料，在美、英、法、意等发达国家，建筑涂料占涂料总量的 50%以上。随着我国建筑事业的发展和人民生活水平的提高，建筑涂料工业得到了迅速发展，涂料的组分由无机、有机、无机有机复合物向高分子方向发展，涂料的类型由溶剂型向水性方向发展，涂料的使用由单层向复合层方向发展。功能性建筑涂料除具有普通建筑涂料的保护和装饰作用外，还具有某些特殊功能，如防水、防火、防蚀、防霉、杀虫、隔音、防电波干扰等。

③ 涂料发展方向

涂料发展方向有三个：①涂料应用的自动化，特别是产品涂层的自动化；②环境和经济方面的考虑，今后涂料将逐渐省去溶剂；③节约能源，例如，水性漆的一个发展方向是电涂漆，以带电的有机分子代替金属离子进行“电镀”成膜。

(2) 黏合剂(Adhesive)

黏合剂用途很广，从日常生活到高技术领域，都离不开黏合剂。黏合剂用量最大的领域是木材加工、包装和建筑。黏合剂不但可以黏合性质相同的材料，也可以黏合性质不同的材料，甚至可以黏合异形和复杂的部件，这是其他联结方法无法比拟的，且比焊接、铆接和螺钉联结有更多优点，如方便、快速、经济和节能，而且黏合接头光滑，应力分布均匀，重量轻，还有密封、防腐、绝缘等优良性能。黏合剂使生产更为经济，例如一个大的黏合剂联结的机舱可以少用 76300 个铆钉。但是它也有不足之处,例如,抗剥离强度和抗冲击强度比较低,耐老化能力比较差,耐热性能还不够好。

黏合剂有几种分类方法:①按用途分有普通黏合剂和特种黏合剂;②按能承受的应力分有结构黏合剂和非结构黏合剂,前者要求能承受较高的剪应力,能承受不均匀扯离负荷;③按固化方式分有室温固化、高温固化、挥发固化和光敏固化黏合剂;④按主体材料分有天然黏合剂和合成黏合剂,后者包括热塑性树脂黏合剂、热固性树脂黏合剂和橡胶黏合剂等。下面介绍几种有代表性的黏合剂品种。

① 环氧树脂黏合剂(Epoxy Adhesive)

环氧树脂是指在大分子链中含有环氧基团的高分子化合物。它的种类很多,但以双酚 A 与环氧氯丙烷缩合制得的环氧树脂产量最大,用途最广。双酚 A 环氧树脂在 20 世纪 40 年代初期就已合成,早期实验发现双酚 A 环氧树脂可以用适量的胺类化合物或邻苯二甲酸酐固化。随着新型的环氧树脂和固化剂的合成,配制的各种性能的环氧黏合剂,在金属与金属以及其他各种材料的胶接技术中得到了广泛的应用,尤其在航空工业中,高强度和耐高温的环氧树脂黏合剂表现出了它的优越性,为飞机制造中采用胶铆接,胶接—点焊等复合连接方式或是全胶接打下了可靠的基础。此外环氧黏合剂在汽车、电机和机械工业、电子装配、土木建筑乃至文物古迹的修复保护以及千家万户的日常民用加工中都有重要的用途。

环氧树脂被称为万能胶,这是因为它的适用范围极广。市售的环氧树脂黏合剂常以两个容器分盛环氧树脂和固化剂,使用时只要根据说明,尽量调和搅匀。固化时间随温度上升而缩短,所以适当提高温度对固化更有利些。

② 快速胶接剂——氰基丙烯酸酯黏合剂(Cyanoacrylates)

氰基丙烯酸酯黏合剂的主要成分是 α-氰基丙烯酸酯。由于有短程的吸电子基团氰基和酯基的存在,这类单体很容易在水或弱碱的催化作用下进行阴离子聚合。在一次测定纯 α-氰基丙烯酸酯的折光率时,棱镜被黏住了,这才发现这一类化合物有极好的黏合力,后来就迅速地发展成为一类快速黏合剂。市售的 502 胶水就是其中之一。为了配制成便于贮存和使用的黏合剂,必须在氰基丙烯酸酯单体中加入其他辅助成分。α-氰基丙烯酸酯容易发生阴离子型聚合,单体的贮存稳定性与水分含量有密切的关系,含水量超过 0.5%的单体是很不稳定的。为了防止贮存时发生聚合,需要加入一些酸性物质作为稳定剂,常用的是二氧化硫。此外,α-氰基丙烯酸酯也有可能发生自由基型聚合反应,所以单体贮存时还必须加对苯二酚之类的阻聚剂。

α-氰基丙烯酸酯黏合剂是通过阴离子聚合反应进行固化的,被黏表面上微量吸附的水分或者其他碱性物质(A)足以催化聚合反应在室温下迅速进行:在胶接时先将黏合剂涂于经过处理的被黏表面上,在空气中晾置 5 秒至几分钟,然后叠合在一起并压紧，几分钟之内就可黏住。24～48 小时内可达最高强度，因此人们称之为快速胶或瞬间黏合剂。如果胶接之后在 70 ℃～100 ℃进行处理，强度还能显著提高。

α-氰基丙烯酸酯具有一些不愉快的气味，对眼睛、鼻黏膜有刺激作用，大量使用时应注意通风。它与皮肤接触时能迅速发生聚合，因此严防与身体上任何部位的皮肤接触，要特别小心，更不能溅入眼中。

③ 白乳胶——聚醋酸乙烯酯黏合剂(Polyvinylacetate Adhesive)

聚醋酸乙烯酯及其共聚物在热塑性高分子黏合剂中占有很重要的地位。醋酸乙烯酯是无色液体，沸点 72 ℃。在没有引发剂时，醋酸乙烯酯是相当稳定的。但是在自由基引发剂的作用下很容易发生聚合。由于聚醋酸乙烯酯自由基的反应活性很高，容易和高分子发生链转移反应，因此所得聚合物含有许多支链。大部分聚醋酸乙烯酯黏合剂是以乳液的形式来使用的。这种乳液是通过乳液聚合来制备的，即借助乳化剂的作用，把单体分散在水中，再用水溶性引发剂使其聚合。产物加上增稠剂、增塑剂、溶剂、填料、消泡剂和防腐剂等即可制成黏合剂。其中增稠剂为聚乙烯醇，它还可以保护胶体，提高乳液的湿态黏性和黏附能力。聚乙烯醇本身也是一种黏合剂，如墙纸黏结剂。有趣的是它不是靠乙烯醇单体聚合而得，而是通过聚醋酸乙烯酯水解来制备的。

聚醋酸乙烯酯乳胶是木材的良好黏合剂，经其黏接的木材接口处的强度比木材本身的强度还大。这种黏合剂特别适用于多孔性材料的胶接，使用方法简便。在聚醋酸乙烯酯中加入某种交联剂如加入丙酮-甲醛缩合物可望提高耐水性和降低蠕变性。可将加了此种交联剂的聚醋酸乙烯酯黏合剂涂于板上捕捉老鼠，只要鼠脚沾上它就难以逃生。

除了上述几种黏合剂外，常用的还有橡胶黏合剂，它们通常都是以天然橡胶或合成橡胶(氯丁橡胶、丁腈橡胶等)为主体材料配制成的非结构黏合剂。它们的特点是具有优良的弹性，适于柔软的或热膨胀系数相差悬殊的材料，如橡胶与橡胶，橡胶与金属的胶接。不干胶也是一种量大面广的用于黏贴标签的胶黏剂，它的主要成分就是丙烯酸或丙烯酸酯与醋酸乙烯酯的共聚物。类似的黏合剂还有办公用的透明聚酯胶带和封箱带之类，它们也是由聚丙烯酸酯类制成的。

④ 胶接机理(Mechanism of Adhesive Joints)

其次，任何表面，即使是打磨得很光滑的表面，若将其放大到微观尺寸来看，总是有凹凸不平的，黏合剂可以浸渗进入被黏表面的凹陷深处，待固化之后便像铁锚似的与被黏体机械地连成一片。黏合剂上有各种化学基团，这些基团在黏合的过程中，会与被黏物体的表面发生某些化学作用，形成化学键，这无疑是一种很坚牢的黏合。当然并不是所有黏合都会有这种化学键形成，但是总会有分子与分子之间某种吸引力存在，尽管这种吸引力比化学键要弱得多，然而当黏合剂分子与被黏分子十分靠近时，一个大分子上各个点的吸引力加起来的总和也就十分可观了。对于高分子化合物的黏合机理曾提出过各种理论，例如，机械结合理论、吸附理论、扩散理论、静电理论和化学键结合之说。然而，迄今为止尚无定量的描述，胶接过程很可能是这些作用力的综合结果。

从 20 世纪后半叶开始，黏合剂发展迅速，在航天、原子能、农业、交通运输、木材加工、建筑、轻纺、机械、电子、化工、医疗、文教和家庭生活等各方面都有广泛的应用。国际上黏合剂生产最发达的国家是美国、日本和德国。2005 年，美国黏合剂的年销售额高达 56 亿美元。

(3) 表面活性剂 (Surfactant)

物质表面层的分子一方面受到本相内物质分子的作用，另一方面又受到性质不同的另一相中物质分子的作用，因此表面层分子的性质与内部分子不同。如果要把一个分子从内部移到界面，就必须克服体系内部分子之间的吸引力而对体系做功。这就称为表面功。从另一个角度来考虑，如果观察表面现象，就可以觉察到表面上处处存在着一种张力，这就是表面张力。水的表面张力会因为加入溶质形成溶液而改变，能使水的表面张力降低的物质就称为表面活性剂。

① 表面活性剂的特点

(a)双亲结构。表面活性剂分子中同时具有亲油性(或称憎水性)的碳氢链和亲水性的官能团。(b)溶解度。表面活性剂一般易溶于液相中的某一相。(c)界面吸附。在达到平衡时，表面活性剂在界面上的浓度大于在溶液本体中的浓度。(d)界面定向。表面活性剂分子在界面上会定向排列成分子层。(e)形成胶束。当表面活性剂在溶剂中的浓度达到一定时，它的分子会聚集而形成胶束，这种浓度的极限值称为临界胶束浓度(简称 CMC)。(f)多功能性。表面活性剂的溶液通常具有多种功能，如清洗、发泡、润湿、乳化、增溶、分散等性能。

② 表面活性剂的种类

按分子结构特点可把它们分为五大类：(a)阴离子表面活性剂。亲水基团带有负电荷，在水中能形成阴离子。这类表面活性剂中使用最早的是肥皂(羧酸盐)，当前最重要的是烷基苯磺酸盐，应用较多的还有脂肪醇硫酸盐、烷基磺酸盐、磷酸酯盐等。(b)阳离子表面活性剂。亲水基团带有正电荷，在水中能形成阳离子。最常用的是季铵盐型，还有胺盐型(伯胺盐、仲胺盐、叔胺盐)。(c)非离子表面活性剂。在分子中没有带电荷的基团，在水中不呈离子状态。最重要的非离子表面活性剂是高碳脂肪醇(碳原子数在 12 以上)及壬基酚与环氧乙烷的缩合物。其中脂肪醇聚氧乙烯醚(商品名叫平平加)由于技术经济和应用性能等多方面的原因，应用十分广泛。此外还有脂肪酸聚氧乙烯醚、聚氧乙烯烷基胺、多元醇类(脂肪酸与多元醇形成的酯)等。(d)两性表面活性剂。在水中既可产生带正电荷的基团(碱性基团)又可产生带负电荷的基团(酸性基团),所以分子本身易形成内盐。分子中的碱性基团常为胺基或季胺基,酸性基团常为羧基、硫酸基、磺酸基等。常用的两性表面活性剂为甜菜碱型、氨基丙酸型、咪唑型、氧化胺型等。(e)高分子表面活性剂。最初使用的是天然高分子表面活性剂,如海藻酸钠、淀粉、蛋白质等,人们首次合成的高分子表面活性剂是聚皂类,后来又合成了聚丙烯酸盐、聚乙烯醇、聚丙烯酰胺等。新型表面活性剂。考虑到原料的可利用性、功能性及环保等多方面的问题,近几年研究开发的新型表面活性剂有氟表面活性剂、硅表面活性剂、冠醚类表面活性剂,还有可降解、污染小的绿色表面活性剂、以天然物质为原料生产的表面活性剂、生物表面活性剂等。

③ 表面活性剂的应用

表面活性剂这一专用名词的历史并不长,但它的应用却可追溯到古代,我国古人用皂角,古埃及人用皂草提取皂液来洗衣物。皂角、皂草中的主要成分就是天然表面活性剂。远在中世纪人们就发现了肥皂的洗涤功能,直到 19 世纪,肥皂是唯一人工生产的表面活性剂。20 世纪初,肥皂对水质硬度和酸度的敏感性引起了人们的重视。1917 年德国化学家刚什尔成功地合成了烷基萘磺酸盐,它具有很高的发泡性和润湿性,为以后表面活性剂的开发奠定了基础。当前,表面活性剂品种已发展为数千种,广泛应用于各行各业,可配制成洗涤剂、润湿剂、渗透剂、乳化剂、破乳剂、消泡剂、分散剂、絮凝剂等。

由上述可知,洗涤剂是表面活性剂应用最重要的领域。化学研究使新用途的洗涤剂品种层出不穷,不断向多形态、多品种、多层次、专用化的方向发展。洗涤剂的发展使人类的生产和生活更加清洁和美好。

(a) 洗涤原理

当衣物等物品上沾上污垢时,这些污垢具有一定的结合力,一般用水洗的方式去除。若污垢是水溶性的,用大量水反复洗涤,污垢可以去除。若这些污垢是油性的,它们不溶于水,这时使用洗涤剂可以很容易地将它们除去。洗涤剂的主要成分是表面活性剂,当脏污的衣服浸泡在洗涤液中时,表面活性剂中的憎水(亲油)部分很容易附着在污垢或油腻上,而亲水基定向排列向着水相,使原来不容易被水润湿的脏纤维表面变得容易沾水而被润湿。吸附到纤维和污垢上的表面活性剂,还因降低了水的表面张力而使纤维和污垢产生大量气泡而膨胀,使洗涤液进一步渗入其中。适当加一点机械力,那些松弛的污垢颗粒便变得细小而脱落,分散于水中。

(b) 洗涤剂类型

(Ⅰ) 肥皂

肥皂是常用的洗涤剂之一。肥皂的制备过程如下:首先将油脂与氢氧化钠(或氢氧化钾)溶液共热发生皂化反应,生成脂肪酸盐和甘油。然后在混合产物中加入食盐进行盐析,比较轻的脂肪酸盐就浮在水面而析出。最后在脂肪酸盐中掺入一定量的助剂、香料、着色剂进行调和,冷却后成型即得肥皂。皂化反应的副产物甘油具有良好的助溶性、润滑性和很强的吸湿作用,在化妆品等工业中有广泛应用。肥皂有去污功能就因为它是一个钠盐,能溶于水中并水解为脂肪酸和氢氧化钠,而脂肪酸是一种具有两亲基团的表面活性剂。肥皂虽有去污能力,但遇到硬水时就会失去效果。因为硬水中含有的钙离子和镁离子能与肥皂发生反应生成不溶于水的硬脂酸钙和硬脂酸镁,漂浮在水面上形成皂垢,所以一部分肥皂起不到去污的效果,而且增加了皂垢玷污被洗物的机会。解决的办法之一是在肥皂中加入磷酸盐等抗硬水剂,它们可以与钙、镁等离子结合,不让它们与肥皂作用。采用高级的油脂原料如上等牛油、椰子油、橄榄油等还可以作成透明肥皂。为了增加其透明度也常用蓖麻油做原料。在制作工艺中,透明皂不经过盐析阶段,因此皂化反应中生成的甘油仍然残留在肥皂中,有时还需再添加一些甘油、酒精和砂糖等作为肥皂的透明剂。

(Ⅱ)洗衣粉

利用人工合成的表面活性剂可以制备各种洗衣粉,它们是比肥皂洗涤效果更好的洗涤剂。使用最早、用量最多的合成表面活性剂是烷基苯磺酸钠,它为阴离子表面活性剂。烷基苯磺酸钠有一个亲水基团——磺酸根,有一个亲油基团——烷基苯。市售洗衣粉中的烷基苯磺酸钠含量通常为10%~30%。除此之外,洗衣粉中还含有多种辅料。三聚磷酸钠的分子中含有5个钠原子,所以商业上又称其为五钠,在洗衣粉中含15%~25%,其含量的高低往往是洗衣粉质量高低的一种标志,因为它是一种起着降低表面活性剂用量和增加去污力双重功能的辅料。五钠具有络合高价金属离子的作用,可以使硬水软化,对硬水地区使用高含量三聚磷酸钠洗衣粉更为合适。三聚磷酸钠具有碱性,有利于酸性污垢的去除,还具有吸收水分、防止洗衣粉结块的功能,使洗衣粉始终保持干爽的颗粒状,保证了产品的商业外观价值。但是三聚磷酸钠的过量使用会造成环境污染。因此,国家已经禁止含磷洗衣粉的上市。硅酸钠(水玻璃)是一种碱性缓冲剂,使洗衣液保持一定的碱度,并可降低洗衣液对金属的腐蚀作用。碳酸钠(纯碱)可以增加洗衣液的碱性,通常只在低档洗衣粉中添加此成分,高档洗衣粉不用此辅料。含这种辅料的洗衣粉只适合于洗涤棉麻织品,不适用于丝毛织品。在洗衣粉中可加入适量过氧酸盐(通常为过硼酸钠或过碳酸钠),这些过氧酸盐在热水或沸水中时会分解而释放出新生态氧原子,因此,该洗衣粉除了具有洗涤作用外,还具有漂白、消毒作用。表面活性物质本身对防止污垢再沉积的能力较差,从而使脱落下来的污垢有可能再沉积于纤维表面,而羧甲基纤维素(简称CMC)有较好的抗再沉积作用。另外,洗衣粉中还可添加一些特殊助剂，如荧光增白剂、酶制剂，以提高洗涤质量。

(Ⅲ) 液态洗涤剂

洗洁精是最常用的一种液态洗涤剂，一般是由阴离子型表面活性剂烷基苯磺酸钠(ABS)、非离子型表面活性剂聚氧乙烯十二烷基硫酸钠(AES)与增泡剂月桂酸乙二醇酰胺(俗称6501)复配而成，总活性有效成分为30%左右。洗洁精中的成分无毒性，因此可以用来洗涤餐具、水果蔬菜等。为使洗洁精使用起来方便，还在其中加入适量羧甲基纤维素以增加其黏度。近年来，市场上的液态洗涤剂也逐渐增多。阳离子表面活性剂洗涤作用较差，但它们有灭菌作用，常与非离子型表面活性剂一起配制成食品工业和乳制品生产中的清洁剂和消毒剂。需要注意的是阳离子表面活性剂不能和阴离子表面活性剂一起使用，因为相反的电荷会使它们结合在一起，并从溶液中沉淀出来，两种表面活性剂都失去了作用。两性表面活性剂对水的硬度不敏感，所以在冷水、海水以及电解质溶液中依然有较好的去污力和发泡性。另外，由于两性表面活性剂自身可以形成阴离子和阳离子，结构与蛋白质相似，所以对皮肤、毛发和眼睛的刺激很小，毒性很低，且生物降解度达95%～100%，是绿色环保产品，可以配制成香波、儿童洗涤用品。

(4) 医药(Medicament)

制药工业是典型的精细化学工业，它的研究费用很高，一般将销售额的10%用于开发研究。从药物的类别来看，在世界药物销售额中，抗生素仍居首位，约占13%，其次为心脏病药、抗关节炎药、抗癌药，目前激素制剂药也有很大发展。全世界较常用的原料药约有2000个，约占整个销售额的60%。药物主要有五大来源：发酵、化学合成、动物脏器、生化及植物提取。从产品价值看，发酵可能是最重要的，而从产量来看，则化学合成法占统治地位。发酵法可以制造抗菌素，如青霉素、链霉素和四环素等，通过化学合成法可以制造多种功能的药物，从动物内脏中可提取各种各样的激素，用生化方法可以得到有价值的疫苗和血清，从某些植物中可提取甾类化合物及生物碱等。

① 制药工业的特点

制药工业生产的化学品是属于小吨位、高价值的精细化工产品。尽管它用于开展研究的投资大，但盈利额也很大。制药工业主要利用有机合成化学，常需要价格昂贵的各种试剂，而且生产操作繁琐。制药工业的另一特点是多采用间歇操作法，小批量生产，且要求产品有较高的纯度。某种药物在其专利有效期内，竞争依靠的是工艺的革新，生产商借助专利来保护所生产的药品，极少进行价格竞争。一旦专利过期之后，价格竞争战即宣告开始。这时，竞争对手生产的药品可以降价出售，用户可在符合药典标准的前提下，对所购药品进行选择。

② 药物的分类

药物可按结构分类，也可按活性分类。按结构分类，对药物研究很有用，但它没有表明药物起什么治疗作用。一般按药理可将药物分为八大类：抗细菌药、心血管药、影响中枢神经系统药、甾类药、抗组胺药、抗肿瘤药、镇痛药和杂药。

(5) 染料和颜料(Dye and Pigment)

① 染料

它是一种有色物质，主要用于染纺织纤维、皮革、纸张、高分子材料或食物等，使它们具有一种暂时的或较耐久的色泽。染料应用时总是配成溶液或悬浮体，它必须对被染的基质有亲和力，能被吸附或能溶解于基质中，这样才能使最终的染色物具有均匀的颜色。用户对染料要求的主要性质是颜色、均匀性、耐光性、坚牢度、对基质的固着性。染色工作者常常将几种染料拼混以得到某一种颜色。标准的操作方案是三种染料的混合物，三种染料以上的混合物则用得较少，需要的色泽取决于设计师们提出的流行色。

② 颜料

颜料特指不溶性有色物质的小颗粒，颜料不像染料那样被基质所吸附，它常常是分散悬浮于具有黏合能力的高分子材料中，这种有色混合物就能被基质所吸附。若着色过程严格要求色料必须不溶，就应使用颜料，例如印刷油墨，若用染料就会在印刷画面的边界上形成渗圈。颜料还应具有较大的不透明度、遮盖力及对热的抵抗性，这样就可用于涂料和塑料的着色等。常用的无机颜料：白色颜料二氧化钛、氧化锌，黑色颜料炭黑，蓝色颜料普鲁士蓝，红色颜料氧化铁红等。合成的有机颜料已有上千种，主要有偶氮颜料、酞菁颜料、色沉颜料、杂环颜料、还原颜料等。黄色颜料和红色颜料主要由芳胺衍生物合成，蓝色颜料主要是铜酞菁类，铜酞菁氯化后即可得绿色颜料(如酞菁绿)。

③ 染料和颜料的发展

纺织工业对于鲜艳度和坚牢度的更高要求导致了活性染料的发明。合成纤维的发展使分散染料和阳离子染料得到发展，塑料、合成橡胶、表面涂料、印刷油墨等方面日益增长的要求促使了颜料生产的发展。染料和颜料的生产有很多特点，如工序多、吨位小、品种多等，要发展新品种，开发及科研投资很大。据估算，开发一个染料新品种，约需花费 100 万美元。

一个多世纪以来，染料工业发展的历史证明，高水平的科学研究和试验设计工作是染料工业顺利发展的主要条件。目前，各国都在进行生产设备现代化，更新品种，节约能源，减少三废，建设净化设施，以适应各国为保护环境而制定的严格的法律。由于环保方面严格的要求，一般环境投资约占总投资的 15%以上。美国杜邦公司 1977 年就退出了还原染料的竞争，世界各国都停止了联苯胺的生产。世界染料生产，无论是产量还是品种和质量，德国、英国和瑞士三国均占优势，尤其是高档染料。我国染料产量也位居世界前列,能生产五百多个品种,产品能满足国内印染行业需要的 90%。存在的问题主要是高档染料少、品种质量不高、装备相对落后。对于颜料的生产,我国发展也很快,但与先进国家的差距还很大,不能满足社会发展的需要。国内生产的颜料剂型少,缺乏鲜艳感,主要紧缺 β-型酞菁蓝、色淀红等。

(6) 化妆品(Cosmetic)

化妆品是美化人体面部、皮肤及毛发等处的日用品,能起到保护、清洁乃至治疗等作用。它能充分显示人体美,并有益于身心健康。当前,天然原料的发掘,合成原料的创新,使得化妆品的品种日益增多,质量日益提高。

① 化妆品分类

根据使用对象,化妆品大体上可分为皮肤用品、美发用品、口腔用品。根据剂型,化妆品还可分为膏霜类、香粉类、香水类等。各类化妆品又有许多品种,见表 7-1。

表 7-1 化妆品分类表

用处	大类	品种
皮肤用品	膏霜类	护肤、防晒、营养、去皱、去斑、防晒、治疗
	香粉类	化妆、爽身、去痱
	香水类	香水、花露水、科龙水、化妆水
	香皂类	香皂、药皂、减肥皂、美容皂
	美容类	唇膏、胭脂膏、眼影膏、睫毛膏、眉笔、指甲油、面膜
美发用品	洗发类	软皂、皂液、香波
	护发类	护发油、护发乳、护发水、护发素
	美发类	固发剂(发蜡、固定液、喷发胶)、染发剂、冷烫剂
口腔卫生用品	牙膏牙粉	普通牙膏牙粉、防龃牙膏、加酶牙膏、药物牙膏
	含漱水	

② 化妆品发展方向

当前化妆品发展方向是天然化、多样化、疗效化。人们可以直接利用天然物品制作化妆品,最简单的方法是用黄瓜、丝瓜、西瓜、橘子、苹果等汁水制备,这些汁水中的维生素等成分可使皮肤细嫩、润滑、去皱,可使头发柔软、光亮。天然化妆品产品则是由从一些特殊植物或中草药中提取的天然有效成分配制而成,这些天然提取物具有多种功能,例如,当归、白芷化妆品具有扩张血管、消炎等作用,对治疗雀斑、老年斑疗效明显,芦荟化妆品具有防粉刺、消炎、止痒、软化皮肤、防止肥胖、抑汗防臭、润湿保温、治疗伤痛等功效。另外,还有银耳化妆品、人参化妆品等。目前,人工合成的化妆品也在向绿色化、功能化方向发展。

(7) 化学助剂(Assistant Reagent)

化学助剂是在工业生产中起辅助作用的化学制剂,可分为无机助剂和有机助剂两大类。化学助剂种类繁多,常用的有催化剂、溶剂、填充剂、润滑剂、增塑剂、防老剂、抗氧剂、防腐剂、稳定剂、阻燃剂、助燃剂、固化剂、引发剂、阻聚剂、发泡剂、偶联剂、促进剂、硫化剂、补强剂、软化剂、柔软剂、匀染剂、固色剂、抗静电剂、渗透剂、增白剂、黏合剂、整理剂、防水剂、发色剂、疏松剂等。助剂在工业生产中具有重要作用,因此,几乎每一种产品都要用几种甚至数十种助剂。下面简要介绍几种助剂。

① 印染助剂

轻纺和印染工业中,除了大量使用各种染料外,还必须使用各类助剂,以提高染色效果。常用的印染助剂有:(a) 匀染剂。其作用是使纤维印染均匀,每一种纤维、每一类染料都要求有适合它的匀染剂,因此匀染剂品种很多。匀染剂实际上是一种表面活性剂,因此,它除了起匀染剂作用外,还兼具其他助剂的作用,例如,前述的腈纶匀染剂 TAN 还可作腈纶纤维加工前的柔软剂、抗静电处理剂及消毒杀菌剂。(b) 柔软剂。其作用是增强纤维织物滑、挺、爽的手感,提高其耐磨强度和弹性。柔软剂的品种也有上百种,主要有有机硅醚、酰胺衍生物、环氧基化合物、硬脂酸酯等。(c) 交链剂与固色剂。其作用是提高染料在织物上的坚牢度,它们往往是一类高聚物,能与印染浆中的黏合剂形成具有网状结构的护膜,达到印染在织物上花色坚实、耐水洗、耐摩擦的目的。例如交链剂 EH,是由环氧氯丙烷与己二胺缩合而成的高聚物。(d) 抗静电剂。可用于消除合成纤维织物上的静电,它们大多是季铵盐或烷基磷酸酯盐类。例如,抗静电剂 SN,是十八烷基二甲基羟乙基季铵硝酸盐,主要用于消除涤纶、维纶上的静电,也可用于消除聚酯、聚氯乙烯、聚乙烯薄膜及塑料制品上的静电。(e) 分散剂与扩散剂。主要用作使染料分散均匀,提高贮存的稳定性。它们都是表面活性剂(如阴离子型烷基磺酸盐、非离子型聚硅醚)。(f) 渗透剂与润滑剂。主要用作印染时使织物表面张力降低,易于上浆、印染等各种处理。它们都是表面活性剂(如阴离子型烷基磺酸盐、非离子型聚醚等)。(g) 增白剂与荧光剂。主要作用是使白纤维织物增白及浅色纤维素织物增艳,使织物具有较好的耐洗和耐晒度。增白剂和荧光剂种类很多,共有百余种产品。(h)黏合剂。主要用于涂料印花、静电植绒及无纺布的黏合,以便使印花的涂料、植绒能牢固地黏附在纤维织物上。常用的有醋酸甲壳素黏合剂、橡胶型黏合剂、聚丙烯酸酯黏合剂等。(i) 防水剂。由于它能与纤维结构中的羟基、氨基或酰氨基反应,因此能使织物耐干洗、耐水洗,并使织物具良好的透气性和优异的柔软手感。(j)织物浆料。它是织物上浆用料,多用作印花浆料,常用的有羧甲基纤维素(CMC)、甲基纤维素(MC)、聚乙烯醇(PVA)、聚丙烯酰胺等。(k)整理剂。整理剂类型很多,有多种功能,一般整理剂能增强织物的回弹性、抗皱性,提高耐洗性,防止起毛球,并使织物手感柔软、滑爽,还能防止织物纤维收缩。有些整理剂能在纤维表面涂上一层膜,可增加纤维的抱合力和平滑性。整理剂多为树脂型,如有机硅树脂、脲醛树脂、聚乙二醇缩甲醛树脂等。

② 塑料、橡胶助剂

为了改善塑料、橡胶等制品的加工性能和使用性能，在塑料、橡胶的合成材料中常需要加入各种助剂。常用的助剂有：(a) 抗氧剂。它实际上兼具抗氧化、防老化和提高稳定性的作用，对合成材料起防护和延长制品寿命的作用。抗氧剂品种很多，常用的有酚类、低价有机硫或磷化合物等。(b)阻燃剂。它具有阻止高分子材料燃烧的能力，常用的为有机溴化物或氯化物。(c)偶联剂。它的主要作用是促进合成材料制品中各物料间的偶联，使之形成复合材料，以提高制品的机械强度或其他性能。(d)硫化促进剂。用于橡胶硫化过程，与硫化剂配合，可提高橡胶性能(如耐老化性、耐热性等)，同时使硫化过程不易烧焦，操作安全。促进剂品种很多，如促进剂 M(2-巯基苯并噻唑)，是橡胶通用型促进剂，具有促进作用快、硫化平坦性宽、硫化临界温度低及混炼时有早期硫化的特点。(e)防老剂。主要用于橡胶、胶乳和塑料的防老化，常用的为胺类、酚类。例如，防老剂 DNP 可用于天然橡胶、合成橡胶及其乳胶制品、ABS 塑料、聚甲醛及聚酰胺等。(f)软化剂。主要用于橡胶的软化，它有助于使填充剂(如炭黑)分散，提高抗挠曲性、抗撕裂强度及可塑性，有的还可提高橡胶的耐水性、黏着性，改善其稳定性、电气性等。(g)再生活化剂。可提高再生橡胶的活性、稳定性，使再生胶脱硫时间大大缩短，提高产品的可塑性。它们多为二硫化物。(h)防霉剂。主要用于塑料、橡胶、涂料、油墨等的防霉。(i)水珠防滴剂。主要用于塑料薄膜，可有效地防止塑料大棚的水珠滴落，避免农作物腐烂，同时还可提高透光率和棚温。

3. 精细化工产品发展趋势

从世界范围来分析，精细化工产品发展迅速。发展快的原因之一是为了满足社会生产力和生活水平提高的需要，原因之二是石油化工产品生产结构不断变化，原因之三是为了迎接新技术的挑战。鉴于上述原因，现在一些工业发达国家的精细化工在整个化学工业中的比重超过 60%，今后的比重还会更高。

精细化工产品的发展主要是在以下几方面。

(1) 品种开发

多数传统的精细化工行业，如染料、颜料、农药、助剂、表面活性剂等，由于环境保护、产品毒性等方面日益严格的控制，急需研究开发环境友好型新品种。在一些新领域，如功能高分子、电子材料、精密陶瓷、生化制品等，品种开发也十分活跃，为了满足高新技术的需要，不断有新品种出现。

(2) 工艺和技术

各国对精细化工产品的生产工艺技术的改进一直非常重视。在品种定型条件下生产工艺的改进更成为技术竞争的重要手段。这方面的进步不仅可以满足环境保护方面的要求，而且会大幅度降低成本，很快收到经济效益。催化技术广泛应用到精细化工中来就是一个明显的例子，特别是酶催化技术的利用，可使多种化学反应在常温常压下进行。

(3) 生产设备

对精细化工生产主要使用的单元反应设备，不断在传热、传质等工程技术上进行改进，并使反应控制精密化、自动化。例如多功能气、液、固三相环流反应器就是在原反应器的基础上作了很大改进，它已超出了单元反应的范畴，可适用于加氢、卤化、烷基化等单元反应。

(4) 副产品综合利用

化学工业中往往产生许多副产品。生产某一种精细化工产品的副产品，常常是另一种精细化工产品的重要原料。因此，副产品综合利用不仅可以提供合成原料，降低化学品的成本，而且也解决了这些副产品的环境污染问题。

五、我国化学工业现状

与世界发达国家相比，我国在全球化工生产加工能力中所占的份额还不大，化学工程技术水平距世界先进水平仍有很大差距。主要表现在化工装置规模小，企业综合实力低。规模与成本成反比关系是基本的经济规律，因此装置规模小会使物耗和能耗增加，生产成本高，影响国际竞争力。

近几年我国在调整化工产品结构方面取得重大进展。例如，2006 年，我国石油和化工行业积极开发新产品、采用新技术，完成新产品产值 1859.5 亿元，比上年增长 39.3%，其中：基础化学原料新产品产值 285 亿元，比上年增长 43.1%；合成材料新产品产值 284 亿元，比上年增长 50.8%；专用化学品新产品产值 245 亿元，比上年增长 42.1%；橡胶制品新产品产值 307.5 亿元，比上年增长 22.7%。另外，在技术创新、技术进步方面也取得重大进展，化工企业自主创新能力明显增强。

为了贯彻国家中长期科技规划纲要，2006 年我国发布了《“十一五”化学工业科技发展纲要》，提出了我国化学工业科技发展的整体规划和发展方向。

发展我国化学工业，首先要发展新兴技术，对传统化学品进行改造，以满足社会经济发展的需要。还要注意适应我国资源结构及质量的变化，近年来，随着石油、煤炭等矿物资源的不断开采，其数量不断减少，品质也不断劣化，要靠新思路新技术解决低品质化问题，提高综合利用能力，提高化工产品质量，减少能源消耗，减少生产污染，实现清洁生产，建立生态化工。

第八章　化学与人文

化学学科研究物质间的变化规律，探讨物质世界的内在机制；人文学科研究人与人的关系，探讨人类内在精神。两者是社会发展的两大支柱，两者的结合是物质与精神的结合，是和谐社会的基础，是社会发展的动力。

第一节　概　　述

英国科学家C. P. 斯诺在20世纪50年代提出了“两种文化”（科学文化与人文文化）的概念，并首次系统、正式地进行关于科学文化与人文文化的研究。斯诺指出，科学文化与人文文化的分离甚至对立，不利于甚至有碍于人类文明的发展。只有将科学文化与人文文化结合起来进行研究，探讨其内在关系，将两者融为一体，才能使各学科发展相互促进，使社会又好又快地发展。爱因斯坦曾告诫年轻的大学生：“你们只懂得科学本身是不够的，关心人的本身，应当始终成为一切技术上奋斗的主要目标。要保证我们科学思想的成果造福于人类而不致成为祸害。”

化学是科学的一个分支，是研究物质变化规律的自然科学。化学教育是通过传授化学的知识体系、科学方法、科学精神，使人们具有认识自然、改造自然、促进社会和谐发展的知识和能力的教育。人文是指人的文化、信念、道德、情操、审美、修养等品性。人文主义是以人为本的哲学思潮，它肯定人的价值，强调人的尊严，倡导个性发展。人文教育是以传授人文知识、培养人文精神为主的教育，是一种人性和教养的教育，是一种以人格完善为教育最终目的的教育。通过人文教育，使人具有感悟人生、自觉提高自身修养、自觉弘扬道德价值和审美价值的知识能力。本章强调的是化学教育与人文教育的结合。

从化学与人文的关系来看，化学学科的许多地方都渗透着人文价值和人文特征。纵观化学发展的各个阶段，化学始终受人文思想的影响。

一、古代化学与人文

火的使用使人类学会利用化学变化。我国最早发展了火药技术、造纸技术、炼丹术、炼金术等。该时期提出了一些朴素的元素学说:中国的“五行说”(金、木、水、火、土);印度的“五元素说”(地、水、火、风、空);古希腊的“四元素说”(土、水、气、火)。这些观点均渗透着人文文化的气息。

二、近代化学与人文

这一时期是从17世纪后半期到19世纪末,是科学家破除迷信、建立化学学科的时期:波义耳提出新的元素说,“波义耳把化学确立为科学”;拉瓦锡提出新的燃烧说,被誉为“化学革命”;道尔顿提出了原子论,被称为近代化学之父。这些化学学说均是在人文文化的影响下产生的,化学学科在这些学说的指导下发展。

三、现代化学与人文

进入20世纪后,科技进步及社会需求使化学在理论和应用方面均得到了飞速发展:建立了化学键理论、反应动力学理论、量子化学理论、核裂变理论。化学家已掌握了多种现代研究手段,认识世界、创新物质的能力大大提高,可以探索最快的物质变化,可以构建最复杂的物质结构。在这一时期,化学对科技进步和社会发展作出了巨大贡献。但是,化学曾出现危机,社会上出现了对化学的恐惧,有人视“化学”如猛虎,说化学制造了人类灾难。一方面,因为化学只注意创造社会,忽视了宣传社会,使人们只看到化学的负面影响,看不到化学在推动社会前进方面表现出的巨大力量。用专家的话说:化学陷入一段光荣的孤立和自我欣赏的时期。另一方面,由于缺少与人文思想的结合,化学成为一把双刃剑,在推动社会发展的同时造成了许多危害。

因此,在当代社会,人们越来越重视化学与人文的结合,强调要以人文思想指导化学的发展。美国化学家和化学史家乔治·B·考夫曼在化学文化和人文文化结合方面做出了突出贡献,多次获得来自化学教育、科学史、人文科学等领域的表彰和奖项。考夫曼不遗余力地宣传化学科学的人文思想,将化学文化融入人文文化之中,将化学知识在一定程度上和人文知识相联系,强调化学知识是人类共同的知识财富,化学文化应当成为更多公众所能接受和了解的科学文化之一。作为一位化学家和化学史家,考夫曼还经常从化学知识的实践性和社会性角度,阐述化学与社会的相关性,期望化学家群体和社会公众共同理解化学的人文价值。

第二节　化学与哲学

哲学是自然科学和社会科学的概括和总结，是研究自然界和人类思维共同存在的普遍规律和原则的科学。人类智慧始于哲学，终于哲学。纵观科学发展史，哲学的启发很可能产生科学的突破，而对科学的反思又往往导致了哲学的革命。作为自然科学的一大分支，化学研究物质世界的运动规律，化学的研究与发展离不开哲学思想，哲学的形成指导、推动了化学的发展。同时，化学的研究结果也丰富了哲学的学科内涵，推动了哲学学科的发展，化学在为人类提供物质财富的同时，也为人类创造着精神食粮，恩格斯在《自然辩证法》中多次提到化学对哲学的贡献。

一、化学的哲学涵义

恩格斯早就认识到化学本身有着丰富的哲学内涵："黑格尔所发现的自然规律在化学领域中取得了最伟大的胜利。"在化学科学的形成和发展轨迹中，处处存在着哲学的印记，化学的进步需要哲学的不断启发和引导。每一个概念的提出，每一个理论的发展，每一项成就的取得，都离不开哲学思维。一部化学史就是一部哲学史，化学实验方法的建立与实践、化学思想理论的形成与演化，常常生动地反映了唯物主义与唯心主义、辩证法与形而上学的矛盾和斗争。

在古代的文字记载中，没有独立的化学文献，关于化学知识的论述是以哲学的面貌出现的。比如，在亚里士多德的《气象学》、老子的《道德经》、墨家的《墨经》等古代哲学论著中都蕴涵着丰富的化学认识。有关炼金术的论述存在于中国的《道藏经》、阿拉伯的《论灵魂》、欧洲的《哲学花园》等哲学著作中。燃素说的奠基者贝克尔的代表作是《地下的自然哲学》，氧气的发现者普里斯特里的代表作是《各种空气以及自然哲学的其他分支的实验及观察》，近代化学之父道尔顿的著名论著是《化学哲学的新体系》。另外，还有戴维的《化学和哲学研究》、《化学哲学原理》，康尼查罗的《化学哲学教程概要》，杜马的《化学哲学讲义》以及门捷列夫的化学元素周期律等。这些论著和学说中渗透了诸多哲学思想。

新兴的资本主义引发了一场变革，使化学由炼丹术和炼金术向物质世界的更深层次拓展。英国哲学家培根(Bacon，1561～1626年)倡导知识的"大变革"，主张重新调整探索知识的途径，推动整个科学的发展。英国化学家波义耳(R. Boyle，1627～1691年)则从更高的角度重新审视化学。他说："我见世人醉心于化学似除制药之外再无其他，我不这样认为，我不是以一个医学家，也不是以一个炼金家来看化学的,而是以一个哲学家的视点来认识化学的。”“化学本身作为自然科学中的一个独立部分,是探索宇宙奥秘的一个方面。化学,必须是为真理而追求真理的学科。”波义耳首先从哲学角度审视“元素”这个最基本的概念。他在培根的唯物主义的基础上,吸收笛卡儿、胡克、牛顿等人的微粒说,形成了他的微粒哲学,这是一种机械论哲学。波义耳认为对于化学现象能够用物质及其运动的观点作出机械论的解释,而无超自然的因素,从而抛弃了神秘主义理论。他批判了亚里士多德的“非实体元”(冷、热、干、湿),第一次科学地提出了科学的元素概念,认为只有那些用化学方法不能再分解的物质才是元素。自然界的物质皆由微粒组成,化学元素亦如此。元素的不同只是由于构成其微粒的大小、形状和运动的状态不同,微粒间力的亲合可形成更大的微粒。波义耳元素论的建立标志着近代化学的开始。

哲学的基本原理在化学中充分体现,常常为化学原理的进一步探索指明方向。例如,质量互变、对立统一、否定之否定等是唯物辩证法的基本规律,这些规律是化学运动的基本特征,在化学运动中表现得特别明显。例如,恩格斯关于“化学可以称为研究物体由于量的构成的变化而发生质的变化的科学”的论述,在元素周期表中得到很好的证实,元素的核电荷数的变化引起元素性质的变化。因此,元素周期律的发现具有深刻的哲学意义。它有力地证明了质量互变这一辩证法的基本规律,量变的积累最终可以导致质变的飞跃。在有机化学中,质变、量变规律也普遍存在。例如,同系物的沸点随分子量的增加而升高,由气态向液态、固态逐渐转变,性质也发生变化。化学反应中氧化与还原、化合与分解、沉淀与溶解、配位与离解等都是矛盾的对立统一,物质的化学变化是原物质的消失和新物质生成的过程,都是否定之否定的过程。化学反应平衡因种种原因被打破,正向反应速度和逆向反应速度因外界环境的变化而发生不同的变化,平衡向一方移动,体现了外因通过内因而起作用,使矛盾双方相互转化。根据酸碱质子论,酸给出质子后变为共轭碱,碱得到质子后变为共轭酸,碱中有酸,酸中有碱,相互依赖,对立统一。催化剂只能改变反应速度,不能改变反应方向,体现了内因是运动变化的本质,而外因只是运动改变的条件。化学反应中的分步沉淀过程证明了矛盾论中主要矛盾与次要矛盾的关系。化学反应平衡反映了事物矛盾双方势均力敌,处于暂时的相对统一。恩格斯曾指出:“平衡是和运动分不开的。”“相对静止即平衡。”化学反应平衡非常直观地表明了这一点。当一个可逆反应处于平衡状态时,并不意味着正反应和逆反应同时停止了,事实上正反应与逆反应仍然在进行着,只是它们的速度相等,相互抵消罢了,所以从表观上看反应物和产物在量上没有发生变化。平衡与非平衡正如恩格斯所说的是“活动的统一”,它们之间在一定条件下可以相互转化。如在一定的温度、压力下,具有一定配比的反应体系达到平衡时,如果改变温度压力或量的配比诸条件中的任何一个,都能使化学平衡破坏,但只要不再改变条件,那么经历足够长的时间后，反应体系将会再次达到平衡。

物质的结构理论也是在哲学思想的指导下形成的。19 世纪中叶，在原子分子论建立以后，一些物质的分子式逐步明确，分子内原子间的结合方式成为化学家关注的焦点，从而推动了化学结构的研究。根据哲学中事物现象与本质的关系，化学家认识到，分子的性质不仅取决于其化学组成，而且也取决于其化学结构。根据透过现象看本质的哲学概念，人们可以依据分子的化学性质推测分子的化学结构，也可以依据分子的化学结构推测分子的化学性质。这一学说肯定了化学结构的可知性和化学性质的可预见性，阐明了化学现象与性质、宏观表现与微观结构间的内在联系，促进了化学结构理论的形成与合成化学的发展。

二、化学促进哲学发展

化学的发展和进步，不仅促进了生产力的发展，改变了人们的生活方式，而且还改变了人们的思维方式，改变了人们对自然界、对物质运动变化规律的认识，促进了人类哲学思想的发展。化学学科的不断进步为哲学提出了一个又一个崭新的命题，丰富着哲学思想宝库。只有那些密切关注、深刻领会当代自然科学，特别是化学进展的哲学家才能立足于当代哲学新思潮的前沿。

哲学不是空间的思辨，它需要大量的事实材料进行论证，以免成为无本之木、无水之源。化学家在实验或实践中获得的大量事实成果，正好可以为一些处于激烈争论中的抽象哲学概念或观点提供极具说服力的客观事实和科学依据。恩格斯曾指出："推动哲学家前进的绝不只是纯粹的思想力量，恰恰相反，推动他们前进的主要是自然科学和工业的强大，而日益迅速的进步，在唯物主义者那里已经是一目了然。甚至随着自然科学领域的每一个划时代的发现，唯物主义者也必然要改变自己的形式。"

早期的实用化学为古代哲学的产生提供了经验素材，为古代哲学的产生做出了贡献。古代哲学，尤其是古希腊哲学是思辨的，关注逻辑推理。但无论多么思辨，他总要有经验素材作为依据，古代化学正是这种经验素材的源泉。

近代化学的研究成果不断丰富辩证唯物主义的物质观。化学的发展一直是沿着物质的转化这条线不断发展起来的，在这一过程中，人们认识了原子在分子中的重新分配与组合规律，发现了物质转化的内在根据，建立了原子分子学说。原子分子论是近代唯物主义的理论核心，它克服了古希腊的纯思辨性质，获得了实验的支持，成了哲学发展史上的重要阶段。化学学科在进入 20 世纪之后，一方面向微观世界拓展，进一步研究认识原子的内部结构，发现了核外电子运动的波粒二象性；另一方面在分子层次研究的基础上，向巨型分子、大分子、纳米材料、物质宏观聚集态等拓展。这些研究,使人们对整个物质世界的组成结构有了更深入、更全面的认识,形成了自然科学物质结构的理论,推动了辩证唯物主义物质观的深入发展。

第三节 化学与创新

一、创新理念

创新是一个民族进步的灵魂,是国家兴旺发达的不竭动力。

人类社会发展的历史,就是一部创新史,就是一部创新实践、创造力发挥的历史。古往今来,人类光辉灿烂的思想文化、高度发达的科学技术,都闪耀着人类创新能力的光芒,一个国家、一个民族的创新能力直接关系着国家民族的兴衰成败。

创新的英文 Innovation 起源于拉丁语,它有三个含义:更新、改变、创造新东西。创新作为一种理论,由美国哈佛大学教授熊彼特于 1912 年第一次引入经济领域。他认为,从经济的角度,创新就是要建立一种生产函数,实现生产要素从未有过的新组合。现在,创新这个词已扩展到了社会的方方面面,例如,理论创新、制度创新、经营创新、技术创新、教育创新、分配创新,还有学习方法的创新、工作方法的创新、领导方法的创新等。有的事物之所以叫创新,就是因为它改善了我们的生活质量或工作质量,提高了我们的学习效率或工作效率,巩固了我们的竞争地位,或对社会、经济等产生了重大影响。创新可以分为两个层次:原始创新和跟踪创新。原始创新是创造全新的东西,跟踪创新是在原有基础上的改进提高。跟踪创新又可以分为集成创新(整合优化技术资源而获得创新效果)和应用创新(将技术用于新的领域)。

二、创新思维

思维有多种形式,有抽象思维、概念思维、逻辑思维、形象思维、意象思维、直感思维、社会思维、灵感思维、反向思维、相关思维、创新思维等。创新思维就是不受现成的、常规的思路约束,寻求对问题全新的、独特性的思维过程。思路决定出路,格局决定结局。创新思维是创新实践、创造力发挥的前提。创造性思维所有人都有,但是不是所有人都能够利用它、发挥它,由于环境条件等因素影响,大量的创新思维被埋没了。有些人认为,儿童使用创造力有 80%之多,小学生 75%,中学生 50%,大学生 25%,成人 10%或更少。因此,高等教育要充分发挥学生创新思维能力,提高学生创造力,培养创新型人才。

提高创新思维能力，需要做到以下几点：①克服思维定势、思维惯性、从众心理、顺应先验等创新性思维的障碍，敢于质疑，善于逆向思维、转向思维、跳跃式思维，要充满好奇心，具有丰富的想像力。爱因斯坦说过："想像力比知识更重要，因为知识是有限的，而想像力概括着世界上的一切，推动着进步，并且是知识进化的源泉。"②在宽松的环境、适度紧张的环境、无畏的环境下，心态良好、心情愉悦才能激发出灵感，才能开展创新思维。③要合作，要协调沟通，要交流信息。通过交流信息产生创新的思想火花。你有一个思想，我有一个思想，我们交换一下思想，我们原来的思想还在，都又增加了一个思想，在这两个思想碰撞过程中，可能会碰出新的思想，就有 3 个思想，4 个思想，所以创新思维需要交流。④有强烈的求知欲。爱因斯坦说过："我没有特别的天赋，只有强烈的好奇心。"要努力学习知识，锻炼思维能力。拥有的知识的量与创新思维能力成正比，通过学习知识，产生创新思维，通过学习知识，发挥创造力。⑤要勇于实践，要能经得起挫折，经得起失败。

三、化学中的创新思维

有资料表明，世界上的发明中有 20%是化学方面的，50%以上都和化学有关。因此，化学中充满创新思维，化学利用自己的发现和创新推动社会进步。

化学的创新思维主要表现在对实验现象的细致观察、深入思考、分析联想等方面。

1826 年，法国青年化学家巴拉尔在用前人经常使用的方法从海藻中提取碘时，向海藻灰提取液中通氯气使碘析出，但是他注意到每次实验后在母液的瓶底都会有一薄层红棕色的液体。他没有放过这一意外的发现，对该液体进行一系列测试之后，证实了这种液体是一种新的元素——溴(Br)。巴拉尔的文章发表之后。德国著名化学家李比希懊丧不已，因为早在两年前他也发现了这种红棕色的液体，但只是保留了它而没有进行深入的研究。这件事使李比希得出了一个结论："任何疏于观察和分析必将导致失误"。为此，李比希在保存红棕色液体的那个瓶子上贴上了"失误瓶"的标签，以示警戒。

18 世纪在化学界盛行燃素学说，认为任何可以燃烧的物质都含有燃素，燃素的转移可以引起化学反应。为证实燃素学说的错误，法国化学家拉瓦锡一个在密闭的曲颈瓶中进行金属锡的燃烧实验，燃烧反应前后，重量未发生变化。但是，拉瓦锡通过仔细观察，发现打开瓶盖时有空气冲入瓶中，使反应瓶重量增加。拉瓦锡在类似燃烧实验中只比前人多用了一个瓶盖，这一创新不仅推翻了燃素说，还得出了两个重要的结论：①反应过程中参与反应的物质既不会减少，也不会增加，质量守恒。这个结论导致了"物质不灭定律"的诞生。②对空气有了新的认识。空气不是一个化学元素，而是一个混合物，其中的一部分在燃烧反应中与金属结合，这才有了燃烧后重量增加的结果。由此可以明显看出，重要结论和发现源自拉瓦锡的创新设计、细致观察与分析总结。

化学家莱格雷在研究物质质量时发现，从空气中去除氧和其他杂质后得到的纯氮与从氨分解得到的纯氮，密度有微小差别，前者要大一些。许多人是不会注意这个微小差别的，但是莱格雷没有放过这个差别，他由此联想到从空气中得到的纯氮中可能还有尚未发现的东西。果然，通过进一步分析测定，发现了存在空气当中原子量比氮大的新元素——氩。

英国科学家波义耳所著《怀疑派化学家》一书充满化学的创新思维，对化学发展产生了重大影响，恩格斯说波义耳“把化学确立为科学”，波义耳被称为现代化学之父。他始终认为，要想做好实验，有所发现，就要敏于观察，善于思考。因此，波义耳有许多创新和发明。例如，波义耳在研究空气时，发现真空会产生吸力，他通过分析，认识到真空所产生的吸力就是空气的压力，并推导出空气的压力和它所占体积之间的数学关系。我们现在经常使用的测定溶液酸碱度的 pH 试纸也是波义耳创新思维的成果：有一次，花匠给波义耳送来一篮紫罗兰，喜爱鲜花的波义耳随手取下一支带进了实验室，在用盐酸做实验时不小心把少许酸液溅到鲜花上，他把花放到水里洗时发现紫罗兰颜色变红了。波义耳马上想到可能是盐酸使紫罗兰变色，他又用其他酸进行实验，结果都使紫罗兰变为红色。由此他联想到，以后只要把紫罗兰花瓣放进溶液，看它是不是变红色，就可判别这种溶液是不是酸性。后来，他又找来其他颜色的花瓣做试验，并且不仅用它们检验酸，还用它们检验碱溶液，也发现了一些变色现象。其中变色最好的是用石蕊泡出的溶液，它可使酸液变红色、碱液变蓝色。后来，波义耳又想出一个更简便的检验方法，用石蕊浸液把纸浸透，再烘干制成纸片，使用时只要将这种纸片与被检验溶液接触，根据颜色变化就可以知道这种溶液是酸性还是碱性。波义耳把这种石蕊试纸称为“指示剂”，就是我们今天使用的 pH 试纸的前身。众所周知，我们使用的墨水和照相术也源于波义耳的仔细观察和创新思维：在一次试验中，波义耳偶然发现五倍子水浸液和铁盐在一起会形成一种不会沉淀的黑色溶液，这种黑色溶液久不变色。由此他发明了制造黑墨水的方法，这种墨水几乎用了一个世纪。在另一实验中，波义耳还发现，从硝酸银中沉淀出来的白色物质暴露在空气中会变成黑色，他马上认识到该白色物质具有光敏性。这一发现为后来人们把卤化银用于照相术奠定了基础。

20 世纪 80 年代，富勒烯 C_{60} 的发现过程也是创新思维的过程。在太空中发现稠碳分子 HC_3N、HC_7N 等后，克罗托等人马上想到用人工合成更大结构的碳团簇，并且立刻得到了 $C_{14} \sim C_{25}$ 团簇，之后又得到了组成稳定的 C_{60} 分子。开始，人们利用类似苯环的六边形结构怎么也堆积不出合理的 C_{60} 结构。后来，人们创造性地改用六边形和五边形拼接，构造出一个完整的球形结构。该结构由 12 个五边形和 20 个六边形组成，正好有 60 个顶点。该结构也能满足碳原子的成键条件，其单键、双键相间分布，每个碳原子以两个单键和一个双键共与 3 个碳原子成键，与石墨层的成键相似，只是 C_{60} 形成的是三维封闭球形。这个模型又经受住了价键理论的考验。由于该结构为含有碳碳双键的球形结构，因此又称为足球烯。

20 世纪 70 年代，日本化学家白川英树找到一个合成聚乙炔的新方法。有一次由于学生疏忽，多加了一千倍的催化剂碘，生成了一种银色薄膜，因为该薄膜不是实验所期望的物质，因此被作为废物丢弃在楼道角落里，并以此当作失败的实例以教育学生。五年后的一天，正在研究有金属光泽无机高分子硫化氮的美国化学家·黑格和艾伦·迪米德访问日本，听说白川英树发现了具有银色光泽的有机高分子，很感兴趣，并征得同意将这堆垃圾带回美国。经过反复加碘实验，最后使这堆“废品”的导电性能提高了千万倍，真正成为了金属般的导电塑料。这个发现震惊了全世界，因为自 1868 年发明第一种塑料以来，各种塑料为绝缘体已成为科学界的定论。如果没有仔细观察、大胆设想、创新思维，这堆“垃圾”也许永远被弃置在科学的荒野里。

笔者在化学实验中也有过小的发现。永停终点法是指示化学反应终点的一种常用的仪器方法。有一次，在进行该法的实验时突然发现连接电池、电阻的引线断开了，而实验现象依然存在，终点时仍有电流的突变。笔者当时没有把引线直接接上，而是在思考该实验的异常现象：插入同一个溶液中的两支指示电极上没有加电压，电流仍然能够产生，电流产生的原因是什么？通过反复实验和思考，认识到电流源自两支电极对溶液响应速度的不同。后来，在做该实验时，将连接的电池、电阻等线路全部去掉，选用差异性较大的两支电极直接进行终点指示实验，取得了很好的效果。由于改进的实验中指示电流由电极自身产生，因此将这种方法命名为自生电流法。

第四节　化学与情商

化学对社会发展做出了重大贡献，“化学为人类在老的自然界旁边又建立了一个新的自然界”。然而这个“新的自然界”有许多不尽如人意的地方，使人类社会面临一系列问题：环境污染、生态失衡、臭氧层破坏、温室效应加剧。如何减少或消除化学的负面影响？如何使化学更好地为社会发展服务？为此要在化学中融入人文精神，要提高化学家的情商，要在人才培养中进行情商教育。

一、情商概念

情商概念由美国两位心理学家(比德·拉勒维和约翰·麦耶)于1990年首次提出。情商与智商反映的是两个不同的品质。智商(IQ,Intelligence Quotient)主要反映人的认识能力、思维能力、计算能力等,是指人理性的方面。情商(EQ,Emotional Quotient)主要反映人的行为品质、道德修养,是指人非理性的方面,是情绪商数、情绪智力、情绪智能、情绪智慧的表现。1995年,丹尼尔·戈尔曼在《情绪智力》这本书里把人的情商能力概括为五大能力:认识自身情绪的能力;妥善地管理自己情绪的能力;自我激励能力;认识他人情绪的能力;人际关系处理能力。1997年2月,企业管理出版社发行了我国第一本关于情商的书《情商,唤醒心中的巨人》,该书对情商概念和作用做了进一步阐述。作者认为,情商主要表现在调控自己情绪的能力,适应生存环境的能力。

二、情商的重要性

情商概念虽然在20世纪末才首次出现,但在我国古代传统文化领域,一直贯穿着情商思想。例如,在我国佛、儒、道三大文化源泉中,佛家讲的"善",儒家讲的"仁",道家讲的"真"等。当前提出的思想素质教育的目的就是提高学生的道德修养,培养完善人格,实现道德对人生的认识、肯定、调节和提升,促使人全面和谐地发展。而情商教育的内涵更加丰富,与智力因素有关并包含了智力因素以外的所有因素。因此,情商教育在素质教育中更为重要,许多发达国家的教育在重视智商开发的同时,更多的是重视学生情商的培养。作者认为,情商与知识、技能之间有高度的相关性。我国最近提出的创新教育也需要进行情商培养,因为创新能力不仅仅表现在智力方面的创新发明能力,它更是一种追求创新的意识,是一种发现问题并积极探索的心理取向,是一种人格特征和综合素质的表现,必须将心理情感与科学素养融为一体,才能达到创新教育的目的。

智商显示一个人做事的本领,情商反映一个人做人的表现。智商只能给你工作,但情商可以使你进步。国外心理学家研究证明,情商对人生有80%的作用,智商对人生仅有20%的影响力。情商是事业成功的关键,情商是生活幸福的源泉。高情商的人具有特殊的品格:百折不挠的毅力,宽厚友善的品质,稳定持久的情绪,积极乐观的态度。高情商的人能坦然面对一切:轰轰烈烈无傲气,忙忙碌碌无怨气,平平淡淡享福气,坎坎坷坷不泄气。众多化学家取得事业上成功的一个重要原因是他们拥有很高的情商,这种情商使他们拥有坚强的毅力,能更好地发挥自己的才能，能更多地获得同行的帮助。

随着社会发展，情商在各类人群中都显示出越来越重要的作用。

有德无才是庸品，有才无德是毒品。科技人员(特别是化学工作者)利用掌握的技术可以为民造福，也可以制造杀伤武器、致命毒品。因此，科技人员需要有高的情商。伟大的科学家居里说过:可以想像到，如果镭落在恶人的手中，它就会变成非常危险的东西。诺贝尔的发明就是一个典型的事例，烈性炸药可以使人们创造奇迹，然而它在那些把人民推向战争的罪魁们的手中就成了可怕的破坏手段。只有提高人们的道德水准，人类从新的发现中才能获得更美好的东西，而不是危害。

领导者手中的权力可以为民谋利，也可以公饱私囊。因此，领导者更需要有高的情商，这样才能立党为公、执政为民。

教师面对的是情商发展中的学生，教师的言行直接影响学生的思想品德。因此，教师需要有高的情商，这样才能培养出高情商的学生。

企业家需要有高的情商。因为由职工的感觉、信念、认知和价值观等构成的“情商资本”已成为每个企业的最大资本。管理的本质是协调，协调就需要把握理智和情绪。整体优化、充分运用情绪资源的情商式管理可以塑造出人性化的企业，可以使个体获得最大的利益，可以为企业带来巨大的财富。

经商者需要有高的情商。因为经商过程是一个人与人之间的物质或信息的交流过程，和谐友好的情感交流才能使物质和信息交流顺利和持久，才能实现交流效益的最大化。华人首富李嘉诚是千亿富翁，他的人生哲学是:建立自我，追求无我。他把儒家的仁爱情义与西方的进取精神结合在了一起，因此取得了事业上的巨大成功。

构建和谐社会需要高情商的人群。2007 年 10 月召开的党的十六届六次会议的主要议程就是研究构建社会主义和谐社会。2008 年 3 月中央召开的“两会”上，使用频率最多的一个词就是“和谐”，强调社会要和谐发展、科学发展，要又好又快地发展。2008 年 8 月北京奥运会上，一个“和”字震撼了世界。然而，要实现社会和谐，世界和谐，首先需要社会个体的和谐，需求高情商的人群。

三、情商教育

要提高人的综合素质和创新能力，必须将情商教育贯穿于整个教育之中，要在道德情操培养上下工夫。

1. 道德心(情商中的德商)

道德是人的外在行为，更是人的内在品质。道德表现在有人的时候做什么，更是表现在没人的时候怎么做。小胜在智，大胜在德。古今中外，一切真正的成功者，在道德上都达到了很高的水平。很多人的失败，不是能力的失败，而是做人的失败、道德的失败。做医生要有医德，当老师要有师德。因为，医德影响人的生命，师德影响人的灵魂。作为教师，要尽力做到：用优秀的品德影响学生，用高尚的人格感染学生，用渊博的知识赢得学生，用精湛的授艺吸引学生。

戴安邦院士

我国著名化学家、教育家戴安邦教授早在1934年就在《科学教育》杂志上提出："科学教学不单传授知识，而要进行全面地教学，包括人的科学思想和品德的培养。"戴先生品德高尚、乐于奉献，他奉行的格言是：立身首要是品德，人生价值在奉献。他为扶掖后进，常常付出大量的时间为他们修改论文、书稿，自己从不计较任何荣誉和报酬。他个人经济并不宽裕，却总是把应得的稿酬和奖金留作公用，还把近年获得的国家自然科学奖的奖金、稿费和海外学生出于对老师的关心给他的赠礼作为基金，于1985年设立"学生实验优秀奖"，1989年又设立"化学实验教学先进奖"。他对社会作出了很大贡献，党和政府给了他一定的荣誉和奖励。他自己却非常谦虚地表示："个人所受优遇有余，所做贡献不足，乃憾事也。"

诚信是道德的重要表现。个人无信不立，商业无信不兴，社会无信不稳。始终以诚相待，会赢得永久的信赖，也会带来持久的效益。在诚信面前宁可吃得一时之亏赢得海阔天空，不能占得一时便宜落得山穷水尽。有这样一个故事：当年香港有人把码头地皮卖给了李嘉诚，包玉刚听说很不高兴，因为他是当时香港的船王，码头的地皮应该先让他挑选。李嘉诚知道后，找到包玉刚说："包老师，我知道你需要这块地，我已经替你买好了，现在来送给你。"包玉刚也不是占便宜的人，后来包玉刚送给了李嘉诚许多船只。这就叫做：人敬一尺，我敬一丈。

高鸿院士

高鸿教授是我国著名的化学家（1980年当选为中国科学院院士，当时称学部委员），从事化学教育工作60年，他的高尚品德影响了一代又一代人。高先生1947年在美国伊利诺大学化学系获博士学位并留校任教，得知国内解放战争正在进行，他谢绝了导师的再三挽留，主动终止尚未到期的工作合同，于1948年2月回国。他说：梁园虽好，并非久留之地，我的事业在祖国。在教学中，高先生经常给学生讲，要做事，先做人，要懂得什么是善，什么是恶，什么是美，什么是丑。高先生淳朴善良，待人诚恳，治学严谨。例如，在高先生的启发和引导下，他的一位学生将示波滴定分析技术用于催化动力学分析。因为这一成果源自高先生的学术思想，浸透着高先生的心血和汗水，因此这位学生在论文投稿时想把高先生作为作者之一，但是高先生坚持说，工作是你们做的，我不能作为作者，这不是客气，好学风我们都要遵守。该论文发表后，高先生在他的著作和论文中明确指出，是这位学生首次将示波滴定技术用于催化动力学领域，进行了示波技术的痕量分析研究。在 1992 年高先生课题组的研究成果获得国家自然科学奖时，尽管这位学生只做了一点微不足道的工作，但是高先生让人汇去奖金，并亲自给学生单位写公文，证明参加了成果的部分工作。1992 年，高先生来到西北大学工作，在申请博士点的材料中，高先生郑重地讲：我在南京大学的工作一点都不能出现在材料中，也尽量不要提我的名字。在高先生指教下，宋俊峰教授申请到了生命分析化学方面的项目，并撰写了有关学术论文，但在署名时，多次请求都未能获得高先生的同意，高先生恳切地说：工作是你们做的，不要写我的名字。

人人都有道德心，才能和谐社会、和谐自然。因此，中央多次提出要加强道德建设，弘扬社会公德、职业道德、家庭美德，并把每年的 9 月 20 日作为我国的“公民道德宣传日”。在我国第五个宣传日时有 307 位全国道德模范受到表彰，追星要追这样的“星”，做人要做这样的人。现在，有些学校已经要求学生在毕业时要进行德育答辩。

2. 慈善心（情商中的心商）

真善美是人们的共同追求，善位其中，有善才有真，有善才有美。因此，做人要以善为本，用善心唤醒更多的善心，创造一个和谐友善环境。以善为本，就是要善待他人，善待社会，善待自然。每个人都有享受生活的权利，但在享受生活时，不能伤害他人，不能危害社会，不能破坏自然。著名化学家卢瑟福兄弟姐妹很多，从小就养成了相互协作、善待别人、尊重别人的良好品质。卢瑟福成名之后，他的这种品质一直保留着，被科学界誉为“从来没有树立过一个敌人，也从来没有失去过一个朋友”的人。著名物理学家和化学家居里夫妇为人类的科学事业拼搏了一生，不仅用清贫的生活和艰苦的工作展现了人间的美，而且他们拒绝为任何成果申请专利，为的是让每个人都能自由地利用他们的发现，造福人类。

以善为本，还要善待自己，让自己幸福愉快地生活，不要让阴暗的东西挡住自己的太阳而迷失方向，不要总是拿别人的错误折磨自己使烦恼缠身。我国著名化学家徐光宪先生说过：“人生最重要的是幸福。”每个人都拥有生命，但不是每个人都懂得生命，珍爱生命。珍爱生命，善待自己，物质是基础，精神是保证。善待自己的八字方针是心态平衡、营养适中。不良的生活习惯会把身体慢慢腐蚀掉，不良的心理素质更危险，眼中的黑暗世界有时能把人逼上绝路。一份无人分享的快乐不是真正的快乐，一份无人分担的痛苦是最可怕的痛苦。因此，无论快乐还是痛苦都要与人交流，这样就可以获得更多的快乐，可以减少更多的痛苦。

心理学家对烦恼的分析结果表明，有 40％属于杞人忧天；30％是为了无论如何也改变不了的事实；15%是为了事实上并不存在的幻想；还有 10%是为了日常生活中微不足道的小事。也就是说，心中的绝大多数烦恼是自寻的。不要自寻烦恼。人生好像一个体积有限的容器，一路走来，装入的烦恼多了，欢乐自然就会减少。

有人说：你的不幸，不是你做错了什么，而是你由此引发的后悔。如果你因错过太阳而苦恼后悔，你也将会错过月亮。世界上没有绝对完美的事物。因此，只有美好的人生，没有完美的人生。如果你幸福快乐，你在追求美好；如果你烦恼缠身，你在追求完美，不是在追求别人的完美，就是在追求自己的完美。据估计，世界每天约有 3000 人自杀或自杀未遂，我国每年约有 25 万人自杀，约 2600 万人有不同程度的抑郁症。因此有专家指出：19 世纪威胁人类最大的是肺病，20 世纪威胁人类最大的是癌症，21 世纪威胁人类最大的是精神疾病。

世界上不缺少美好的事物，缺少的是发现美好的眼睛；人世间不缺少感动的事情，缺少的是能产生感动的心灵。感谢父母给予我们生命，使我们能在世上走一遭；感谢恩师给予我们智慧，使我们能用慧眼欣赏人生旅程的风光；感谢社会给予我们工作、学习的平台，使我们的生活越来越美好；感谢自然给予我们春风和雨露，使我们拥有优美环境，沐浴明媚的阳光。人们常说：老师像蜡烛，燃烧了自己，照亮了别人。但是，没有氧气蜡烛就不能燃烧，没有学生就不能实现老师自己的价值，没有学生就不能实现教学相长。因此，老师要感谢学生。感谢使生命更加精彩，感谢使心灵更加美丽。

3. 同理心（情商中的关商）

同理心就是设身处地为他人着想，换位思考，将心比心，体谅别人，做事时为他人留下余地。同理心就是能善意地指出他人的缺点，帮助他人进步，而不是别有用心。有同理心的人，人见人爱，总是有很好的人际关系。以恨对恨，恨永远存在；以爱对恨，恨很快消失。因此，当发生矛盾时，要用行动感动对方，不能用行动激怒对方。忍得一时怒就免去一天苦，赢得一颗心就开辟一片地，放弃“有仇不报非君子”，提倡“有仇不报真君子”。同理心，就是拥有博大胸怀，为天下劳苦大众谋利益。鲍林在化学领域取得了巨大成绩，还把化学研究推向生物学，成为分子生物学的奠基人之一，利用晶体衍射图证实了蛋白质二级结构螺旋体。这一发现为蛋白质空间构象打下了理论基础，为生命科学的发展做出了巨大贡献，因此鲍林于 1954 年荣获诺贝尔化学奖。同时，鲍林十分同情劳苦大众，提出用知识消除贫困和饥饿，倾注了很多时间和精力研究防止战争、保卫和平的问题。鲍林

美国著名化学家鲍林

坚决反对把科技成果用于战争，特别反对核战争。他号召科学家们致力于和平运动，呼吁科学家们共同反对发展毁灭性武器，反对战争，保卫和平，并于1957年5月起草了《科学家反对核试验宣言》，该宣言在两周内就有两千多名美国科学家签名，在短短几个月内，就有49个国家的11000余名科学家签名。1958年，鲍林把反核试验宣言交给了联合国秘书长哈马舍尔德，向联合国请愿。同年，他写了《不要再有战争》一书，书中以丰富的资料，说明了核武器对人类的重大威胁。1959年8月，鲍林参加了在日本广岛举行的禁止原子弹氢弹大会。他以《科学与和平》为题，发表了领奖演说："在我们这个世界历史的新时代，世界问题不能用战争和暴力来解决，而是按着对所有人都公平，对一切国家都平等的方式，根据世界法律来解决。我们要逐步建立起一个对全人类在经济、政治和社会方面都公正合理的世界，建立起一种和人类智慧相称的世界文化。"由于鲍林的和平理论影响了全世界，对世界和平事业做出了巨大贡献，他在1962年荣获了诺贝尔和平奖。

瑞典著名化学家
阿尔弗雷德·诺贝尔

众所周知，诺贝尔不仅在世界化学化工发展史上做出了杰出的贡献，而且还有一个伟大的胸怀，有一个崇高的夙愿。他与许多富豪不一样，他一贯轻视金钱和财产。当他母亲去世时，他将母亲留给他的遗产全部捐献给瑞典的慈善事业，仅留下母亲的照片作为纪念。他曾说过："金钱这种东西，只要能够解决个人的生活就行，若是过多了，它会成为遏制人类才能的祸害，对于有儿女的人，如果除去留给必需的教育费用外，再传给很多的财产，我认为那是错误的，这样只能鼓励懒惰，使他不能发展个人的独立生活能力和才干。"他的两句名言是："我更关心生者的肚皮，而不是以纪念碑的形式对死者缅怀。""我看不出我应得到任何荣誉，我对此也没有兴趣。"他在逝世之前，决定把3300万法郎作为基金，用每年的利息，奖给世界上的杰出人物，促进科学文化事业的发展。他在遗嘱中说："这奖金不论国籍、人种和语言，只发给确实对人类有不可磨灭的贡献的人。把这金钱用在学术上和人道上吧！"正是依照这一思想，设立了关于物理、化学、生理和医学、文学、促进和平这五种奖项。

4. 责任心(情商中的勤商)

责任心是情商的核心要素。责任心是一切行为的根本，发展进步的源泉。一个人如果没有责任心，就会失去信任，终无成就；一个单位如果没有责任心，就会成为一盘散沙，无法发展；一个国家如果没有责任心，就会危机四伏，逐渐走向灭亡。

对社会要有责任心。作为一个社会人，都有享受社会温暖的权利，也都有温暖他人、服务社会的义务。有了责任心才会对社会有奉献之心、服务之心。人人都有责任心，都充分发挥各自的光和热，社会这个大机器就有足够的能量，前进的车轮就能快速运转。我们的高等教育要培养高素质有责任心的公民。

对工作要有责任心。责任心是对每个工作者的共同要求。有了责任心才能爱岗敬业，全身心投入工作，使积极和热情成为习惯，自觉把分内之事铭记在心，想方设法把工作做好。单位中每个人的岗位不同，但责任相同，就是为本单位的发展服务，发展是单位的生命。因此，每个职工都要时刻检查自己的服务意识、服务态度、服务效果。

对家庭要有责任心。注意向下看，做儿女的好爹妈，庇护根基未牢的孩子；不忘向上看，做父母的好儿女，照顾年老体弱的双亲；还要左右看，做夫妻的好伴侣，关心生活的另一半。徐光宪和高小霞夫妇是著名化学家，他们热爱祖国，肩负建设祖国的重任，辛勤工作半个多世纪，为我国的化学事业做出了卓越贡献。1946年徐光宪到美国圣路易斯华盛顿大学化工系读研究生，一个学期后转到哥伦比亚大学。不久，同样学习化学的妻子高小霞也来到美国半工半读。在哥大求学期间，徐光宪先后获得硕士和博士学位，并且凭借在量子化学领域的卓越贡献当选为美国 Phi Lamda Upsilon 荣誉化学学会和 SigmaXi 荣誉科学会会员，接连荣获两枚象征“开启科学大门”的金钥匙。摆在他面前的似乎是一条通往科技高峰的坦途。就在这时抗美援朝战争爆发了，美国即将通过法案，要求全体留美学生加入美籍，不准回国。徐光宪不愿意继续呆在美国了，可是妻子高小霞只需一年就能拿到博士学位了，这时放弃会不会太可惜？高小霞的一句话坚定了丈夫回国的决心，她说：“科学没有国界，但科学家有祖国。”于是，高小霞断然放弃学位，于 1951 年 4 月 15 日，徐光宪夫妇以华侨探亲的名义获得签证，回到了祖国。回国后立即投入建设祖国的热潮中，以自己的创造性劳动为人民服务，为国家创造财富。他们教导学生：“要无限热爱我们的党，热爱伟大的祖国，热爱祖国的社会主义建设事业，并立志把自己的才华、知识和一切无私地献给她。在你的胸中，要永远跳动着一颗为人民服务、造福人类的火热的心。”1972 年，北大化学系接到紧急军工任务——分离稀土元素中性质最相近的“孪生兄弟”镨和钕，徐光宪课题组接下了这项任务。为此，他奉献了整整 30 年光阴。他所创立并不断改进的稀土“串级萃取理论”及其工艺，令高纯度稀土产品的生产成本下降了 3/4，使中国生产的单一高纯度稀土产品至今占世界产量的九成以上，每年为国家增收数亿元，使我国实现了从稀土“资源

徐光宪和高小霞夫妇

大国”到“生产强国”的飞跃，为此徐光宪被称为“稀土界的袁隆平”，2008 年度徐光宪先生获得国家最高科学技术进步奖。生活中，徐光宪先生还是一个很重感情的人，对家庭抱有很强的责任心。他与夫人高小霞相濡以沫五十余载，事业比翼齐飞，1980 年两人一起被评为中国科学院院士。高小霞 1998 年去世后，徐先生感慨地说：“我一生中，最满意的，是和高小霞相濡以沫度过的 52 年，但我最遗憾的，是没有照顾好她，使她先我而去。”

5. 事业心（情商中的志商）

事业是一个人的精神寄托，是执著追求的目标。事业心是一种勤奋刻苦的工作精神、学习精神。没有事业心，就没有前进的动力，没有事业心，人生就会黯淡无光。有事业心，就是要树立远大理想，有拼搏精神，立业敬业，刻苦学习，努力工作。美国哈佛大学曾对 300 名毕业生进行跟踪调查，其中仅 15 人有明确的志向和目标，20 年后，这 15 个人的财产超过那 285 个人财产的总和。人生是小志小成，大志大成。许多人没有成功，不是因为没有才干，而是缺乏志向和清晰的发展目标。许多科学家的成功都是因为拥有强烈的事业心。皮埃尔·居里不计回报、矢志不移地走在科学探索的道路上，他的精神感染着、鼓舞着自己的妻子，两人并肩战斗，先后发现了放射性元素钋和镭，做出了不朽的贡献，登上了科学研究的高峰，获得了诺贝尔物理学奖。在丈夫不幸去世后，居里夫人继续深入研究，靠着异常的工作热忱和顽强，克服了难以想像的困难，取得了巨大研究成果，再次获得诺贝尔化学奖。

俄国化学家门捷列夫的人生格言就是：“天才只意味着终身不懈的努力。”华人诺贝尔获奖者崔琦最喜欢的格言是：“只问耕耘，不问收获。”因为，他认为在耕耘过程中已体会到走向收获的快乐，最终的收获已不重要。如果太注重结果，就享受不到过程中的快乐。因此，在追求事业的道路上，要注重做事过程，不要过分关注结果。因为，勤于耕耘，必收硕果。许多时候，我们不是跌倒在自己的缺陷上，而是跌倒在自己的优势上。因为缺陷常常提醒我们走路小心，而优势常常使我们忘乎所以。因此，在追求事业的道路上，要谦虚谨慎，戒骄戒躁，要善于感知自己的缺点。失败是缺点的长期积累，成功是优点的充分发挥。每个人都是一本内容十分丰富的“书”，因此，我们不仅要读手中的书，还要“读”旁边的人，要善于发现并学习别人的优点。

在人生的道路上经常遇到的不是成功，而是失败和挫折，因为几乎每一次成功都是建立在无数次的失败和挫折之上的。我们无法改变既成事实的失败和挫折，但我们可以改变对待失败和挫折的态度。失败和挫折足以把人打倒在地，有的人只会趴在地上懊恼生气，有的人则能超越现实，激发出更大动力，昂首挺胸去争气。因此，真正打倒你的不是事物本身而是你的心态。让失败和挫折丰富我们的人生，不要让失败和挫折阻断我们的人生。在绝望中寻找希望，在追求中享受快乐。

人人都想事业成功,登上科学高峰。然而,世界上不缺少有理想的人,缺少的是能把理想实现的人。哪些人能实现理想?哪些人能登上顶峰?有两类人:一类是极少数具有特殊天赋的人,他们有雄鹰的本领,可以直接飞上去;另一类是大多数具有蜗牛精神的人,他们有恒心、有毅力,能瞄准目标,立足脚下,一步一步地往上爬!要想成为天才,你必须比别人多十分、二十分的努力,因为天才就是把一件事情反复做到无比熟练的程度,以至于世界上再也无人能超过你,你就成为了天才,你就登上了顶峰。没有比脚更长的路,没有比人更高的山,只要不断进取,只要勇于登攀,成功就在脚下,理想定能实现。

6. 人生"三部曲"(简单-复杂-简单)

当我们在父母的期盼中进入这个世界的初期,感到人间好似天堂,太阳是明亮的,花朵是鲜红的,人心是善良的,公主和王子一定会走到一起的。这是人生的第一步:简单。如果人生一直停留在这个层次,这是浅薄。

随着年龄的增长,认识的提高,逐渐进入纷争的世界,眼睛会被世俗所蒙蔽,看不到美好的东西,感到世界似乎在欺骗自己,于是产生了逆反心理,不知不觉陷入争权夺利、虚伪欺诈的泥潭。这就是人生的第二步:复杂。如果总是陷在这种复杂的困境中,这叫庸俗。

只有从这种困境中解脱出来,才能达到人生最高境界:简单。这是人生的第三步,这一步叫觉悟。觉悟能使生活丰富精彩,简单能使人生步入幸福乐园。升华到高级的简单,就可以淡泊名利,笑对人生,关爱他人,无私奉献。

这是个完满的人生阶梯,从幼儿的简单开始,逐渐步入复杂的成人阶段,最后觉悟到高级的简单。然而,有多少人能跳出复杂世俗的困境?有多少人能摆脱私欲熏心的漩涡?有的人,过多的是小聪明,缺少的是大智慧。觉悟,需要不断学习,简单,需要不断修炼。觉悟意味着"糊涂"。学聪明难,学"糊涂"更难。因此,郑板桥先生的"难得糊涂"经常被人们拿在手中,挂在墙上。放弃能使人"简单",要善于放弃、勇于放弃。放弃庸俗和贪欲,放弃污浊和烦恼。放弃自己的那点小天地,融入社会,走进宇宙大世界,享受丰富多彩的人生。

学习是人生永恒的主题。学习做人,学习做事,学习知识,学习生活。学习如何更好地工作,学习如何幸福地生活。

我们要不断学习,通过学习,创新我们的思维,通过学习,改变我们的行为。

人生的意义不在于经历了多少失败和成功,而在于从中获得了多少感悟和理解。因为这些感悟和理解可以帮助我们懂得人生的真义,照亮前行的路径。

我们要不断感悟人生,理解人生,提高情商,和谐社会,和谐自己。用自己的光和热温暖社会,用充满人文精神的原子、分子构建人类更加美好的明天!

附录一　历年诺贝尔化学奖得主

诺贝尔化学奖是以瑞典著名化学家、硝化甘油炸药发明人阿尔弗雷德·贝恩哈德·诺贝尔(1833～1896 年)的部分遗产作为基金创立的五项(后增加两项)诺贝尔奖之一。

诺贝尔生于瑞典的斯德哥尔摩。他不仅从事理论研究,而且进行工业实践,一生共获得技术发明专利 355 项,并在 20 个国家开设了约一百家公司和工厂,积累了巨额财富。1896 年 12 月 10 日,诺贝尔在意大利逝世。逝世的前一年,他留下了遗嘱:将部分遗产(920 万美元)作为基金,以其利息分设物理、化学、生理或医学、文学、和平 5 种奖金。1968 年瑞典中央银行于建行 300 周年之际,提供资金增设了诺贝尔经济学奖。1990 年根据诺贝尔的一位重侄的提议又增设了诺贝尔地球奖,每年的 12 月 10 日颁发诺贝尔奖。根据诺贝尔的遗嘱,在评选的整个过程中,获奖人不受任何国籍、民族、意识形态和宗教的影响,评选的唯一标准是成就的大小。

化学作为自然科学的核心学科,在社会发展和科技进步中发挥了重要作用,无数化学家为此付出了毕生精力。诺贝尔化学奖授予那些有突出贡献的科学家。

诺贝尔化学奖推动了科学发展和社会进步,诺贝尔化学奖将为人类开创更加美好的明天!

2007 年

钱永健
(美国,1952～　)

下村修
(美国,1928～　)

马丁·查尔菲
(美国,1947～　)

在绿色荧光蛋白(GFP)方面的研究成果可使人们能同时研究活体细胞中基因与蛋白的生物过程,利用GFP的发光可以"现场直播"事件进展。

2007年

格合德·埃特尔(德国,1936～)

在表面化学方面的研究成果有助于理解铁为什么会生锈、燃料电池如何工作及臭氧层如何被破坏等。

2006年

罗杰·科恩伯格(美国,1947～)

揭示了细胞如何利用基因存储的信息生产蛋白质,人类的多种疾病都与这一过程的紊乱有关。

2005年

伊夫·肖万
(法国,1930～)

罗伯特·格拉布
(美国,1942～)

理查德·施罗克
(美国,1945～)

在烯烃复分解反应研究方面作出了巨大贡献。该研究可以使药品生产和塑料制造等方面的产率更高,产品更稳定,环境污染更小。

2004 年

阿龙·切哈诺沃
(以色列,1947～　)

阿夫拉姆·赫什科
(以色列,1937～　)

欧文·罗斯
(美国,1926～　)

研究了泛素调节的蛋白质降解过程,发现了蛋白质“死亡”的重要机理。

2003 年

彼德·阿格雷(美国,1949～　)

罗德里克·麦金龙(美国,1956～　)

发现了细胞膜水通道,在离子通道(即人们常说的“城门”)的结构和作用机理研究方面做了开创性工作。

2002 年

约翰·芬恩
（美国,1917～ ）

田中耕一
（日本,1959～ ）

库尔特·维特里希
(瑞典,1938～)

芬恩与田中耕一发明了生物大分子结构的质谱分析方法，维特里希发明了利用核磁共振技术测定生物分子三维结构的方法。

2001 年

威廉·诺尔斯
（美国,1917～ ）

野依良治
（日本,1938～ ）

巴里·夏普雷斯
（美国,1947～ ）

在不对称合成、手性催化氢化和氧化反应方面的研究成果对医药合成等领域意义重大。

2000 年

艾伦·黑格
（美国,1936～　）

艾伦·马克迪尔米德
（美国,1927～　）

白川英树
（日本,1936～　）

三位科学家通过友好合作,在聚合物研究领域取得重大突破,联合发表了题为“导电聚合物的合成”的论文。

1999 年

艾哈迈德·泽维尔
（美国,1946～　）

应用超短激光闪光成像技术观察到了分子中的原子在化学反应中的运动细节。

1998 年

瓦尔特·科恩
（美国,1923～　）

约翰·包普尔
（英国,1925～　）

包普尔因提出波函数方法而获奖；科恩因提出密度函数理论而获奖。这些发现发展了电子密度泛函理论,发展了量子化学计算方法。

1997 年

保罗·波耶尔
（美国,1918～　）

约翰·活克
（英国,1941～　）

因斯·斯寇
（丹麦,1918～　）

在生命的能量货币——腺三磷的研究上取得了重大突破，阐明了能量转换机制。

1996 年

柯尔
（美国,1933～　）

克罗托因
（英国,1939～　）

斯莫利
（美国,1943～2005）

发现了碳元素具有独特结构的第三种存在形式 C60（又称“富勒烯”、“巴基球”）。

1995 年

克鲁岑
（德国,1933～　）

莫利纳
（美国,1943～　）

罗兰
（美国,1927～　）

阐述了对臭氧层产生影响的化学机理,证明了人造化学物质对臭氧层的破坏作用。

1994 年

欧拉
（美国,1927～　）

发现了稳定碳阳离子的方法，该发现在提高炼油效率、生产无铅汽油、改善塑料质量、制造新药等领域具有重要意义。

1993 年

穆利斯
（美国,1944～　）

史密斯
（加拿大,1932～2000）

史密斯发明了重新编组 DNA 的“寡聚核苷酸定点突变法”,该技术能改变遗传物质中的遗传信息；穆利斯发明了高效复制 DNA 片段的“聚合酶链式反应(PCR)”,利用该技术可大量生产 DNA 分子。

1992 年

马库斯(美国,1923～)

用简单的数学方式表达了电子在分子间转移时分子体系的能量变化机制，该机制可以解释腐蚀理解、光合作用等。

1991 年

恩斯特(瑞士,1933～)

发明了能够确定有机和无机化合物结构的傅立叶变换核磁共振及二维核磁共振技术。

1990 年

科里

(美国,1928～)

创建了独特的有机合成理论——逆合成分析理论，并统制了第一个计算辅助有机合成路线程序。

1989 年

奥尔特曼

(美国,1939～)

切赫

(美国,1939～)

他们独立地发现核糖核酸(RNA)不仅被动地传递遗传信息，还起酶的催化作用，能催化细胞内生命所必需的化学反应。

1988 年

戴森霍弗
（德国,1943～　）

胡伯尔
（德国,1937～　）

米歇尔
（德国,1948～　）

首次得到了可供 X 衍射结构分析用的细菌光合反应中心的膜蛋白结晶，并测定了这一膜蛋白-色素复合体的高分辨的三维空间结构。

1987 年

克拉姆
（美国,1919～2001）

莱恩
（法国,1939～　）

佩德森
（美国,1904～1989）

合成了具有特殊性能的低分子量有机化合物,在分子研究和应用方面作出了重大贡献。

1986 年

赫希巴赫

（美国,1932～　）

李远哲

（美国,1936～　）

波拉尼因

（加拿大,1929～　）

赫希巴赫和李远哲发现了交叉分子束方法，波拉尼因发明了红外线化学研究方法。

1985 年

豪普特曼

（美国,1917～　）

卡尔勒

（美国,1918～　）

他们共同发明了一套数学方法，可从化合物结晶体的 X 射线衍射图像推断出其分子和晶体的结构。

1984 年

梅里菲尔德

（美国,1921～2006）

发明的多肽固相合成法比经典的合成方法省时、简便、高效。

1983 年

亨利·陶布(美国,1915～2005)

在无机氧化还原反应，特别是对金属配合物电子转移机理方面做出了开拓性工作。

1982 年

克卢格(美国,1926～　)

对病毒及其他由核酸与蛋白质组合成的粒子的立体结构研究作出了巨大的贡献。

1981 年

福井谦一(日本,1918～1998)

霍夫曼(美国,1937～　)

在量子化学、固体与表面化学方面有突出贡献,提出了分子轨道对称守恒原理。

1980 年

保罗·伯格
（美国,1926～ ）

吉尔伯特
（美国,1932～ ）

桑格
（英国,1918～ ）

在基因和基因工程方面做出了巨大贡献,完成了两种 DNA 分子的重组,成为基因工程的开拓性人物。

1979 年

布朗
（美国,1912～2004）

维蒂希
（德国,1897～1987）

在羰基与有机磷化合物之间的反应方面有重大发现,创立了可广泛用于有机合成的维蒂希反应。

1978 年

米切尔
（英国,1920～1992）

在用化学渗透理论研究生物能方面取得重大成果。

1977 年

普里高金(比利时,1917～2003)

建立了在自然科学及社会科学的许多领域有重要用途的耗散结构理论。

1976 年

利普斯科姆(美国,1919～)

在研究硼化合物的结构、成键规律以及化学键性质方面取得重大成果。

1975 年

J·康福思

（英国,1917～ ）

普雷洛格

（瑞士,1906～1998）

在有机分子和反应的立体化学反面取得重大成果,发展了一种通用的分子手征性系统标志法。

1974 年

弗洛里

（美国,1910～1985）

在高分子物理性质与结构研究方面取得巨大成就。

1973 年

费歇尔(德国,1918～2007)

威尔金森(英国,1921～1996)

通过化学和物理方法证明了二茂铁是一个具有夹心面包式结构的化合物,发现了高效催化剂,发展了有机金属化学。

1972 年

安芬森
(美国,1916～1995)

穆尔
(美国,1913～1982)

斯坦
(美国,1911～1980)

在进行蛋白质水解物中氨基酸分析分离研究方面取得重大成果，发明氨基酸自动分析器,提出核糖酶的结构式。

1971 年

赫茨伯格(加拿大,1904～1999)

在测定含奇数电子原子团（自由基)的电子结构和几何形状方面取得重大成果。

1970 年

勒洛伊尔(阿根廷,1906～1987)

详细研究了复杂糖类分解成简单碳水化合物的过程,发现了糖核苷。

1969 年

德里克·哈罗德·理查德·巴顿(英国,1918～1998)

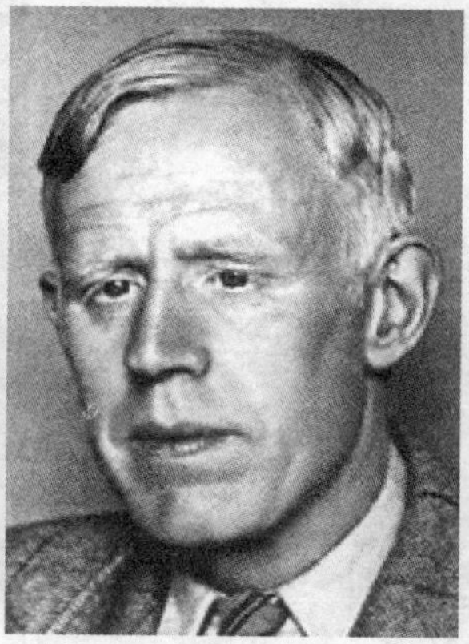

奥德·哈塞尔（挪威,1897～1981）

把形成构象概念应用于化学领域，发展了立体化学中的范德华-拉贝尔理论。

1968 年

昂萨格（英国,1903～1976）

研究了离子运动、湍流及流体密度等物理化学问题,提出了不可逆过程理论。

1967 年

曼弗雷德·艾根
（德国,1927～　）

罗约德·G·W·诺里什
（英国,1897～1978）

乔治·波特
（英国,1920～2002）

发明了测定快速化学反应的技术,创立了“弛豫法”,它包括温度、压力跳跃法以及离解物效应法等。

1966 年

缪利肯（美国,1896～1986）

在化学键和分子的电子结构研究方面取得重大成果,发展了量子力学理论。

1965 年

伍德沃德（美国,1917～1979）

在天然有机化合物结构研究和合成方面取得重大成果。

1964 年

多罗西·克劳宣特·霍奇金（英国,1910～1994）

用 X 射线衍射方法成功分析了青霉素和维生素 B_{12} 等分子结构。

1963 年

卡尔·奇格勒（德国,1898～1973）

久里奥·纳塔（意大利,1903～1979）

实现了有机金属催化烯烃的定向聚合、常压聚合,发明了齐格勒-纳塔型催化剂。

1962 年

马克斯·费迪南德·佩鲁兹（英国,1914～2002）

约翰·考德里·肯德鲁（英国,1917～1997）

确定了多肽链在肌红蛋白分子中的空间排列顺序,表征了该分子的详细结构,证明了人们对纤维状蛋白质分子中存在 M 螺旋体模型的设想。

1961 年

卡尔文（美国,1911～1997）

提出了植物光合作用机理。

1960 年

威拉德·弗兰克·利比

(美国,1908～1980)

发明了放射性碳素年代测定法，被誉为“考古学时钟”。

1959 年

海洛夫斯基

(捷克斯洛伐克,1890～1967)

创立了电化学中的极谱学理论及方法。

1958 年

桑格(英国,1918～1958)

确定了牛胰岛素的化学结构，促进了对蛋白质分子结构的研究。(1980 年第二次获奖。)

1957 年

托德(英国,1907～1997)

在核苷酸、核苷和核苷酸辅酶等化合物的结构和合成方面贡献突出。

1956 年

西里尔·N·欣谢尔伍德
（英国,1897～1967）

谢苗诺夫
（苏联,1896～1986）

在化学反应机理和链式反应方面做出卓越贡献,提出气相反应的化学动力学理论。

1955 年

维格诺德(美国,1901～1978)

在分离及合成多肽和激素等方面做出了巨大贡献。

1954 年

鲍林(美国,1901～1994)

在化学键本质研究以及用化学键理论阐明物质结构方面做出巨大贡献。（1962 年还获诺贝尔和平奖。）

1953 年

赫尔旦·施陶丁格尔
（德国,1881～1965）

把高分子概念引入科学领域,确立了高聚物溶液粘度与分子量之间的关系。

1952 年

阿切尔·J·P·马丁
（英国,1910～2002）

理查德·L·M·辛格
（英国,1914～1994）

发明了分溶层析法,利用这种方法可以分离氨基酸、抗菌素等混合物。

1951 年

麦克米伦（美国,1907～1991）

西搏格（美国,1912～1999）

发现并详细地研究了超铀合成元素,麦克米伦发现了 93 号元素镎。

1950 年

奥托·第尔斯
（德国,1876～1954）

库特·阿尔德
（德国,1902～1958）

他们合作发明了双烯合成反应,大大促进了有机合成、高分子合成的发展。

1949 年

威廉·F·吉奥克
（美国,1895～1982）

对物质在超低温条件下的性质进行了详细研究。

1948 年

阿思·W·K·蒂留斯
(瑞典,1902～1971)

对电泳、吸附作用及血清蛋白结构进行了深入研究。

1947 年

罗伯特·鲁宾逊
(英国,1886～1975)

在生物碱及其他植物制品的研究方面做出巨大贡献。

1946 年

萨姆纳
（美国,1887～1955）

诺思罗普
（美国,1891～1987）

斯坦利
（美国,1904～1971）

首次分离提纯酶和病毒蛋白质,发展了酶化学。

1945 年

维尔塔宁（芬兰,1902～1973）

改进了高蛋白质青贮饲料生产和贮存的方法。

1944 年

哈恩（德国,1879～1968）

发现了放射性元素钍，研究了重核的裂变过程。

1943 年

海维西

（匈牙利,1885～1966）

研究了同位素示踪技术,深化了对生命过程化学本质的理解。

1939 年

阿道夫·布泰南特

（德国,1903～1995）

利奥波德·鲁齐卡

（瑞士,1887～1976）

在性激素及聚亚甲基和高级萜烯研究方面做出了突出贡献。

1938 年

库恩

（德国,1900～1967）

对类胡萝卜素和维生素的研究取得重大成果。

1937 年

霍沃思

（英国,1883～1950）

卡雷

（瑞士,1889～1971）

在碳水化合物、维生素 C、维生素 K_1 等物质的研究方面取得重大成果。

1936 年

德拜

（美国,1884～1966）

建立了阐述电解质溶液性质的数学表达式（德拜-休克尔方程），研究了偶极矩、X 射线和气体中光散射。

1935 年

J·F·J·居里

（法国,1900～1985）

I·J·居里

（法国,1897～1956）

发明并研究了人工放射性元素，这一发现为核物理学开辟了一条崭新的道路。

1934 年

尤里（美国,1893～1981）

发现了氢元素的同位素——氘。

1932 年

欧文·兰茂尔（美国,1881～1957）

在表面化学以及原子结构理论方面做出巨大贡献。

1901～1931 年诺贝尔化学奖

1901 年　J・H・范特・霍夫(荷兰),发现溶液中化学动力学法则和渗透压规律。

1902 年　E・H・费雪(德国),合成了糖类以及嘌嘞诱导体。

1903 年　S・A・阿伦纽斯(瑞典),提出电解质溶液理论。

1904 年　W・拉姆赛(英国),发现空气中的惰性气体。

1905 年　A・冯・贝耶尔(德国),在有机染料以及氢化芳香族化合物研究方面有突出贡献。

1906 年　H・莫瓦桑(法国),在氟元素研究方面有突出贡献。

1907 年　E・毕希纳(德国),在酵素和酶化学、生物学研究方面有突出贡献。

1908 年　E・卢瑟福(英国),首先提出放射性元素的蜕变理论。

1909 年　W・奥斯特瓦尔德(德国),在催化作用、化学平衡以及反应速度的研究方面有突出贡献。

1910 年　O・瓦拉赫(德国),脂环式化合物的奠基人。

1911 年　M・居里(法国),发现镭和钋。

1912 年　V・格林尼亚(法国),发明了格林尼亚试剂——有机镁试剂。

P・萨巴蒂(法国),发明了一种制取氢化不饱和烃的有效方法。

1913 年　A・维尔纳(瑞士),在分子内原子化合价的研究方面有突出贡献。

1914 年　T・W・理查兹(美国),致力于原子量的研究,精确地测定了许多元素的原子量。

1915 年　R・威尔斯泰特(德国),从事植物色素(叶绿素)的研究方面有突出贡献。

1916～1917 年　未颁奖。

1918 年　F・哈伯(德国),发明固氮法。

1919 年　未颁奖。

1920 年　W・H・能斯脱(德国),在电化学和热动力学方面的研究有突出贡献。

1921 年　F・索迪(英国),从事放射性物质的研究,首次命名“同位素”。

1922 年　F・W・阿斯顿(英国),发现非放射性元素中的同位素并开发了质谱仪。

1923 年　F・普雷格尔(奥地利),创立了有机化合物的微量分析法。

1924 年　未颁奖。

1925 年　R・A・席格蒙迪(德国),从事胶体溶液的研究并确立了胶体化学。

1926 年　T・斯韦德贝里(瑞典),在胶体化学中分散系统的研究中有突出贡献。

1927 年　H·O·维兰德(德国),确定了胆酸及多种同类物质的化学结构。

1928 年　A·温道斯(德国),研究出一族甾醇及其与维生素的关系。

1929 年　A·哈登(英国),冯·奥伊勒-歇尔平(瑞典),阐明了糖发酵过程和酶的作用。

1930 年　H·非舍尔(德国),在血红素和叶绿素的性质及结构方面的研究有突出贡献。

1931 年　C·博施(德国),F·贝吉乌斯(德国),发明和开发了高压化学方法。

附录二　历年世界环境日主题

1974 年　只有一个地球(Only one Earth)

1975 年　人类住区(Human Settlements)

1976 年　水:人类的重要源泉(Water:Vital Resource for Life)

1977 年　关注臭氧层破坏、水土流失、土壤退化和滥伐森林(Ozone Layer Environmental Concern;Lands Loss and Soil Degradation;Firewood)

1978 年　没有破坏的发展(Development without Destruction)

1979 年　为了儿童的未来——没有破坏的发展(Only One Future for Our Children—Development without Destruction)

1980 年　新的 10 年,新的挑战——没有破坏的发展(A New Challenge for the New Decade:Development Without Destruction)

1981 年　保持地下水和人类食物链,防止有毒化学品污染(Ground Water;Toxic Chemicals in Human Food Chains and Environmental Economics)

1982 年　纪念斯德哥尔摩人类环境会议 10 周年——提高环境意识(Ten Years After Stockholm(Renewal of Environmental Concerns))

1983 年　管理和处置有害废弃物,防止酸雨破坏和提高能源利用(Managing and Disposing Hazardous Waste:Acid Rain and Energy)

1984 年　沙漠化(Desertification)

1985 年　青年、人口、环境(Youth:Population and the Environment)

1986 年　环境与和平(A Tree for Peace)

1987 年　环境与住区(Environment and Shelter:More than a Roof)

1988 年　保护环境、可持续发展、公众参与(When People Put the Environment First,Development Will Last)

1989 年　警惕全球变暖(Global Warming;Global Warning)

1990 年　儿童与发展(Children and the Environment)

1991 年　气候变化——需要全球合作(Climate Change,Need for Global Partnership)

1992 年　只有一个地球——关心与共享(Only One Earth,Care and Share)

1993 年 贫困与环境——摆脱恶性循环(Poverty and the Environment:Breaking the Vicious Circle)

1994 年 一个地球,一个家庭(One Earth One Family)

1995 年 各国人民联合起来,共创更加美好的未来(We the Peoples:United for the Global Environment)

1996 年 我们的地球、居住地、家园(Our Earth,Our Habitat,Our Home)

1997 年 为了地球上的生命(For Life on Earth)

1998 年 为了地球上的生命——拯救我们的海洋(For Life on Earth—Save Our Seas)

1999 年 拯救地球就是拯救未来(Our Earth—Our Future— Just Save It!)

2000 年 2000 环境千年——行动起来吧!(2000 the Environment Millenuium—Time to Act!)

2001 年 世间万物 生命之网(Connect with the World Wide Web of life)

2002 年 让地球充满生机(Give Earth a Chance)

2003 年 水——二十亿人生命之所系(Water—Two Billion People are Dying for It!)

2004 年 海洋存亡 匹夫有责(Wanted! Seas and Oceans—Dead or Alive?)

2005 年 营造绿色城市,呵护地球家园(Green Cities—Plan for the Planet!)

2006 年 莫使旱地变荒漠(Deserts and Desertification—Don't Desert Drylands!)

2007 年 冰川消融,后果堪忧(Melting Ice—a Hot Topic?)

2008 年 转变传统观念,推行低碳经济(Kick the Habit! towards a Low Carbon Economy.)

2009 年 你的星球需要你!联合起来应对气候变化(Your Planet Needs You! Unite to Combat Climate Change)

参考文献

[1] 张胜义.化学与社会发展[M].合肥:安徽科学技术出版社,2001.

[2] 唐有祺,王夔.化学与社会[M].北京:高等教育出版社,1997.

[3] 刘旦初.化学与人类[M].2版.上海:复旦大学出版社,2000.

[4] 吴泳,王建平.社会有机化学[M].福州:福建教育出版社,1996.

[5] 周志华.生活·社会·化学[M].南京:南京师范大学出版社,2000.

[6] 姚磊明,唐星武,易求实[M].化学、人类、社会与化学教育[M].武汉:华中理工大学出版社,1999.

[7] 杨士军.环境与发展[M].上海:上海科学技术出版社,1999.

[8] 宋心琦.化学的明天[M].南宁:广西教育出版社,1999.

[9] 梁英豪.化学与能源[M].南宁:广西教育出版社,1999.

[10] 应礼文.化学与营养保健[M].南宁:广西教育出版社,1999.

[11] 赵修建,蔡克峰.新材料与现代文明[M].汉口:湖北教育出版社,2000.

[12] 沈光球,陶家洵,徐功骅.现代化学基础[M].北京:清华大学出版社,1999.

[13] 唐有祺.展望今后化学之发展[J].化学通报,1998,7:6.

[14] 潘才元.高分子化学[M].合肥:中国科学技术大学出版社,1997.

[15] 卢生芹,魏纪林.科学发展史[M].北京:机械工业出版社,1991.

[16] 陈祖福.迎接知识经济时代,转变教育思想观念,振兴和创新高等教育[J].大学化学,1999,14(1):1.

[17] 《化学发展史》编写组.化学发展史[M].北京:科学出版社,1980.

[18] 唐忠镕.化学及其对若干学科的渗透[M].成都:四川大学出版社,1992.

[19] 郭因,黄志斌.绿色文化与绿色美学通论[M].合肥:安徽人民出版社,1995.

[20] 汪小兰.有机化学[M].3版.北京:高等教育出版社,2000.

[21] 马如璋,蒋民华,徐祖雄.功能材料学概论[M].北京:冶金工业出版社,1999.

[22] 张立德. 纳米材料[M].北京:化学工业出版社,2000.

[23] 闵恩泽,吴巍. 绿色化学与化工[M].北京:化学工业出版社,2000.

[24] 阮慎康. 现代化学的哲学探讨[M]. 北京:北京大学出版社,1995.

[25] 吴 旦.化学与现代社会[M].北京:科学出版社,2002.

[26] 史成良,倪 良.大学化学[M].合肥:合肥工业大学出版社,2003.

[27] 蔡炳新,王玉枝,汪秋安. 化学与人类社会[M].湖南大学出版社,2005.

[28] 陈盛.化学营养教程[M].厦门:厦门大学出版社,2006 .

[29] 大连理工大学普通化学教研组.化学与现代社会[M].大连:大连理工大学出版社,2006.

[30] 张胜义.培养创新人才应重视情商教育[N].中国教育报,2008-11-14.